雷电监测与预警技术

周筠珺　黄　蕾　谷　娟
柳臣中　向　钢　达选芳　编著

气象出版社
China Meteorological Press

内容提要

本书选用最新的数据及研究成果,进一步充实了雷电学基础知识,介绍了国内外雷电监测与防护的新进展。第1章从地球大气的电学特征入手,简要介绍了地球的磁场、电离层以及大气电场的形成原因以及离子迁移率、电导率、传导电流等大气电学基础知识及基础科学概念;第2章、第3章有针对性地详细介绍了雷暴天气的电学特征、闪电的分类和各自特征及其典型过程,还介绍了完整的地闪放电过程等雷电活动的基础科学概念,并相应配置了大量图片。第4章、第5章、第6章分别介绍了目前最先进的雷电监测方法、雷电预防预警以及雷电防护方法,并与前3章的理论基础相结合,力求条理清晰,深入浅出,注重趣味性与连贯性。每章最后都附有相应的复习与思考题,期望能对读者在加深理解雷电学知识及其防护监测方面起到促进作用,也便于读者自学。

本书是在国家"973"项目、中国气象局与成都信息工程学院"局校合作"教材建设等项目资助下完成的,既可作为大气科学、雷电防护及相关专业的本科生教材,也可供从事大气科学、雷电防护科技人员以及相关专业的本科生或研究生参考。

图书在版编目(CIP)数据

雷电监测与预警技术/周筠珺等编著. —北京:气象出版社,2015.1
ISBN 978-7-5029-6088-9

Ⅰ.①雷…　Ⅱ.①周…　Ⅲ.①雷-监测　②闪电-监测
③雷-预警　④闪电-预警　Ⅳ.①P427.32

中国版本图书馆 CIP 数据核字(2015)第 016360 号

出版发行:气象出版社
地　　址:北京市海淀区中关村南大街 46 号　　　　　邮政编码:100081
总 编 室:010-68407112　　　　　　　　　　　　　发 行 部:010-68409198
网　　址:http://www.qxcbs.com　　　　　　　　　E-mail:qxcbs@cma.gov.cn
责任编辑:李太宇　　　　　　　　　　　　　　　　终　　审:周诗健
封面设计:易普锐创意　　　　　　　　　　　　　　责任技编:吴庭芳
印　　刷:北京中新伟业印刷有限公司
开　　本:787 mm×1092 mm　1/16　　　　　　　　印　　张:12.5
字　　数:320 千字
版　　次:2015 年 3 月第 1 版　　　　　　　　　　印　　次:2015 年 3 月第 1 次印刷
定　　价:40.00 元

前　　言

　　雷电作为自然界中最普遍的一种大气物理现象,很早就被人类所重视。对其认知可以从人类认识雷击产生的火,进而学会用火开始。一方面对其的了解可能很大程度上促进了人类文明的发展;另一方面人类在雷电现象面前虽心存敬畏,对其复杂的物理过程也知之甚少,但总是勇于探索,对雷电的研究已经取得了令人鼓舞的成果。

　　本书题为《雷电监测与预警技术》,通过对地球大气的电学特性、雷暴天气的电学特征、各类雷电及其主要物理过程、雷电的监测方法、雷电的预警预报以及雷电的防护六个方面学术界取得的较为成熟的成果进行总结,并结合当前我国对大气科学类人才培养的基本需求写作而成。

　　参与本书编著的主要有周筠珺、黄蕾、谷娟、柳臣中、向钢、达选芳,在编写过程中翟丽、伍魏、李晓敏、李波兰、陈玲、马永杰、赵鹏国、刘畅、巫俊威、武星等做了部分工作。由于编者的水平有限,书中疏漏及不当之处在所难免,敬请读者赐正。

　　此书是在国家"973"项目(项目编号:2014CB441401)、北京市自然科学基金重点项目(项目编号:8141002)、中国科学院寒旱区陆面过程与气候变化重点实验室2013 年度开放基金(项目编号:LPCC201305)、中国气象局成都高原气象开放实验室基金项目(项目编号:LPM2013014)、2012 年度四川省学术和技术带头人培养资金以及 2013 年中国气象局与成都信息工程学院"局校合作"教材建设项目(项目编号:13H167)的共同资助下完成的,在此一并表示感谢。

编著者

2015 年 1 月于成都

目　　录

第 1 章　地球大气的电学特性

1.1　引言

在 18 世纪"电"被真正发现之前,人们不可能知道地球大气层中电荷流动现象是普遍存在的,也不了解雷暴中有起电和放电现象,更不清楚雷电就是"电"在自然界中存在的一种基本形式。但众所周知,"雷"和"电"是令人敬畏的自然现象,这也激发了人们揭开其神秘面纱的热情。人类的古代文明将雷电的力量归结为是由雷神"托尔"的神锤撞击而产生的;而古希腊神话则认为雷电是宙斯的神器,而在中国也很早就有"雷公电母"之说。

随着人类社会的进步,人们开始研究自然哲学,并尝试着对雷电现象做出更加合理的解释。亚里士多德认为雷和电是干湿蒸汽相互作用的结果;即:当云凝结冷却,干的气体被迫排出,并冲击其他云体运动;雷是云体被冲击时所发出的声音,雷电是受云中干气体的影响后,风在燃烧的现象。17 世纪时笛卡儿认为雷是当云团做下沉运动时,由空气与云发生共振所引起的现象。

随着物质的电学特性被人们逐渐发现,科学家注意到尽管自然界的雷电现象更加壮观,但雷与电就是普通的声学和放电现象。有科学家甚至认为雷暴通过其中雷电的放电产生了自然界中的电。Franklin(富兰克林)通过设计了证实雷电基本电学特性的实验而闻名于世,但他并不是第一个做类似实验的人。在他于 1752 年 6 月成功地实施"风筝实验"之前,他并不了解其他研究人员在该领域的工作,他认为云中的电可以通过高高竖起的金属杆引下来。如果金属杆是对地绝缘的,观测者在雷暴云头移到头顶时可以通过金属杆附近接地的导线将"电"引到导线上。在 1751 年 Franklin 关于收集云中电荷的论文发表之后,法国宫廷的 D'Alibard(达利巴德)曾尝试着做了一些他所描述的实验,以验证云中是否带电,为此他在一个对地绝缘的平台上竖起了一个金属杆子(如图 1.1 所示)。1752 年 5 月 10 日当雷暴来临时,他成功地从金属杆上引到了电荷。

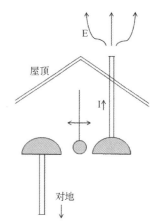

图 1.1　D'Alibard 实验示意图
I,电流;E,电场强度

其他的科学家继续利用绝缘的金属杆、风筝或气球继续着类似的实验。而这样的实验也伴随着极大的危险性,在 D'Alibard 成功实验后的一年多点的时间里,俄国科学家里赫曼(Rikhman)在实验时被雷电击中身亡。

Franklin 此后继续着他的工作,而且一直试图搞清楚雷暴云中的电荷极性。1752 年 9 月他在屋顶上竖起了一个长 3 m 的"接闪杆",将地线顺着楼梯接到地下,在离地线的末端 15 cm 处将地线切开,其两头各接一个铃铛,并在两个铃铛悬挂一个绝缘的金属小球,当带电荷的云到达头顶时,小球就会发生摆动敲击铃铛。通过分析他发现"接闪杆"带有正电荷,由此他认为雷暴云的底部通常带有正电荷。

同样是在 1752 年,法国科学家 Lemonnier(雷蒙尼)在无云的大气中发现了弱的起电现象,他认为晴天大气电流强度有明显的日变化。这一现象被意大利科学家贝 Beccaria(卡利亚)在 1775 年利用更加敏感的仪器所证实,他的进一步研究认为晴天大气中电荷的极性为正的,而雷暴过顶时电荷的极性则会变成负的,这与 Franklin 的观测结果是一致的。在接下来的一百年里,尽管人们对于"电"与"磁"的研究已经取得了很多重要的成果,并开始为使用"电力"而发明了许多机器,但对于雷电的研究并未取得太多的进展。关于雷暴、雷电和晴天大气起电相对较新的发现,只有在光学和电学测量设备的发展到一定阶段才能得以实现。而研发的新设备在观测中也遇到了许多困难,如:怎样将设备放到靠近研究中最关心的位置上去? 此外,仪器的测量环境、精度、时间及空间分辨率等问题都是需要考虑的。尽管就解决这些问题已做了大量的工作,但是对于雷暴产生雷电的机制问题依然是最具争议的问题。当辐射穿过大气,其中的一部分能量可以被分子和原子所吸收。因此当辐射通量减小时,则被电离的分子数也会减少。然而分子的数密度随着大气厚度的增加而增加,分子吸收的辐射能量部分也会增加。

1.2　地球的磁场

地球有一个穿过大气层并延伸至太空的磁场,这是一个磁偶极子,磁轴偏离地球自转轴 11°(如图 1.2)。磁场的主要源是流经地球内部的电流。目前人们对磁场的源了解得甚少,它与地球导电的流体核心的对流与旋转之间的相互作用是密切相关的。磁场发生着缓慢的变化,每年在数值上大约有 0.05% 变化,并围绕旋转轴产生微小的进动。在超过几十万年的时间尺度上,地球磁场减小为零后又重新恢复,此外有时还会发生磁极翻转的现象。磁场向下指向地球北极附近,向上指向南极附近。

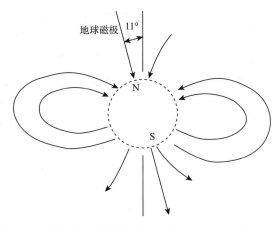

图 1.2　地球的偶极性磁场磁力线
从地球表面伸向宇宙空间

$$\overline{B} = \frac{-0.6R_E^3}{r^3}\sin\phi\hat{a}_r + \frac{0.3R_E^3}{r^3}\cos\phi\hat{a}_\phi$$

$$(1.1)$$

其中,$\overline{B}$ 为磁场强度,R_E 为地球半径(平均值为 6371 km),r 为距离地球中心的距离,ϕ 为地磁纬度,$\vec{a_n}$ 为地磁径向方向,$\vec{a_\varphi}$ 为地磁纬度方向

在地球表面磁场强度从赤道的大约 25000 nT 逐渐增加至两极的 60000 nT,在地球表面之上,磁场强度按照径向的三次方减小。

1.3　电离层

电离层对于地球低层大气的电特性而言十分重要。电离层位于大气层上部,其中存在着大量的电子与离子,并使得大气层具有良好的导电性。当大气中的分子或原子吸收了波长小于 102.7 nm 的太阳短波辐射,就会变成带电的离子。太阳的紫外辐射能量会被传输给分子中的电子,电子在得到能量后会摆脱原子核的束缚,变成自由的电子,并使得缺少电子的分子荷有正电荷,这个过程称为"光致离解"。事实上,所有紫外频段的太阳辐射都会被电离层所吸收。在电离层的下部,大气层呈现出弱的导电性。太空中的宇宙射线和源自地球表面的放射性衰变使得一小部分大气分子被离解,被离解的离子可在大气电场中运动。而电离层下部较为稀少的电子使得电离层下部的导电性能也相对较低。

在整个电离层中,中性的分子和原子的数量超过了电子和离子的数量,但仍然有足够的带电离子在电离层和低层大气间维持不连续的导电性。即使在电离层中有过剩荷正负电荷的离子,但过剩量的离子相对于总等量的正负离子而言数量是较少的。在大部分电离层中,负离子密度几乎都可以忽略。总体而言,由于自由电子的运动特性较离子的要强,因而电离层的导电特性主要受制于自由电子的数量,而电离层的电离程度通常也是利用电子数密度 N_e 来进行定量描述的。N_e 随一天中的时段、高度、纬度、流场的辐合与辐散,以及太阳紫外辐射与局地因素的变化而变化。但是在多数情况下,N_e 随高度的增加而增加,并且最大值出现在300 km,在太阳黑子 11 年的活动周期内 N_e 随高度的分布有着较大的变化。N_e 在电离层中的主要峰值出现在 F 区,而次峰值出现在主峰值之下。N_e 的垂直分布廓线受多种因素的制约。在给定体积中离子的产量与适当频率的辐射通量及该体积中的吸收辐射并且可以被电离的分子数成正比。在某一高度上离子的量达到最大值,在这一高度之上分子的数密度随高度越来越小而辐射通量却是越来越大;而在这个高度之下却正好相反。

Chapman(查普曼)[1,2]对这样的分布做了一系列的假设,如果 F 是某一特定波长的辐射通量,而辐射的变化是辐射通过一个路径 $dl = dz/\mu$($\mu = \cos\psi$,ψ 为某地的太阳天顶角)分子或原子吸收后引起的。

$$dF = \frac{\delta_{ab} n(z) F}{\mu} dz \qquad (1.2)$$

其中 $n(z)$ 是吸收辐射的分子或原子的数密度,δ_{ab} 是吸收横截面,从高度 z 积分到大气层顶,则大气层顶的辐射通量为:

$$F(z) = F_0 \exp\left[-\frac{\delta_{ab}}{\mu} \int_z^\infty n(z) dz\right] \qquad (1.3)$$

对于理想气体而言,离子的数浓度可以表达为:

$$n(z) = n_0 e^{\frac{-(z-z_0)}{H}} \qquad (1.4)$$

其中 n_0 为在参考高度 z_0 处的数密度,H 为标高($H = k_B T / mg$),k_B 为玻尔兹曼(Boltzmann)常数,T 为温度(单位为 K),m 为分子质量,g 为重力加速。在等温大气中,可将 $n(z)$ 的表达式代入(1.3)式则可以得到:

$$F(z) = F_0 \exp\left[-\frac{\delta_{ab} n_0 H}{\mu} e^{-\frac{(z-z_0)}{H}}\right] \qquad (1.5)$$

而电离率 $q(z) = n(z)\beta F(z)$，β 为分子电离横截面。因此电离率可表示为：

$$q(z) = \beta n_0 F_0 \exp\left[-\frac{z-z_0}{H} - \frac{\delta_{ab} n_0 H}{\mu} e^{-\frac{(z-z_0)}{H}}\right] \tag{1.6}$$

为了确定离子电子的数密度，还要考虑它们的重组，重组率可表示为：

$$q_T(z) = \alpha N_e^2$$

其中 α 是重组系数。而平衡的条件是产生率等于重组率

$$N_e(z) = \sqrt{\frac{q(z)}{\alpha}} = \left(\frac{\beta n_0 F_0}{\alpha}\right)^{\frac{1}{2}} \exp\left[-\frac{z-z_0}{2H} - \frac{\delta_{ab} n_0 H}{2\mu} e^{\frac{z-z_0}{H}}\right] \tag{1.7}$$

对于电离层的分区而言，其每个区域的形成主要依赖于主导该层离子光致离解和重组的辐射源的波长和离解物质的种类。

在 D 区辐射通量在高层被明显削弱，紫外辐射、X 射线和宇宙射线是主要的辐射源，这些电离源可以将 NO、N_2 和 O_2 电离，但 N_2^+ 和 O_2^+ 易于将电荷传输给 NO。在 D 区电子快速与 O_2 结合，并形成负离子。尽管 D 区接近中性，但负离子的数密度还是要略大一些。在夜晚当离解率接近零时，D 层中的自由电子也就会最终耗尽，而该层的导电率也就可以忽略了。

紧靠着 D 区的一层是 E 区，也称作 Chapman 层，Lyman（莱曼）β、紫外（$\lambda < 100$ nm），以及 X 射线是主要的电离源。该层中主要被电离的对象是 N_2 和 O_2，另外有少量的 NO 和 O。E 区（20～110 km）大气中电荷从充分混合的低层大气传输给各类原子和分子。

F1 层也被描述为 Chapman 层，其中主要是由波长更短的辐射（$\lambda < 91.1$ nm）将氧原子电离，同时该层也有部分被电离的 N_2，而其中离子的交换过程如下：

$$O^+ + NO \rightarrow NO^+ + O \tag{1.8}$$

F2 层也被描述为修正后的 Chapman 层，与 F1 区相同，该层主要为电离状态的氧原子，同样存在部分呈电离状态的 N_2。而电离源则是波长更短的（$\lambda < 80$ nm）射线。

由于太阳辐射存在着明显的日变化，致使电离层中的电子数密度也存在明显的日变化，此外电离层的变化与太阳辐射变化的 11 年周期存在着同步变化。

1.4　电离层下的地球电学特性

在晴天，低层至中层大气均处于准静电平衡（即，进入该层的电荷等于离开该层的电荷量）。而晴天可以简单地定义为周围无雷暴的天气，或者可以更加细化地定义为无水成物离子和无扬尘的天气。在准静电平衡状态下，电荷的垂直分布在不同的时刻基本处于相同的状态。相对于雷暴天气中的电学活动而言，晴天中的空气和云起电活动并不明显，也不足以使得地面与云之间感应出较强的电场。处于电离层下部的空气的总的电场结构，一般可以认为这个球形的介质中充满了弱导电的介质，即空气。Coulomb（库仑）[3] 于 1795 年发现空气是导电的，但这一事实直到很晚才得到学术界的认可。这一球形电容器的外壳是高导电性的高层大气。地球表面与低层大气相比也具有较高的导电性，它是电容器的内壳。这一电容器处于充电状态，地球表面荷负电荷，总量约为 5×10^5 C，而大气中荷有等量的正电荷。由于大气是弱导电的，而漏电电流将会中和地球表面的电荷。Wilson（威尔逊）[4] 在 1920 年建立了较为完整的全球大气电路的概念，他指出雷暴云中的放电过程是维持全球大气电路的主要因素。在晴天正

电荷流向地面,而这些正电荷主要也是来源于雷暴天气中的放电过程。

在许多文献中,将"电场"用以描述大气的电特性,但实际其指的是"电位梯度",虽然两者的物理特性是一致的,但"电场"是负的"电位梯度",即:$E = -\nabla V$。在正的电场中,正电荷会向上运动。一般而言"场"指的就是"电场",而非电位梯度。

在晴天,地球表面的电场是由正上方净的正电荷所引起的,该电场可使得正电荷向下运动,所以此时的电场为负(如图 1.3)。在非山区的地面电场约为 -100 V/m,而电场梯度为 $+100$ V/m,电场会随着高度的增加而减小。Gish(吉什)[5] 在 1944 年给出了电场强度与高度之间的关系:

$$E(z) = -\left[81.8\mathrm{e}^{(-4.52z)} + 38.6\mathrm{e}^{(-0.375z)} + 10.27\mathrm{e}^{(-0.121z)}\right] \tag{1.9}$$

其中 E 为电场强度(V/m),z 为高度(km)。

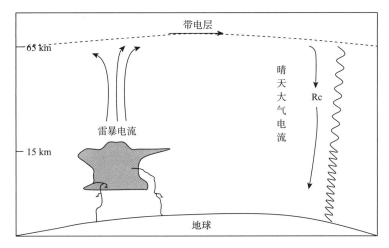

图 1.3　全球大气电路概念模型

低层大气电学特性的日变化及季节变化,通过电场和 Carnegie(卡内基)号船载设备对其他参数的测量后,已经基本明确了。通过 Carnegie 号 7 次航行的测量研究,对地球晴天大气的电学环境已有了较为明确的认识[6]。晴天大气电场一天中逐时变化是时间的函数,该曲线也被称为"Carnegie 曲线",其与全球的雷暴活动有着较为密切的关系。

在陆地上的观测站进行"Carnegie 曲线"的测量最终以失败告终,其原因主要是对流电流及气溶胶等因素对其影响明显。陆地上的测量还需要进行长期的观测才能得到信服的结果。

为了搞清全球大气电路是否是由雷暴活动驱动的这一问题,首先就要了解雷暴活动与地球表面电位梯度变化之间的关系。Whipple(惠普尔)等[7] 的研究表明夏季南半球雷暴的数量要比北半球夏季的数量多 15%。

对于大气电场日变化的分析还需要进行其他的一些分析,这些包括传导电流的测量,而按照电流连续及电荷守恒的原理还应当考虑地球表面和大气形成的球形电容器在其上界电位的基本情况。如果大气电场的测量是在地面上或离地面几千米的高度进行,还需要考虑局地的污染问题。该模式中地球表面之外的"电极"也称为"导电层"。"电离层"在很多文献中被广泛应用,特别是在讨论"导电层"电位时尤为如此;但实际上从大气电学的角度看这是错误的。因为"导电层"在大气电学中有着明确的含义,因此本书将用该词。

导电层电位 $\Phi_E(z)$ 可定义为电场垂直剖面的积分,即

$$\Phi_E(z) = \int_0^{H_E} E(z)dz \tag{1.10}$$

其中 H_E 为导电层高度。

Muhleisen（米莱森）[8]（1977）对导电层电位进行了长时间的大量的测量,结果发现其日变化与"Carnegie 曲线"极为接近;同时他指出尽管导电层电位是一个全球性的参数,其不同区域的测量结果仍然有较大的差异,其变化区间为 145～608 kV,平均值为 278 kV。

1.4.1　大气离子

正如前所述,低层大气中由于离子较少,所以其为弱的导体。其中的离子是银河系中的宇宙射线(其主要产生 α 粒子、β 粒子及 γ 射线)通过大气的衰减后将中性的粒子离解产生的。通常电离指的是电子从分子或原子中剥离出去的过程。分子失去电子则成为正离子,而电子会与中性的粒子结合则成为负离子。正负离子在电场的作用下作方向相反的运动,且会在大气中形成稳定的电流。晴天大气中电流与电场的关系表示为 $J = \sigma E$,其中 σ 为电导率。而风携带电荷也可以形成电流,而尖端物体上的电晕离子移动也可以形成电流,但这些在处理晴天大气电流问题时往往可以忽略不计。

低层大气的电导率主要是源于小离子,但大离子也存在,主要出现在靠近地面的区域。大气电场驱动质量较大的大离子运动的速度较慢,则其形成的电流通常也是可以忽略的,因此小离子是晴天大气电流形成的主导者。小离子的直径在 10^{-10}～10^{-9} m 之间。尽管晴天大气电场相对较弱,由于小离子质量较小,其在电场力的作用小可以形成明显的运动。小离子电荷是单个的基本电荷,其电荷量等于一个电子所荷的电荷量,即 1.6×10^{-19} C。

小离子的浓度依赖于离子产生及消失的机制之间的平衡,在靠近地球表面的区域小离子产生的速率为每秒每立方厘米 10 对离子;陆地区域离子对产生的速率约为海洋区域的两倍。较大的水体表面缺少明显的辐射源的影响。宇宙射线在地球表面大约产生了一半的离子。相比较而言,在地球表面 1 km 以上的高度,宇宙射线产生了晴天大气中绝大部分的小离子,而且这与地球表面的性质没有任何的关系。由于离子之间的重新结合及气溶胶的清除作用,离子又会消失。当达到平衡状态后,离子对的产量是高度的函数,并且可以以下式表示:

$$p(z) = \alpha(z)n(z)^2 + \beta(z)n(z)N(z) \tag{1.11}$$

式中 z 为高度,α 为小离子重新结合的参数,n 为小离子的浓度,β 为小离子和气溶胶的结合系数,N 为气溶胶的浓度。其中第二项在晴天和高空可以忽略,但是若由于有的污染或排放源而存在高浓度的大粒子,该项就不能忽略。典型城市低层的小离子的生命期约为 10 s,其中的大粒子浓度较高;而远离大陆海洋的小离子的生命期可长达 300 s。由于以上原因在城市地面附近电导率远比人烟稀少的地区小,但受电导率的影响城市近地面的电场强度则较大。

大气离子影响大气电导率的过程是十分复杂的。离子的浓度在任何地方都总是受到痕量气体的影响。根据 Keese（基斯）和 Castleman（卡斯尔曼）[9] 的研究结果,N_2^+、O_2^+、N^+、O^+ 在 50 km 以下是主要的正离子,由于存在这样基本离子,会很快形成诸如 $H^+(H_2O)_n$ 的离子。负离子是以 O_2 得到自由电子开始的,而在 30 km 以下特别是以 $NO_3^-(HNO_3)_n$ 的形式存在,由于离子参加的化学反应较为复杂,现阶段对于粒子在低层大气对电导率的贡献的研究尚不够充分。

1.4.2　离子的迁移率

离子特性中直接与电流有关的主要是描述其迁移性能的量,即迁移率 k,它是小离子在电场力的作用下获得的平均速度;迁移率可表示为 $k=v/E$,其单位为米每秒每伏特每米,但一般将其写为物理意义不是十分明确的 $m^2/(V \cdot s)$。小离子在海平面上迁移率的典型值为 $10^{-4} m^2/(V \cdot s)$,大离子的迁移率比小离子的低三个量级,这也正是它们对电导率贡献较低的主要原因。此外当相对湿度从 0 变化到 100% 时,迁移率下降的幅度约为 18%。电场可以使离子的运动加速,但其与空气分子的碰撞,又使其速度受限。离子在黏性流体(大气)中的 Stokes(斯托克斯)运动规律决定着离子的迁移率。因此迁移率与气压成反比,而温度与气压通过下式影响着迁移率,即:

$$k(P,T) = k_s \frac{P_s T}{P T_s} \tag{1.12}$$

式中的下标 s 代表大气的标准状态。由于迁移率是碰撞的函数,它与离子的平均自由程随空气密度的增加而减小。由于此原因,减小的迁移率可以利用下式计算

$$k_r = \frac{\rho_A}{\rho_s} k_s \tag{1.13}$$

其中 ρ_A 是环境空气密度,ρ_s 是标准温度和气压下的空气密度。

1.4.3　电导率

大气传导电流的能力被定义为大气的电导率,该参数在晴天和雷暴条件下都是十分重要的参数。关于小离子主导的电导率的研究,主要包括理论和实验室研究。总的电导率随高度的增加的表达式主要包括下式:

$$\sigma_{tot}(z) = q_e \sum_i n_i(z) k_i(z) \tag{1.14}$$

其中小离子包括所有各类的小离子的总和。q_e 是每个小离子上的基本电荷量。

总电导率包括正负离子引起的电导率的总和。

$$\sigma_{tot}(z) = \sigma_+(z) + \sigma_-(z) \tag{1.15}$$

早期电导率的测量是由 Gerdien(格丁)[10] 率先主导实施的,他发展的设备可以直接测量电导率。关于电导率垂直分布的开创性的研究是由 Gish 和 Sherman(舍曼)[11] 实施的。他们在一个大气球下方的吊舱中安装了 Gerdien 电导率测量器,并将其命名为"探索者 II",在其实验中测量到了高度 22 km 以内的电导率。他们提供了详细的对于实验方案的分析,以及对于各类实验结果的比较等内容。正负电导率的比率平均约为 0.8。由于小的负离子的迁移率比正离子的大,这使得负离子的电导率是正离子电导率的 1.4 倍。

1.4.4　传导电流

传导电流是全球大气电路中的基础参数,$\vec{J} = \sigma \vec{E}$,其中 J 是电流密度,但通常简单地就认为是电流密度,这是由欧姆定律推导得到的,它可以用来监测全球的大气电路,但这一方法也

存在着明显的不足。特别是当测量在地面上进行时,将会受到对流电流、电流传播衰减和导电层的影响。传导电流可直接在高空中通过搭载在气球上的探空仪进行测量,或者是利用飞机或气球测量到的电场和导电率计算得到。

　　电荷的守恒和电流的连续性表明垂直方向的电流密度在低层大气中的平衡值与高度的关系不大。否则,净电荷将在某一高上积累,并将进而改变电场,直至垂直的电流密度达到稳定。利用飞机测量的电场和电导率在下垫面混合层以上基本上是稳定的值。在海洋上空,Kraake-vik(克拉克维克)[12]发现在 $6 \sim 15$ km 的范围内 J 的变化仅有 10%,他同时也测量到到达地面的电流密度(大气—地面电流),他发现在南极洲陆地区域干净的背景场条件下,大气—地面电流的变化范围为 $(3.9-1.3) \times 10^{-12}$ A/m²,在 100 m 以上他发现平均的大气传导电流为 2.7×10^{-12} A/m²,他估算总的地球的晴天大气电流为 $+1400$ A(正的电荷流向地球表面形成的电流定义为正电流)。

1.4.5　空间电荷

　　晴天空间电荷密度(即:空间电荷)ρ 与电场的垂直梯度间的关系可由高斯定律给出,即:

$$\rho = \varepsilon \nabla \cdot \vec{E} \tag{1.16}$$

　　若忽略电场的水平梯度的变化,则一维的高斯定律则可以写为:

$$\frac{\partial E_z(z)}{\partial z} = \frac{\rho(z)}{\varepsilon} \tag{1.17}$$

其中 $\rho(z)$ 是在高度为 z 的电荷密度,ε 为介电常数。

　　将　　　　　　$E(z) = -[81.8e^{(-4.52z)} + 38.6e^{(-0.375z)} + 10.27e^{(-0.121z)}] \tag{1.18}$

　　代入上式则可得:

$$\rho_{tot}(z) = \varepsilon[0.370e^{-4.52z} + 0.0145e^{-0.375z} + 0.0012e^{-0.121z}] \tag{1.19}$$

　　晴天的电荷密度随高减小的很快。为了进一步分析电荷随高度的分布,可以分析在高度 z_0 以下电荷占总电荷的比率。对(1.17)式进行积分

$$\frac{Q(z < z_0)}{Q_{tot}} = 1 - \frac{E_z(z_0)}{E_z(0)} = 1 - [0.626e^{-4.52z} + 0.295e^{-0.375z} + 0.079e^{-0.121z}] \tag{1.20}$$

　　在晴天大气中超过 70% 的电荷分布在距地面 1 km 范围内的大气中,而 90% 在 4.5 km 以内。晴天大气在 30 km 以下的总电荷可通过对(1.18)式积分可得 1.9×10^5 C,而其中 1.4×10^5 C 在 1 km 以下。

　　E 与 ρ 随高的变化可认为是电导率随高度变化的直接反映。中低层大气的电导率主要决定于各个区域的光致离解、大气的静力状态,及其化学成分等。如果晴天大气电流有一个特定的值,且与高度无关;由欧姆定律可知,与高度相关的电导率将决定于高度相关的电场强度 E,由公式(1.19)可知 ρ 也是随高度变化的。在 30 km 以内的大气中正电荷占其总量的 40%,且其循环是全球大气电路中的重要环节,大气中多数净的正电荷主要集中在最靠近地面的 1 km 的范围内。

1.4.6　电极层

　　大气的导电性与大气电场的存在的其中一个表现即为电极层的存在。晴天大气中负的电

场驱动正的离子向下运动,而负的离子向上运动,两种极性的离子对总电流都有贡献。假设在地面之上大气中存在一个极小的平衡层,每种极性的离子穿过上边界的通量与穿过下边界的通量相等,如此一来在平衡层内则无多余过剩的离子存在。当将较低的层认为是地面时,则情况就发生了变化。由于低层是刚性的边界,没有离子可以从低层进入。由于负离子在晴天是由低层向上运动的,没有负离子通量去补充从上边界移出离子,净的正电荷便在平衡层中累积,同时减缓了两种极性离子的通量变化。电极层的上边界位于负离子通量足以迟滞改变大气电场的向上运动的离子通量。

晴天中空间的电荷密度通常是以单位体积中的基本电荷数给出的,由于小离子有一个单位的电荷量,由单位体积中的基本粒子表示的空间电荷密度的量级与同样单位体积的小粒子数密度相同。Crozier(克罗泽)[13]在新墨西哥的荒地上方 3 m 的范围内进行了测量,并发现在 0.25 m 的典型值每立方分米为几百个基本电荷,在 1 m 高度的典型值约为 100 个基本电荷每立方分米。在低风速的夜晚,常见的电极层可以被上负下正的电极层配置所代替。Crozier 有时在 0.25 m 的高度上观测到每立方分米为几千个正的基本电荷,而在 1 m 高度观测到每立方分米为几百个的负的基本电荷。尽管在白天由于热对流的原因情况较为复杂,但这一情况在白天和夜晚均会发生。通过 Crozier 详细的研究可知,常见的电极层主要出现在风速小于 7 m/s 中等风速的夜晚,及在静风与中等风速区间内的白天。电极层受湍流及大离子、气溶胶和凝结核等的影响十分明显。电极层通常被限制在地面以上 1 m 的范围内,除了当对流电流加强时其高度会增加数米。

电极层的定量描述除了一些简单情况,通常都是较为复杂的。只有通过数值模式才较为理想地描述电极层。Willett(威利特)[14]通过模式研究表明,氡的放射性离子体产物比以植被为下垫面的地表中的氡更具有电离性。其研究同时也给出了于裸露地表之上电极层的特殊性,他发现其中的电极性与前者相比是相反的。

1.4.7　高层大气电极

如前所述全球大气电路的部分理论中提到的,大气在某些高度上是具有高导电性的,所以由此也可将大气在这些高度上看作是导体(在这些高度上电位恒定,可作为晴天大气电流的上部终端)。Heaviside(海维赛德)[15]认为高层大气具有较强的导电性,这可以用来解释电磁波的传播,而且由于他的研究结果,有时将电离层的 E 区也称作"Heaviside 层"。尽管电离层在全球大气电路模型中给出的仅是作为高层的导电层具有不连续的导电性,但是真实电离层的高度和特性与全球大气电路中的球形电容器模型仍然存在着较大的差异。

已有研究表明,在高度为 100 km"Heaviside 层"以下的部分区域,大气具有较强的导电性,并可作为全球大气电路的高层电极。很多科学家都在寻找这一导电区域,有时也将其称之为导电层[16],或者平衡层[17]。在这个地球表面之上的导电层概念中的主要问题是:这一层如同假设的,它真的存在吗? 如果存在它的高度是多少? Israel(伊斯雷尔)[18]较为完整地总结了他早期的工作,认为这个高度大约为 60 km。Reid(里德)[19]在其综述中引用了 Mitchell(米切尔)和 Hale(黑尔)[20]早期的结果。他们在火箭上搭载了电导率的测量设备,其结果表明,自 30 km 开始,$\sigma_+ = \sigma_- \approx (1-3) \times 10^{-11}$ S/m;而在 40~45 km 之间,σ_- 迅速自 5×10^{-11} 增加至 1×10^{-8} S/m;而在 65~75 km 之间,σ_+ 自 6×10^{-11} 增加至 2×10^{-9} S/m。

球形电容器模型存在着一些明显的局限性,这主要是:模型中大气电导率是连续增加的,而不像在真实大气中存在着突然增加的上边界。球形电容器的上界可达为良导体的带电层,其范围依赖于整个电容器电磁场的时间变化。其中一个结果电容器是漏电的,特别是对于快变电场及电流的变化尤为如此。电场变化越快,其向上伸展的高度越大,直到达到电场可穿透进入地球磁场的阈值为止。而从这个模型中可以得到另一个结果,即:这个电容器中存在的电荷不是仅仅集中在上下边界;正如前面所讨论的,90%以上的净的正电荷位于 5 km 以下的高度,而这一电荷层屏蔽了其上方的负电荷向地面的输送。另外一个结果是,当大气的电阻在靠近地面处较大时,维持全球大气电路电荷运动所做的功在较低的大气层完成,这与全球大气电路中雷暴的重要作用是一致的。

大气的电导率具有纬度效应,大气在高纬度磁场较强的区域电导率更强。产生这一结果的原因可能是由于在高纬度地区宇宙射线可以产生更多的离子对,而离子对的产量与 $\sin^4\varphi$ 成正比,φ 为纬度[21]。但是通过研究进入平流层的大气电导率探空结果,发现纬度效应很小,且不足以解释他们观测到的电导率的变化。通过研究他们发现,当平流层气溶胶浓度处于背景值附近时(亦即,无火山喷发等情况出现),离子附着于气溶胶,即使对已有的理论进行修改也无法真正解释观测到的结果。他们建议必须考虑温度随高度的变化,只有如此才能较好地解释纬度在 42°N—63°S 之间电导率的变化(电导率是气压和温度的函数)。

Kasemir(凯斯米尔)[22]给出了一个改进的全球大气电路模型,其主要的改进是将地球的电位 Φ_E 设为 −300 kV,而不是 0。即使电位在离地面20 km 以内的范围电位 Φ 降低99%,大气电路的高度也将延伸到无限的高度。地球是一个负极性的电流源,其可驱动导电性随高度指数增加到无穷大的导电性介质。雷暴为整个大气电路的形成提供了原始驱动力。

1.4.8　柱体电阻

Gish[5]定义了柱体电阻,即以地球表面单位面积为底向上直到带电层的柱体的电阻,其可以表示为:

$$R_c = \int_0^H \frac{1}{\sigma_+\,(z) + \sigma_-\,(z)} \mathrm{d}z \tag{1.21}$$

式中 H 是带电层的高度。由上式可知任意高度的电阻皆可通过积分得到。Gish 在柱体电阻的概念中假定其遵循欧姆定律,电流不随高度变化,同时所有的电流均为非对流电流。该假设与事实不符之处主要是,大气空间电荷的水平分布并非水平均一的。实际空间电荷的水平分布主要分布在雷暴系统附近;在晴天当太阳加热电荷主要位于较低的大气层中,并引起对流电流。柱体电阻概念仅在晴天大气中是有用的。柱体电阻值主要依赖于最靠近地面的 20 km 大气的电导率随高度的变化,其典型值为 $R_c = 1 \times 10^{17}$ Ω/m²。特别是由于在低层大气中离子的分布存在差异,会导致柱体电阻在局部会呈现变化,同时也会影响一个给定区域总体的电流。由于柱体电阻是单位底面积大气柱的总电阻,所以大气的总电阻可以通过地球表面以上所有柱体电阻的累加获得,总电阻值 230 Ω,Muhleisen[8]考虑到山脉的影响将该值调整为200 Ω。值得注意的是柱体及电阻均会随着地球表面的变化而出现明显的波动。

1.4.9　雷暴环境中电流的流动

为了证实雷暴是否是晴天电流的"产生器",必须测量雷暴电流。从地球到带电层,电流可被分成三个部分,即:雷暴下部、雷暴内部,以及雷暴上部。雷暴下部的麦克斯韦(Maxwell)电流密度可表示为:

$$J_M = J_{PD} + J_{CV} + J_P + J_L + J_E + \varepsilon \frac{\partial E}{\partial t} \tag{1.22}$$

式中下标 PD 为尖端放电、CV 为对流、P 为降水、L 为闪电、E 为传导,通过监测电流便可知雷暴电流"产生器"的作用。

Gish 和 Wait(韦特)[23]测量了电位梯度和电导率,在雷暴过境时他们测量了传导电流,通过统计 21 个雷暴,在 12 km 处,所得的雷暴平均传导电流为 0.5 A。Wilson 等则认为传导电流只在对流活跃的区域存在,且其可以移除电荷的屏蔽层。

Blakeslee(布莱克斯利)[24]等在 U-2 飞机安装两个 Gerdien 电导率测量传感器和两个电场仪,飞到雷暴上方进行测量,飞机的飞行高度为 16~20 km,主要测量了传导电流和位移电流,并据此可计算 Maxwell 电流。通过观测发现 Maxwell 电流至少一半是由传导电流贡献的。

在雷暴顶端确定全球总的电流需要切实地了解全球雷暴在任意时刻的基本状态,目前文献上给出的全球在任意时刻的雷暴总数为 1000~2000 个,Muhleisen[8]认为这一数字太大,因为非雷暴因素(如层状降水云)对全球的大气电流也有贡献。Vonnegut(冯内古特)等[25]通过 U-2 飞机的观测发现最大的电流仅仅出现在对流极为旺盛的云顶。但是对于层状云和对流云而言,尚无人做出它们对于全球电流贡献的明确评估。

复习与思考

(1)简述地球磁场的概念。

(2)电离层的主要特征是怎样的?

(3)大气中的离子是如何分类的?

(4)大气中离子的迁移率受哪些因素的制约?

(5)何谓 Heaviside 层?

(6)在雷暴环境中电流的流动特性是怎样的?

参考文献

[1] Chapman S. The absorption and dissociative or ionizing effect of monochromatic radiation in an atmosphere on a rotating Earth, Ⅰ. *Proc. Phys. Soc.*, 1931a, **43**: 26-45.

[2] Chapman S. The absorption and dissociative or ionizing effect of monochromatic radiation in an atmosphere on a rotating Earth, Ⅱ. *Proc. Phys. Soc.*, 1931b, **43**: 483-501.

[3] Coulomb C A. *Memorandum of Academic Science*, 1795. 616.

[4] Wilson C T R. Investigations on lightning discharges and on the electric field of thunderstorms. *Phil. Trans. Roy. Soc*. Lond., A, 1920, **221**: 73-115.

[5] Gish O H. Evaluation and interpretation of the columnar resistance of the atmosphere. *Terr. Magn.*

Atmos. Elec. ,1944,**49**:159-168.

[6] Torreson O W, Gish O H, Parkinson W C, Wait G R. Scientific results of Cruise Ⅶ of the Carnegie during 1928—1929 under command of Captain J. P. Ault, Oceanography-Ⅲ , Ocean atmosphere-electric results,Carnegie Inst. of Wash. Pub. 568,Washington,D. C. 1946.

[7] Whipple F J W,and Scrase F J. Point-discharge in the electric field of the Earth. *Geophys. Mem.* Ⅶ ,1936, No. (68):1-20.

[8] Muhleisen R. The global circuit and its parameters. In *Electrical Processes in Atmospheres* ,H. Dolezalek and R. Reiter,eds. ,Dr. Dietrich Steinkopff,Darmstadt,pp. 467-476. 1977.

[9] Keese R G and Castleman A W, Jr. Ions and cluster ions: Experimental studies and atmospheric observation. *J. Geophys. Res.* ,1985,**90**:5885-5890.

[10] Gerdien H. Demonstration eines Apparates zur absoluten Messung der elektrischen Leitfahigkeit der Luft (Demonstration of a device for the absolute measurement of the electrical conductivity of air) *Phys.* , 1905,**6**,647-66.

[11] Gish O H,and Sherman K L. Electrical conductivity of air to an altitude of 23 km. Nat. Geophic Soc. Stratosphere,Ser. 2,94-116. 1936.

[12] Kraakevik J H. Measurements of current density in the fair weather atmosphere. *J. Geophys. Res.* ,1961, **66**:3735-48.

[13] Crozier W D. Atmospheric electrical profiles below three meters. *J. Geophys. Res.* ,1965,**70**:2785-92.

[14] Willett J. Atmospheric-electrical implications of 222Rn daughter deposition on vegetated ground. *J. Geophys. Res.* ,1985,**90**:5901-5908.

[15] Heaviside O. Theory of electric telegraphy. In Electromagnetic Theory,E. Weber,ed. ,Dover,New York, pp. 331-346. 1902.

[16] Chalmers J A. *Atmospheric Electricity*. Vol. 2,Pergamon,Oxford,p,34. 1967.

[17] Dolezalek,H. , Discussion of the fundamental problem of atmospheric electricity. *Pure and Appl. Geophys.* ,1972,**100**:8-43.

[18] Israel H. *Atmospheric Electricity*. Vol. 1,Fundamentals,Conductivity,Ions. Israel Program for Scientific Translation,Jerusalem,pp. 114-116. 1970.

[19] Reid G C. Electrical structure of the middle atmosphere. In *The Earth's Electrical Environment* ,National Acad. Press,Washington,D. C. ,pp. 183-194. 1986.

[20] Mitchell J D,and Hale L C. Observations of the lowest ionosphere. *Space Sci* ,Ⅻ ,471-476. 1973.

[21] Heaps M G. Parametrization of the cosmic-ray ion-pair production rate above 18 km. *Planet. Space Sci.* , 1978,**26**:513-517.

[22] Kasemir H W. Theoretical problems of the global atmospheric electric circuit. In *Electrical Processes in Atmospheres* ,H. Dolezalek and R. Reiter,eds. ,Dr. Dietrich Steinkopff,Darmstadt,pp. 423-439. 1977.

[23] Gish O H,and Wait G R. Thunderstorms and the Earth's general electrification. *J. Geophys. Res.* ,1950, **55**:473-484.

[24] Blakeslee R F, H J Christian, and B. Vonnegut, Electrical measures over thunderstorms. *J. Geophys. Res.* ,1989,**94**:13,135-140.

[25] Vonnegut B,Moore C B. Espinola R P and Blau H H Jr. Electrical potential gradients above thunderstorms. *J. Atmos. Sci.* ,1966,**23**:764-770.

第 2 章　雷暴天气的电学特征

2.1　引言

　　雷暴是伴有雷电的局地对流性天气。它通常伴随着滂沱大雨或冰雹,属于剧烈的强对流天气系统。它影响飞机、导弹等安全飞行,干扰无线电通讯,击毁建筑物、输电和通信线路的支架、电杆、电气机车,损坏设备引起火灾、击伤击毙人畜等。雷暴是由强对流生成的,它的水平尺度变化范围很大,可以从几千米到几百千米,垂直厚度大多在 10 km 以上。雷暴是由水平尺度几千米到十几千米的称之雷暴单体(细胞)的积雨云所组成,有雷电活动的单体,其寿命为 30 min 到 1 h,其闪电率可以从每分钟不足一次变化到每分钟十多次以上,最大的闪电率通常在第一次闪电之后大约 10～20 min 内出现。在单体整个生存期的平均闪电率约为每分钟 2 至 3 次,但是雷暴是由多个单体组成的,所以对整个雷暴而言,平均闪电率约为每分钟 3 至 4 次。

　　全球在同一时刻大约会存在 2000 个雷暴,这些雷暴平均每秒钟约产生 44±5 个闪电,其中大部分闪电发生在陆地上,每年每平方千米陆地上会发生 31～49 个闪电,而广大海洋区域的闪电发生率则比较低,每年每平方千米约 5 个闪电,陆地和海洋的平均闪电密度之比近似为 10：1。全球闪电活动主要集中分布在赤道地区,其中闪电活动最频繁的三个地区均位于赤道附近,即非洲大陆、南美大陆和海洋性大陆(即印度尼西亚地区),而在赤道附近的卢旺达地区,闪电密度最大可达每年每平方千米 80 个闪电,是全球最频繁的地区。赤道地区的闪电活动基本没有明显的季节变化,但以春秋季为多;中纬度地区闪电活动都呈现出明显的季节变化。北半球的闪电活动在夏季活跃,并在 8 月份达到最大值。而在南半球,闪电活动峰值则发生在 10 月份。我国的闪电活动在空间上可以大体分成与太平洋海岸平行的四条带状区域:近海区域;中部区域;西部区域;西部边境区域。其中,近海地区是我国闪电活动最频繁的地区,西部地区是我国闪电活动最弱的地区。在我国闪电活动最频繁的地区是:广州附近、广东茂名附近及海南岛中部地区,这些地方的闪电密度均超过每年每平方公里 20 个闪电。我国的闪电活动在 8 月份达到最强,11 月份最弱。主要集中在夏季(约占全年总闪电活动的 68%),春季次之(约占全年总闪电活动的 24%),然后是秋季,而冬季则最弱,而且在各个季节明显呈现出随着纬度的减小,闪电密度逐渐增大的趋势。闪电活动出现明显季节变化主要是因为我国处在著名东亚季风区以及太阳辐射随纬度变化的缘故。

　　如表 2.1 所示,雷暴共分为三种,分别为单体雷暴、多单体雷暴及超级单体雷暴。分辨它们的方法是根据大气的不稳定性及不同层次里的相对风速而定。单体雷暴是在大气不稳定,但只有少量甚至没有风切变时发生。这些雷暴通常较为短暂,不会持续超过 1 小时,也被称为阵雷。多单体雷暴由多个单体雷暴所组成,是单细胞雷暴的进一步发展而成的。这时会因为气流的流动而形成阵风锋,阵风锋可以延绵数里,如果风速加快、大气压力加大及温度下降,阵风锋的范围会越来越大,并且吹袭更大的区域。超级单体雷暴是在风切变极大时发生的,并由各种不同程度的雷暴组成。这种雷暴的破坏力最大,并且有30%的可能性会产生龙卷风。根据雷暴形成时不同的大气条件和地形条件,一般将雷暴分为热雷暴、锋雷暴和地形雷暴三大类。此外,也有人把冬季发生的雷暴划为一类,称为冬季雷暴。在我国南部还常出现所谓旱天雷,也叫干雷暴。

表 2.1　雷暴的分类

依据	类型
根据雷暴中出现单体的数目和强度	单体雷暴
	多单体雷暴
	超级单体雷暴
根据雷暴形成时不同的大气条件和地形条件	热雷暴
	锋雷暴
	地形雷暴
	冬季雷暴
	干雷暴

与雷暴天气有关的电学特性的研究一直是大气电学领域的一个重要方向,尽管国际上针对这一科学问题进行了长期的研究并取得了重要的进展,但由于自然雷暴的复杂性和探测手段的限制,对雷暴云电荷结构形成机制的认识仍然十分有限。关于雷暴云起电机制的讨论主要以数值模拟和实验室模拟为基础,因此,科学界也存在较大的争议。目前较为流行的两种起电机制分别为感应起电机制和非感应起电机制。前者最早是由 Elster(埃尔斯特)等[1] 提出的,他们认为极化云滴和雨滴之间碰撞会起电。Mason(梅森)等[2] 在考虑水成物粒子的基础上利用模式发现,在含有冰相粒子和过冷云滴的区域感应起电很活跃。Illingworth(伊林沃思)等[3] 发现冰相粒子之间碰撞起电率很高,导致电场强度很大。而非感应起电机制是指在过冷水很丰富的冰水共存区,霰粒子通过与过冷水滴碰撞增长,因此在其表面总存在较暖的液面,当霰粒子与冰晶碰撞时,较暖的液面与冰晶表面之间会形成温度差,而该温度差导致不同极性的电荷在接触面的移动,两种粒子碰撞分离后就会带上不同极性的电荷。作为非感应起电机制的一种,霰粒—冰晶碰撞起电机制能够很好地解释雷暴云内存在的强电场特征,但目前对其物理机制的了解还不是很清楚。Takahashi(高桥)[4] 和 Jayaratne(贾拉亚特纳)等[5] 发现,在液态水含量(LWC)适中的情况下,高于反转温度的区域,冰晶与霰粒子碰撞,正电荷被转移到霰粒子上,冰晶获得负电荷;低于反转温度的区域,冰晶获得正电荷,霰粒子为负电荷。张廷龙等[6] 利用 X 波段多普勒双偏振雷达在甘肃平凉地区获取的一次雷暴过程资料,采用模糊逻辑判断法详细分析了该过程云内降水粒子的时空演变特征,同时结合该地区雷暴的电学特征,探讨了雷暴云电荷结构与云内降水粒子之间的关系。张廷龙等[6] 通过分析中国内陆高原西藏那曲、青海大通、甘肃中川和平凉四个不同海拔高度地区雷暴的电学特征发现,不同地区间雷暴电学特征有其共性,但也存在一定的差异,根据过顶雷暴的地面电场演变特征,内陆高原地区雷暴可以分为特殊型和常规型两类。特殊型雷暴在当顶阶段地面电场呈正极性,即雷暴下部存在范围较大的正电荷区(LPCC),且特殊型雷暴所占比例随海拔高度的增加有所

增加；常规型雷暴在当顶阶段地面电场为负极性，与低海拔地区常规雷暴引起的地面电场类似。结合 4 个地区的地面气象要素以及探空资料的分析，发现不同地区对应的部分热动力参量以及大气层结参数存在显著差异。

　　本章将对雷暴的概念、雷暴在全球和我国的时空分布、雷暴的分类、以及与雷暴天气有关的电学特性研究现状四个部分深入介绍。虽然雷暴对人类生活的危害非常大，但是我们可以利用丰富的雷电监测手段进行一些研究，如雷达、卫星、大气电场仪、闪电成像阵列、闪电定位系统等，通过后期处理生成预报产品，及时向人们发出灾害天气警报。

2.2　雷暴天气系统中的电荷结构

2.2.1　雷暴天气系统中的电荷结构模型

　　在单体雷暴、多体雷暴及超级单体雷暴的雷暴云发展过程中，云内不同降水物粒子在一些起电机制作用下会携带不同极性的电荷，从而形成一定的空间电荷结构。以下的四个模型是按发现的时间先后顺序介绍的（文献中的年份先后不表示模型发现的先后）。

2.2.1.1　双（偶）极型模型

　　该模型首先由 Simpson（辛普森）[7] 提出，是根据雷暴区内地面测量的电场和降水电荷分析得出的。他们最早提出雷暴云内空间电荷结构是垂直偶极性的，在雷暴云上部存在一个主正电荷区，在它的垂直下方有一个主负电荷区域。因而雷暴的电荷结构是典型的电偶极子，偶极子的带电区直径为几千米量级。一般情况下，雷暴云上部 $-25 \sim -60℃$ 为正电荷区，$-10 \sim -25℃$ 为负电荷区。但是后来的研究发现如图 2.1 所示，除了这两个主电荷区外，在雷暴云的底部还可有一个小的正电荷区，但是下部小正电荷区一般不参与放电。

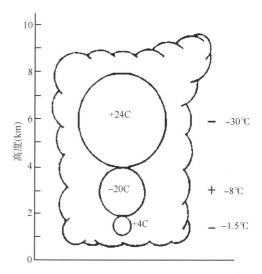

图 2.1　双（偶）极型电荷分布模式[7]

2.2.1.2　三极型模型

　　尽管双（偶）极型模型得到大量观测的支持，但仍有一些地面电场测量，尤其是一些正地闪的观测结果却与这种偶极性电荷结构不一致，气球探空及更多的地面测量还进一步揭示出在雷暴中部主负电荷区下部，有时还存在另一个小的正电荷区，称为 LPCC(lower positive charge center)，这种电荷分布结构称为三极性电荷结构。

　　该模型最初是由 Simpson 和 Scrase（斯克拉西）[8]、Simpson 和 Robinson（罗宾逊）[9] 提出，作为双（偶）极型分布的改进和综合考虑。他们是利用气球探空，根据进入雷暴云内 69 个气球的 27 次电晕电流测量分析得出的三极性电荷结构模型,即雷暴云上部为主正电荷区;中部存在一个主负电荷区;同时下部还存在一个较弱的正电荷区(见图 2.2)。

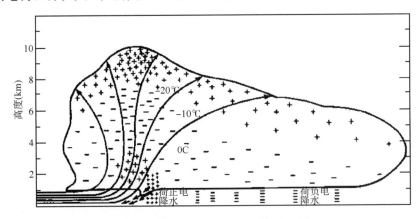

图 2.2　雷暴云内的三极性电荷结构[8]

　　图 2.3 是利用多站同步观测通过拟合闪电放电源的得到的美国佛罗里达州和新墨西哥州夏季雷暴和日本冬季雷暴电荷分布经典模式。利用这种方法可得到与闪电放电有关的云内电荷分布,即一般认为雷暴云电荷的垂直分布是双(偶)极结构或三极结构。

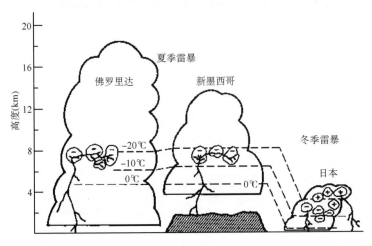

图 2.3　美国佛罗里达州、新墨西哥州夏季雷暴和日本冬季雷暴电荷分布经典模式[10]

　　在三个雷暴中,雷雨云中下部负电荷中心的温度区域为 $-10℃\sim-20℃$,云上部的正电荷中心低于 $-20℃$,云底部的次正电荷中心在 $0℃$ 左右。不同学者对正、负电荷量及其所在高度的估计差别很大,但还是有一些共同的特征,即无论偶极性还是三极性电荷结构,其主要的负电荷区处于雷暴中部 $-10\sim-25℃$ 环境温度之间,云的边界处一般有屏蔽电荷层存在[10],分析发现在美国以及日本冬季雷暴中,尽管主负电荷区所处的高度不同,甚至相差很大,但它们均处于同一温度区。

　　后来的很多观测结果都证实了偶极性与三极性电荷结构是雷暴云中普遍的电荷结构。与双(偶)极型结构所不同的是,雷暴云电荷分布的三极结构中的下部小正电荷区较强,并参与放电过程,如我国甘肃、青藏高原地区的雷暴云。

2.2.1.3 多极性模型

近年来越来越多的研究结果也表明,实际雷暴云中,电荷结构远比上述垂直分布的偶极型或三极性电荷结构复杂得多。例如:Rust(拉斯特)等[11]提出了通过雷暴的 12 个气球的探测结果,至少有 4 个电荷区,某些达 10 个之多;Rust 等[11]发现,69 次探测中有许多次有 3 个以上电荷区。根据上述资料,他们指出,双(偶)极型或三极型电荷垂直分布模型过于简化,需要给出一个新的雷暴电荷垂直分布方面的模型。

Stolzenburg(斯托尔岑堡)等[12]通过比较 MCS(中尺度对流系统)、美国南部大平原的超单体雷暴及新墨西哥州山地雷暴,发现超单体雷暴中主电荷区的高度更高,温度更低。统计中三种雷暴的电荷高度和上升速度之间有约为 0.3 km/(1 m/s)的比例关系。温度廓线并不像主负电荷一样抬升,有可能对应于主负电荷的起电机制在不同的雷暴中存在差异。上升气流中的电荷区高度被抬升,呈 4 层结构,非上升区呈 6 层结构,除主负,上正,最上层负的屏蔽电荷层与上升区类似外,在地面和主负区之间还有正负正交替的三层电荷,所以有可能非上升区是上升气流发展的后期阶段,或是伴随上升气流同时发生的顺风气流。

Stolzenburg 等[12]认为,雷暴电结构方面经典的三极模型,是发现的在对流区上升气流中四个电荷区中最低层的三个。但是如果想从上升气流外对流区中六个电荷区中辨认出哪三个是属于三极模型并不容易。

2.2.1.4 反极性模型

Krehbiel[13]通过对闪电 VHF(甚高频)辐射源时空分布的三维观测资料的分析,揭示了某些雷暴云中或雷暴云发展的某些阶段可以呈现出与正常极性相反的电荷结构,即在雷暴云中部是主正电荷区,而上部为负电荷区,它们之间有反极性放电过程发生。通过对闪电辐射源高时空分辨率的三维观测资料的分析,揭示了在具有正常三极性电荷结构的雷暴云中,云内放电不仅发生于上部正电荷区与中部主负电荷区之间,还存在着反极性放电过程它起始于中部负电荷区,向下传输到下部正电荷区后水平发展除极性相反外,其特性与发生在上部正电荷区与中部主负电荷区的闪电一致,进一步证实雷暴下部正电荷区的存在,并且这一正电荷区参与放电过程同时还发现,某些雷暴云中或雷暴云发展的某些阶段可以呈现出与正常极性相反的电荷结构,即在雷暴云中部是主正电荷区,而上部为负电荷区,在它们之间有反极性放电过程发生,表明雷暴云中存在反极性起电机制以及雷暴电荷结构的复杂性。

中国内陆高原地区的雷暴云底部正电荷区的电荷量和分布范围,都较常规偶极性电荷结构雷暴内的小电荷区要大得多。而且不同季节、地区的雷暴特征也不完全一样。郭凤霞等[14]指出我国南方地区多观测到正偶极电荷结构,北方地区多观测到三极性电荷结构,青海高原地区多反偶极结构,但也有正常结构。即说明在同一纬度,但不同地区、不同季节、不同的环流形势及不同扰动温度形成的雷暴云也各不相同,雷暴云云内电结构不能以简单双极性和三极性电荷结构或固定模型的多极性电荷结构来分析模拟雷暴云内真实电场。

2.2.2 不同雷暴云电荷结构成因的数值模拟研究

随着对雷暴云内电活动认识的深入,人们发现如果不引进合理的放电过程,只能模拟第一次闪电发生前的云内电特征,而不能模拟闪电发生后雷暴云内的电特征,因此研究和引入合理的放电参数化方案是完善雷暴云电过程数值模拟的基本要求。

雷暴云起电理论的不断提出和发展(见表 2.2),很多研究者开始尝试在云模式及其他模式中加入各种起电机制的参数化方案,模拟雷暴云内电荷的产生、分布及电场变化的演变特征,并通过分析雷暴云的电活动与动力和微物理过程之间的相互关系来进一步认识起电过程。早期起电机制的数值模拟研究主要集中于对流和感应两种,20 世纪 70 年代后期才逐步考虑非感应起电过程。

在 20 世纪 60 年代,有关雷暴云起电机制的数值模拟多倾向于数值计算,没有考虑任何动力和微物理过程。Ruhnke(朗克)[15]用简单、准静态的方法对云内电荷分布进行计算。通过对比不同大气电导率,发现云内电荷分布容易受电导率的影响。自 Nicoll(尼科尔)[16]提出了对流起电机制后,人们利用不同模式进行了研究。感应起电过程的数值计算发展也很快,Kuetner(奎特纳)等[17]和 Moore(摩尔)[18]利用数值计算的方式对感应起电机制做了详细研究。其中 Mason[2]等提出的感应起电计算公式引起了很多争论,Moore[18]认为,Mason 等[2]的有些结论与感应机制及实验观测不符,并认为感应起电中粒子间碰撞转移的电荷量很少。另外,Moore[18]定义了感应过程中的碰撞效率和碰撞夹角,假定所有和大滴碰撞的小滴全部被分离,即认为碰撞效率等于 1。Orville(奥维尔)[19]指出,在这些电荷分离理论的模式计算中,没有考虑云内动力和微物理过程的影响,也没有将电效应与动力模式耦合起来,这会使计算具有局限性,限制了对起电机制的认识。

为了克服这一局限性,Smith(史密斯)等[20]最早提出了在多维动力云模式中加入电作用。Chiu(邱)[21]在 Pringle 等[22]的工作基础上发展了一个未包含冰相过程的二维时变轴对称模式,在此领域的研究中取得了很大的进展。Chiu[21]在模式中对电的相互作用方面有几点很重要的改进:首先,对小离子和水成物通过扩散和传导之间的相互作用给出了明确的解释;其次,对云滴和雨滴之间的感应起电机制给出了清晰的公式;最后,通过对离子和电场的垂直廓线给出的自持的守恒方程解决了起电的初始问题(暖云的感应起电)。Chiu 是第一个在模式中完全耦合了微物理、动力和电过程。Takahashi[23]采用了一个类似于 Chiu[21]的模式,但将微物理量划分为多种,而不是简单地作为一个总体考虑,结果表明,暖云中的感应起电机制不足以产生强电场。20 世纪 70 年代后期,模式从二维扩展到三维。Rawlins(罗林斯)[24]首次在三维云模式的基础上加入较完整的非感应起电参数化公式,讨论了海洋性积云中雹谱的不同分布对雷暴内电场增长的影响,模拟得到电场在峰值出现后 30 min 内可达到产生闪电时的临界电场强度,并与实测资料进行了对比。由于模式中很多参量(例如冰晶的浓度)未在实验室得到证实,所以模拟的结果与实际值存在一定差距。

表 2.2　国内外雷暴云起电放电数值模式回顾

起电模式回顾			放电模式回顾	
国外		国内	国外	国内
非云模式	云模式			
1947 年,Grenet 提出了对流起电机制后,人们利用不同模式进行了研究	1970 年,Smith 等最早提出了在多维动力云模式中加入电作用	1985 年,言穆弘等利用与降水有关的极化和非极化机制,模拟了一个电单体闪电之后的电场恢复	1982 年,Rawlins 和 Takahashi 均在云模式中加入了放电参数化方案,但其研究的目的和击穿阈值都不同	1999 年,张义军等利用一个二维时变动力和电模式对雷暴云的放电活动进行了数值计算,但是没有考虑闪电的双向先导和枝状结构

续表

起电模式回顾			放电模式回顾	
国外		国内	国外	国内
非云模式	云模式			
1962 年,Mason 等和 Moore 利用数值计算的方式对感应起电机制做了详细研究	1978 年,Chiu 在 Pringle 和 Stechmann 的工作基础上发展了一个未包含冰相过程的二维时变轴对称模式	1990 年,薛松等研究指出,极化感应机制和非极化边缘机制是影响云内电场发展的主要机制	1991 年,Ziegler 等和 Baker 等虽然也对放电做了相关研究,但仍然对电荷中和的问题采用了粗略的方案,没有考虑电荷中和的实际物理问题	2004 年,马明在二维积雨云模式中引入了 Mansell 等的参数化基本框架,采用了 1.5×10^5 V/m 的固定击穿电场阈值
1967 年,Philips 和 Ruhnke 用简单、准静态的方法对云内电荷分布进行计算	1979 年,Takahashi 采用了一个类似于 Chiu 的模式,但将微物理量划分为多种	2000 年,张义军等利用该模式对南昌、兰州和昌都 3 个地区雷暴云的电荷结构进行了模拟	1992 年,Helsdon 等首次在二维雷暴云电模式中采用了双向先导概念	
1975 年,Hotston 利用一个简单模式,粗略估算了对流起电机制形成的电荷和电场时空分布	1982 年,Kuettner 等利用一个二维对流模式分析了感应、非感应机制对雷暴云起电的贡献	2002 年,孙安平等在中国科学院大气物理研究所三维冰雹云模式的基础上,建立了三维风暴电动力耦合模式	2001 年,Solomon 等和 Mazur 等也曾采用类似的方案进行雷暴云起、放电模拟实验	2006 年,谭涌波等在此基础上对不同分辨率下模拟的闪电通道在通道长度、电荷量大小及搬运异极性电荷等方面做了对比
	1982 年,Rawlins 首次在三维云模式的基础上加入较完整的非感应起电参数化公式	2003 年,郭凤霞等讨论了不同扰动参数及温度和湿度层结对雷暴空间电荷结构的影响	2001 年,MacGorman 等对 Helsdon 等的参数化方案作了改进,并提出了新的闪电放电参数化方案	
	1984 年,Takahashi 利用 Chiu 的二维时变轴对称模式分别对暖云和冷云进行模拟,得到了三极性电荷结构	2009 年,张廷龙等也利用该模式对中国内陆不同海拔地区雷暴的电学特征进行了分析	2002 年,Mansell 等在与 MacGorman 等同样的三维云模式中采用双向先导的概念来模拟放电,由电场控制通道分叉和传播	
	2001 年,Helsdon 等在 Chiu 的二维时变轴对称模式的基础上,加入了一个简单的非感应起电参数化方案	2005 年,谢屹然等在一维雷暴云起电和放电模式的基础上,指出液态水含量的增加将使得首次放电时间延迟		

国内对于雷暴云起电模式的研究起步较晚。言穆弘等[25]利用与降水有关的极化和非极化机制,根据实际观测雹云中降水强度计算电场增长,并利用极化起电机制,模拟了一个电单体闪电之后的电场恢复。结果表明,冰雹碰撞冰晶的起电率最高,闪电之后的电场呈线性恢

复,而且变化幅度不大。同时讨论了极化电中性面下移、多次碰撞以及由于冰表面电导率较低而表征极化电荷转移时间较长等对起电的抑制。计算表明,由于较强的雹云,这些抑制较弱,可达到击穿值。对于强雹云,极化和表面电位差机制是优势起电机制,云下部次正电荷区是次生冰晶起电所致。对于弱雹云,次生冰晶起电是优势机制,这类云没有次正电荷区。并利用一维分层模式分析了地面降雨、尖端放电、对流运动以及云外电导率变化对雷暴电结构的影响,指出云内对流强度明显影响雷暴电结构,强烈的地面降雨和尖端放电可以使地面电场强度显著减小,闪电和云顶附近的下沉气流是维持雷暴提供向上充电电流的重要条件。薛松等[26]研究指出,极化感应机制和非极化边缘机制是影响云内电场发展的主要机制。

言穆弘等[27]建立了中国第一个积云动力和电发展的二维时变轴对称模式,考虑了 10 种主要微物理过程,除了考虑常规的扩散和电导起电外,重点引入了感应和非感应起电以及次生冰晶起电的作用,并讨论了云内因子和环境因子对非感应起电机制的影响。孙安平等[28]也利用此模式模拟分析了雷暴不同发展阶段在云中上升气流速度最大区播撒金属丝对雷暴云电结构的总体影响,发现不同的播撒率引起的电场强度减小幅度不同,并提出了播撒金属丝抑制雷暴云电过程发展的最佳方案。

孙安平等[28]在中国科学院大气物理研究所三维冰雹云模式的基础上,建立了三维风暴电动力耦合模式,该模式考虑了 6 种水凝物粒子(云滴、雨滴、冰晶、雪、霰和冰雹)的 47 个微物理过程,模拟结果表明,感应和非感应起电机制是雷暴云电结构形成的主要机制,冰相物的出现大大增强了雷暴中的起电过程,雷暴云中最大电场与最大固态降水强度基本同时出现,云中最大电场出现的时段正好是最大上升速度达到最大值后回落的阶段。另外,电活动的强弱对冰雹增长及地面降雹也有影响,电活动使冰雹源、汇总量都减少,但汇总量减少更多,总体效果使冰雹总量增加,数目减少,冰雹长得更大,更易降落到地面。在此模式的基础上,郭凤霞等[29]讨论了不同扰动参数及温度和湿度层结对雷暴空间电荷结构的影响,高原雷暴云降水和地面电场之间的关系,以及通过两种非感应起电参数化方案对比分析一次雷暴单体首次放电前,非感应电荷转移区域、极性、量级和电荷结构的演变特征以及与有效液态水、温度、粒子分布和对流之间的关系,模拟结果表明,选取不同的参数值对起电参数化方案、雷暴云电结构都有很大差异,并且两种方案的结果都表示正电荷转移多发生在高有效液态水(或凇附增长率)和高温区,负电荷反之;转移电荷的正中心均位于霰的累积区中心,负中心易出现在冰晶和霰共存区的中心;地面电场受携带电荷量占主导地位的降水粒子的影响。另外,郭凤霞等[29]将电路分析方法引入模式中,发现此方法得到的电位的垂直廓线与电荷结构的相互关系更明显。张廷龙等[30]也利用该模式对中国内陆不同海拔地区雷暴的电学特征进行了分析,发现地气温差和暖云区厚度对雷暴云下部较大的正电荷区有显著的指示意义,以及上升气流的强弱和暖云区厚度在很大程度上决定了云内水成物粒子的浓度。

谢屹然等[31]在一维雷暴云起电和放电模式的基础上,指出液态水含量的增加将使得首次放电时间延迟,同时将引起放电位置的下降和闪电频数的减少。黄丽萍等[32]利用一个复杂的高分辨率中尺度气象模式驱动一个三维雷电模式,分析了雷暴云的宏观动力、微物理过程、电结构的时空变化特征及其可能的相互作用机制,模拟结果表明,固态水物质的含量和范围直接影响电荷浓度及电场强度的大小和范围。固态水物质霰含量较高且范围较大时,冰晶碰撞回弹而带负电荷的概率增加,负电荷浓度的范围得到扩大,使得正电场强度的范围及强度增加,从而使得闪电频数增加。雷暴云对流发展中,上升气流和下沉气流的强弱影响云内微物理过程的发展状况,强对流中心和冰相粒子高浓度区与强电荷中心有一定的对应关系。另外,周志敏等[33]通过建立云物理耦合电过程的冰粒子分档模式,发现霰粒子是起电的关键因子。由于霰粒子的下落末速度不同,且感应起电和非感应过程也不均匀,从而使得空间电荷浓度更易出现多层分布的现象。

通过对国内外雷暴云起电机制及数值模式的回顾,发现非感应起电在雷暴云起电中扮演着很重要的角色,国外提出了不同的参数化方案,国内将其很好地利用,未来还需对雷暴云电结构的时空变化特征、动力过程、微物理过程、电结构的相互作用机制以及雷暴云数值模拟的实际应用做更进一步的研究。

随着对雷暴云内电活动认识的深入,人们发现如果不引进合理的放电过程,只能模拟第一次闪电发生前的云内电特征,而不能模拟闪电发生后雷暴云内的电特征,因此研究和引入合理的放电参数化方案是完善雷暴云电过程数值模拟的基本要求。国内外对雷暴云放电过程的研究有了很大的进展,可归纳为两类:第一类是整体放电参数化,即假设放电发生在模拟区域内电场(或净电荷浓度)大于给定阈值的任一点,人为中和部分电荷,不考虑闪道的传播方向,方法简单。但这种过程仅仅是一种假设,缺乏必要的物理依据。Rawlins[24]和 Takahashi 等[34]均在云模式中加入了放电参数化方案,但其研究的目的和击穿阈值都不同。Rawlins[24]为了研究放电对电荷的中和作用,认为当电场强度超过击穿阈值 500 kV/m 时将发生一次闪电,结果云模拟域内正、负电荷量减少至原先的 70%。Takahashi[23]针对放电的位置,其中闪电的击穿阈值为 340 kV/m,并假设每次中和等量的正、负电荷。这两种方案都没有考虑闪电通道如何传播以及通道电荷与环境电场相互作用的问题。Ziegler(齐格勒)等[35]和 Baker(贝克)等[36]虽然也对放电做了相关研究,但仍然对电荷中和的问题采用了粗略的方案,没有考虑电荷中和的实际物理问题。第二类考虑了闪道发展情况及其对周围环境场的影响。Helsdon(赫尔顿)等[37]首次在二维雷暴云电模式中采用了双向先导概念,以环境电场控制通道的传输和结束,从最初击穿的两点开始双向传播,放电结束后通过保持整个闪道的电中性来重新分布电荷。该方案的局限在于没有提出处理地闪电的方法,也没有考虑闪电通道结构发展中自身电荷对周围电场的影响,且模拟出的放电通道为弯曲无分叉线状。Solomon(所罗门)等[38]和 Mazur(梅热)等[39]也曾采用类似的方案进行雷暴云起、放电模拟实验。在他们的模式中,首次考虑了通道感应电荷对周围环境电场的影响,并且通过格点电场强度来控制闪电的传输。这种方法加大了闪电通道尖端的电场强度,使得闪电可以向电场弱的地方传播。MacGorman(麦克戈曼)等[40]对 Helsdon 等[37]的参数化方案作了改进,并提出了新的闪电放电参数化方案,认为闪电的终止应该有环境电场和电荷密度同时决定。另外,Solomon 等[38]提出了“逃逸击穿”理论,认为电子可能被雷暴云内部或闪电附近的强电场加速,最终因拖曳力的降低而接近光速,这些高能电子与空气分子的碰撞可能会产生更多的电子,最终生成 X 射线和其他射线。“逃逸击穿”所需的电场强度只相当于前者的 1/10,更接近于测量值。Mansell(曼塞尔)等[41]在与 MacGorman 等[40]同样的三维云模式中采用双向先导的概念来模拟放电,由电场控制通道分叉和传播。方案来源于 Wiesmann(威斯曼)等[42]的介质击穿模式,该模式仅模拟放电通道的宏观过程,虽然公式简单,但是放电路径的选取上采取随机方法,能模拟出接近实际放电的复杂结构,电荷转移的情况也接近于现实。

国内对此也做了一些研究,张义军等[43]利用一个二维时变动力和电模式对雷暴云的放电活动进行了数值计算,采用了 Helsdon 等[37]的放电参数化方案,但是没有考虑闪电的双向先导和枝状结构。马明[44]在二维积雨云模式中引入了 Mansell 等[41]的参数化基本框架。谭涌波[45]在此基础上对不同分辨率下模拟的闪电通道在通道长度、电荷量大小及搬运异极性电荷等方面做了对比,认为高分辨率模拟的云闪通道几何结构、延伸范围和最大垂直电场变化等特征与观测结果更为一致。

　　目前对于雷暴云放电参数化方案的研究还需进一步认识起电、放电机制,需要从整体及细节同时出发,探讨电过程与动力及由降水物质、云滴、冰晶及其他粒子组成的云微物理过程之间的紧密联系。

2.2.3　雷暴云的电荷结构与空间电场之间的关系

　　我们可以通过电场来反演雷暴云内的电荷分布模式,反过来,我们也可以通过已知的雷暴云电荷结构来推测出地面电场的分布情况,加之与实际探测出的地面分布情况作比较从而能得出更与实际情况相接近的雷暴云电荷分布模式。

　　①点或球对称模式

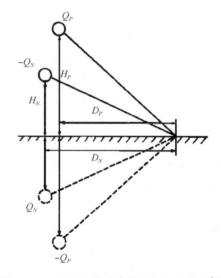

　　如图 2.4 所示,一般用偶极型电荷分布来描述雷暴云内电荷结构。假定云内正负电荷分别集中分布在某一高度上,且上方正电荷中心的电荷值为 $+Q_P$,中心高度为 H_P,下方负荷电中心的电量为 $-Q_N$,中心高度为 H_N。如果把大地看成是一平面导体,从物理上分析,在点电荷 Q 的电场作用下,导体板上出现感应电荷分布。若 Q 为正的,则感应电荷为负的;若 Q 为负的,则感应电荷为正的。空间中的电场是由给定的点电荷 Q 以及导体面上的感应电荷共同激发的。利用镜像法,测站点处地面电场 E 为:

$$E = \frac{1}{4\pi\varepsilon_0}\left[\frac{2Q_P H_P}{(D_P^2 + H_P^2)^{3/2}} - \frac{2Q_N H_N}{(D_N^2 + H_N^2)^{3/2}}\right] \tag{2.1}$$

图 2.4　双极性电荷分布时的偶极型模式[46]

其中 D_P、D_N 分别是测站点与云中正、负电荷中心在地面的投影点之间的距离。同理:用三极型电荷分布来描述雷暴云内电荷结构时,测站处地面电场 E 为:

$$E = \frac{1}{4\pi\varepsilon o}\left[\frac{Q_P H_P}{(D_P^2 + H_P^2)^{3/2}} - \frac{Q_N H_N}{(D_N^2 + H_N^2)^{3/2}} + \frac{Q_{SP} H_{SP}}{(D_{SP}^2 + H_{SP}^2)^{3/2}}\right] \tag{2.2}$$

其中 Q_P、H_P 分别为雷暴上部正电荷区的电荷量和距离地面的高度;Q_N、H_N 为中部负电荷区的电荷量和距离地面的高度;Q_{SP}、H_{SP} 为下部正电荷区的电荷量和距离地面的高度。

　　如图 2.5,如果将雷暴荷电中心近似地看成是一个点电荷,由于云中不同高度的三种类型的荷电在地面产生的电场为:

$$E(t) = \frac{1}{4\pi\varepsilon_0}\sum_{i=1}^{3}\frac{2Q_i(t)z_i(t)}{\{x_i(t)^2 + y_i(t)^2 + z_i(t)^2\}^{3/2}} \tag{2.3}$$

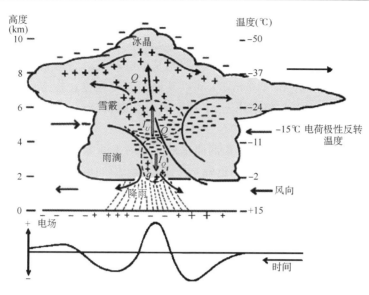

图 2.5　积雨云中电荷分布、电流及地面电场分布[46]

②圆盘和圆柱状的电荷分布模式

　　为简单起见,国外一般用点或球对称模式来描述云中的电荷分布。但近来的观测表明,云中电荷分布的水平尺度远大于垂直尺度,这时用点电荷模式会产生较大的误差。叶宗秀等[47]提出了一种圆盘和圆柱状的电荷分布模式,并与观测结果进行了对比,二者基本一致,尤其是能解释当降水停止和雨区移过测站时电场由正向负的急剧转变现象。

　　由于云砧水平偏离可以很大,中层负电荷区的水平分布尺度也远大于其垂直尺度,因而可用来代表其电荷分布,云下部的正电荷区主要与降水相对应,因而可用圆柱来代表。但是有些观测表明,雷暴云当顶时,即使地面没有产生降水,地面也仍然会产生正电场,只是其数值较小,说明云下部的正电荷会存在与未降下来的降水粒子上,这一部分仍可用圆盘来代表,且其直径要大于其下部紧接着的降水圆柱直径。由于随着雷暴的发展,降水是逐步加大和加强的,因而圆柱体内的电荷密度是不均匀的。为简单起见,假定所有圆盘上的电荷都是均匀的,且圆盘的厚度为零。

2.3　雷暴中的电流

2.3.1　雷暴云产生的电场以及近地面电晕离子的影响

　　雷暴云在地面产生的电场一直是用来衡量雷暴强弱的一个重要参量。通常雷暴可在地面产生几千伏/米的电场,而在自然尖端如灌木、草丛等各种接地的突出尖端上的电场将比环境电场大几十乃至几百倍。当环境地面电场超过一定的阈值,一般为几个千伏/米时,自然尖端上便发生电晕放电,从而向空间释放离子,形成厚达几百米的空间电荷屏蔽层并影响地面电场。Kasemir(凯斯米尔)[48]实际测量发现陆面上自然尖端产生电晕放电的临界电场值只有780 V/m,Standler(斯坦德勒)和 Winn(韦恩)[49]的测量值为 5 kV/m。空间电荷屏蔽层的形成,对地面电场形成强烈的屏蔽作用,两次闪电间地面电场一般不会超过 10 kV/m,而同时的空中电场可能比地面电场大几倍到十几倍。因此地面电场实际上并不能真实反映雷暴本身的电状况。

Chauzy(乔兹)等[50]曾经利用系留气球携带的 5 个电场仪对雷暴云下的电场进行了低空探测,探空包括了 800 m,600 m,440 m,80 m 以及地面 5 个高度。探空电场仪的工作原理与传统的场磨式地面电场仪相似,但采用上、下对称的双场磨构造,以消除由于探测设备的可能带电而对测量结果的影响。

雨滴在强电场中会严重变形,变形雨滴曲率最大处的表面电场较四周电场强度大得多,这时雨滴表面产生正电晕放电。Dawson(道森)[51]对雷雨云中的电晕放电进行了研究。

①雷雨云中的电晕放电与大气压

Dawson[52]对于标准大气 1～13 km 气压范围内测量了半径 0.22～1.46 mm 的水滴表面的电晕放电初始电晕的放电值,结果表明,在低气压时,电场强度可以通过未破裂的水滴表面的纯电晕放电而减小,始晕电场强度与气压成反比关系;在高气压下,强电场作用下水面破裂产生的液体尖端将诱发电晕放电,始晕电场强度由水滴表面张力和半径确定的 E_d 所决定,与气压无关。当水滴表面破裂方式放电过渡到电晕放电过程中,这种过渡正电位表面发生于 470 hPa(4.7 km)附近处,负电位表面发生在 340 hPa(7 km)处。

②雷雨云中的电晕放电与雨滴碰撞

Richards(理查兹)和 Dawson[53]提出,两雨滴的碰撞在瞬间内产生一个物体,它的形状特别有利于在较弱的电场中诱发电场,实验室研究表明,当两水滴掠过碰撞时,两雨滴碰撞之间会拖出一条液体细丝,为水滴半径的数倍之长,细丝的顶端产生尖端电晕放电,始晕电场由 500 kV/m 变为 250 kV/m,始晕电场随液体细丝长度值的增大而减小。每当发生碰撞放电,都可测到正和负两种电晕脉冲。

③雷雨云中的电晕放电与冰晶粒子

Sheridan(谢里丹)等[54]实验发现,对纯冰而言,当温度高于 -18℃,电场增加到始晕的临界值 E_c 时,将产生源源不断的电晕放电,始晕的临界值是冰晶粒子的大小、形状、纯度、取向和表面特性以及冰粒上的初始电荷、气压、温度的函数。这些参数对始晕场强 E_c 有重要影响,发现 E_c 与气压成反比,E_c 随电场矢量方向粒子尺度的增大而减小。还发现当温度低于确定的临界值以下,冰不参与维持电晕放电的主要原因是其表成电导率随温度下降而减小得太低的缘故。他研究得出雷雨云中部分区域内雹块和雪晶产生电晕放电的场强约在 400～500 kV/m。发现冰晶的电晕放电与金属尖端放电相似,对于负荷电表面,出现负辉光、特里切尔脉冲和火花,对于正荷电表面,有爆发性脉冲,正辉光和流光。

④产生闪电要求的电场强度

据报道,Standler 和 Winn[49]用自旋火箭探测,由电介质窗口后面两电极间的位移电流感应外电场,在一次闪电后的 1 min,测得雷雨云中的最大电场强度比 4×10^5 V/m 稍强。

Merritt(梅里特)等[55]用系留气球将置于球形外罩内的电场仪放到雷雨云中,使用绝缘的绳系住,发现 4 km 高度时球表面的场强达 1.34×10^6 V/m。Dawson 和 Warrender(沃伦德)[56]在实验室于垂直风洞中悬浮直径 3.8 mm 的雨滴,加了约 10^6 V/m 的电场,并未引起火花放电。Dawson[52]使处于电场中单个水滴在气压小于 650 hPa 时产生电晕需最小场强为

$$E_{fx} \approx 703 P(\sigma/r_0)^{1/2}/T \tag{2.4}$$

式中 P 是大气压力,水的表面张力,r_0 是等效雨滴半径,T 是温度。结果表明,对于液态云粒

中放电场强至少要超过 900 kV/m。

⑤雷雨云起电的电特点(见表 2.3)

表 2.3　雷雨云起电的电学特性

云起电的一些特征	a)单个雷暴产生降水和雷电活动的平均持续时间为 30 min
	b)一次闪电的破坏电场为 3—4 kV/cm,晴空中击穿电场则很高,达 30 kV/cm
	c)在大块积云中,电荷产生和分离在—5——40℃高度为界的区域中
	d)负电荷常集中在—10——20℃高度之间,正电荷在其上数千米处,有时在云底附近有一个次级正电荷区
	e)电荷的产生和分离过程与降水发展关系密切
	f)首次闪电通常出现在雷达检测到降水质点的 20 min 后
云起电的主要要求	a)雷暴中起电电流约为 1 A
	b)产生大于 10^6 V/m 的云中电场
	c)为产生强起电或闪电,云的厚度至少必须为 3 或 4 km
	d)强对流活动和降水两者是产生闪电的必要条件
	e)云中温度低至只有冰相粒子存在的区域内能够产生强起电和闪电

2.3.2　全球电路和地球与雷雨云之间的电荷输送

全球雷暴活动相当于一个发电机,向上连接电离层,向下连接导电地面,雷暴不断地向电离层充电,从而维持了全球电路的平衡。由于宇宙射线对大气的电离作用,而且大气随高度逐渐稀薄。因此低层大气中大气电导率随高度增加而呈指数增大。雷暴产生的放电电流将大部分从云顶流出,向上流入电离层,并在远离雷暴的晴天区域产生一个连续稳态电流,从电离层通过电导大气流入地面,完成全球电流循环,即全球电路,如图 2.6 所示。

地球和雷雨云之间的电荷输送由闪电放电、尖端放电以及降水活动三者共同来完成。到达地面的闪电放电,常常将负电荷输送到地球,其每次平均值为 20 C。Brooks(布鲁克斯)等[57]在总结全球年雷暴发生率的基础上,结合每一个雷暴平均发生的雷电次数,给出了对全球闪电发生频数的最早估计。他认为全球发生的闪电数约为 100/s,这是对全球雷电活动的最早也是卫星出现之间的惟一定量估计。之后,随着卫星的出现,特别是 20 世纪 90 年代以来,随着星载雷电探测手段的不断发展,对全球雷暴和雷电的估计越来越多。Mackerras(麦克拉斯)[58]得到的数据为 65/s;Ovrille 和 Spencer(斯宾塞)[59]得到的数据为 123/s;Turman(特曼)和 Edgar(埃德加)等[60]得到的数据为 80/s,而且 Orville 和 Henderson 等[61]还发现陆地和海洋的闪电发生比例为 7.7。

按照 Brooks 等[57]给出的闪电产生率 100/s 来计算,假定总闪电数中有 30% 为地闪,则总电流相当于 600 A,即向地面输送电荷的闪电电流密度为 1 $\mu A/km^2$ 左右,是晴天电流的三分之一。在雷暴下方的强电场中,由于地表上凸出物体(如树木、草地以及其他植物或人工尖端等)的电晕放电提供了丰富的离子源,因此尖端放电是由地球向上垂直输送电荷的主要途径。据估计,在雷暴下方电场最强的区域,由尖端放电向上输送的电流密度最大为 0.02 A/km^2。由降雨输送到地球的电荷量,随降水强度和性质以及地理位置的不同等得到的结果有较大的差别。但无论如何,一般由降雨带到地面的净电荷量都为正值。平均来看,雷暴下的电流密度为 1 mA/km^2。活跃在雷暴下方的尖端放电电流是雷暴电荷对地面的主要泄放途径,而闪电泄放可能仅仅是一个次要的补充。

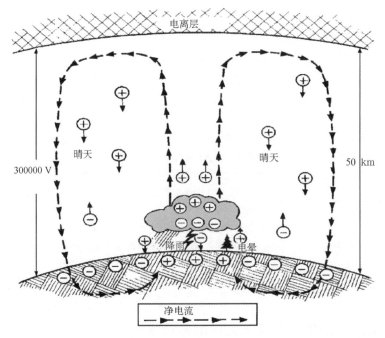

图 2.6　大气中的电过程[62]

2.4　雷暴云起电的机制

雷暴云的典型电特征是云内的电荷分离并最终达到放电发生(闪电)的阶段。关于雷暴云起电机制的研究有很多书涉及,这里只给出有关起电机制的一些基本知识。实际上到目前为止,已经有多种关于云中起电机制的假设,有些是在实验室的基础上提出的,有些是根据一些物理现象或概念在数值模拟的基础上提出的。这些假设如表 2.4 所示,大多以两个基本概念之一为基础:即以降水为基础的感应过程和非感应过程。按照雷暴云的发展过程,如表 2.5 所示起电机制还可以分为三个阶段,即:云、雨、雹阶段,在此过程中又有各种机制参与并主导。此外还有机制则与降水无直接的关系,本节将给出几种典型起电机制的基本概念。

表 2.4　雷暴云中的起电机制

起电机制	内容
感应起电	1.雨滴破碎起电 2.粒子碰撞起电 3.极化水滴的选择捕获起电
非感应起电	1.粒子碰撞起电(热电效应、接触电位效应、Workman-Reynolds 效应) 2.降水物粒子破碎起电(冻滴破碎、液滴破碎、霰溶化、凇附增长时破碎) 3.积雨云的温差起电 4.结霜起电 5.热带对流云起电机制

表 2.5　雷暴云发展过程的起电机制

雷暴云发展阶段	主导机制
云阶段	云中电场刚开始建立,起电机制主要是扩散漂浮、对流如果电场已经建立,那么选择性的离子捕获也会起作用
雨阶段	通过选择性的离子捕获场被进一步加强,云雨滴的破碎起电和粒子的碰撞起电在这一阶段尤为重要
雹阶段	冻结的冰粒和雨滴相互作用明显。对于冰粒子主要是弹性碰撞起电(很少有机会粘连或破碎),热电效应和接触电位效应起电机制在该阶段占主导地位

2.4.1　感应起电机制

在感应起电机制中,外部电场引起降水粒子的电极化,极化强度取决于所涉及粒子的介电常数。在晴天电场下,电场方向自上而下。在垂直电场中下落的降水粒子被极化后,上部带负电荷,下部带正电荷。同这些较大的降水粒子相碰撞后的小冰晶或小水滴就获得正电荷,随上升气流向上,从而发生了电荷的转移过程,使得云粒子带正电荷、降水粒子带负电荷。带负电荷的雨滴或冰粒由于具有较大的重量而下降,并加强原来的电场。大、小粒子之间电荷交换的数量随电场的增强而增加,该效应由正反馈维持,正反馈使原电场增强,直至增强到水滴所携带最大电荷的极限值,并伴有闪电,或者重力被电力所抵消,才使大颗粒停止下降。感应起电机制应当包括:雨滴破碎起电机制、粒子碰撞起电机制、极化水滴选择性捕获起电机制。

①雨滴破碎起电机制

雷暴云底处集中相当数量的大雨滴,当大雨滴出现在上升气流很强的地方,且当水滴半径超过毫米时,水滴在上升气流的作用下破碎(外电场 E 自上向下),大雨滴上半部破碎成荷负电的小水滴,下半部破碎成荷正电的大水滴。在云中正负电荷的重力分离过程中,出现了如图 2.7 所示的分离。

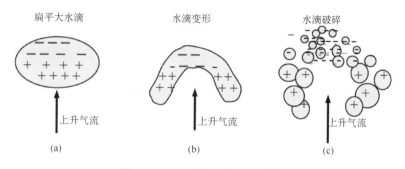

图 2.7　大水滴破碎起电过程[46]

②粒子碰撞起电机制

如图 2.8 所示,假定:降水粒子和云粒子在受到外电场的作用而极化。机制:如果电场垂直向下,则粒子上半部极化为负电,下半部极化为正电。当降水与云粒子接触时,降水粒子正电荷与云粒子负电荷相交换,导致降水粒子带负电,云粒子带正电,通过重力分离机制,荷正电的云粒子向上运动,荷负电的降水粒子向下运动,从而形成云中上正下负的电荷中心。

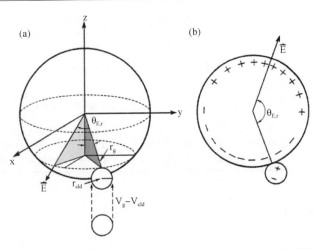

图 2.8　云中大粒子与小粒子碰撞感应起电电荷交换图示[21]

③极化水滴的选择性捕获起电机制

如图 2.9 所示,假定:大气中存在有正、负离子,云雾水滴在电场垂直向下的大气电场作用下,形成上半部带负电荷、下半部带正电荷的极化降水粒子。机制:由于极化水滴的下半部荷正电荷,所以水滴在降落过程中不断选择捕获负离子,从而中和了水滴下半部所带的正电荷,结果使降水粒子带有净的负电荷。

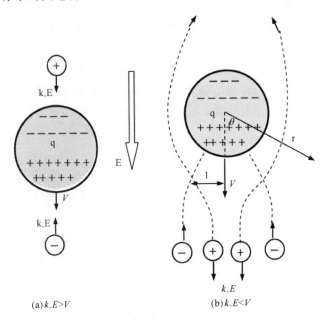

(a)$k_+E>V$　　　　　　　(b)$k_+E<V$

图 2.9 极化水滴选择俘获离子荷电[46]

2.4.2　非感应起电机制

除感应起电外,非感应起电过程也是很重要的。非感应起电机制包括粒子碰撞起电机制(热电效应起电机制、接触电位效应起电机制、Workman-Reynolds(沃克曼-雷诺兹)效应起电机制)、降水物粒子破碎起电机制(冻滴破碎起电机制、霰溶化起电机制、凇附增长时破碎起电机制)、积雨云的温差起电机制、结霜起电机制、热带对流云起电机制等。

①粒子碰撞起电机制

粒子碰撞起电机制应当包括：热电效应起电机制、接触电位效应起电机制、Workman-Reynolds 效应起电机制。

a. 热电效应起电机制

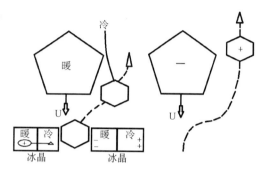

不同温度的云滴接触时，粒子会产生温度梯度，温度梯度可以引起离子梯度和电场。如图 2.10 所示，当这些物体接触时，负电荷会传给大的粒子，正电荷会传给小的粒子，而由于重力原因会将这两种电荷分离开来。

b. 接触电位效应起电机制

两个粒子表面的电位不同，如果它们碰撞，电荷会在两个粒子之间转移以便达到电位平衡。如图 2.11 所示，冰粒子与凇附的冰粒子碰撞，会使凇附的冰粒子带负电，而冰晶带正电。

图 2.10　热电效应起电机制

c. Workman-Reynolds 效应起电机制

冻结的水溶液在冰和溶液之间形成电位差。如图 2.12 所示，如果冻结过程被迫中断，或液水由于碰撞被移除，将会在冰和液滴之间产生电荷差，荷电的性质依赖于离子的类型，NH_4^+ 使冰带正电，Cl^- 使冰带负电。

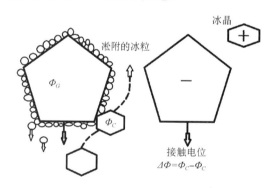

图 2.11　接触电位效应起电机制

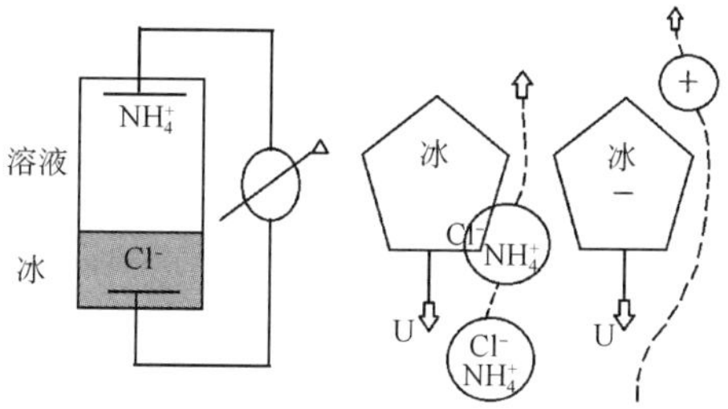

图 2.12　Workman-Reynolds 效应起电机制

②降水物粒子破碎起电机制

降水物粒子破碎起电机制应当包括：冻滴破碎起电机制、霰溶化起电机制、凇附增长时破碎起电机制。

a. 冻滴破碎起电机制

如图 2.13 所示，当一个液滴被冻结，它的表面会形成冰壳，如果此时冻滴破碎，其主体部分将带负电荷，冻滴碎片将带正电荷。

b. 霰溶化起电机制

由溶化的冰形成的云滴含有气泡，它带正电荷。这是由

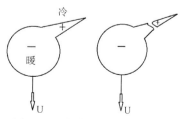

图 2.13　冻滴破碎起电机制

于在溶化的液水表面,当气泡会破裂,会产生带少量负电荷的液滴,从而带走负电荷(见图2.14)。

　　c.淞附增长时破碎起电机制

　　如图2.15所示,小水滴与淞附增长的冰粒子碰并,将会使冰粒子带负电,同时产生带正电的冰屑。

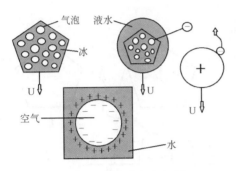

图2.14　霰溶化起电机制

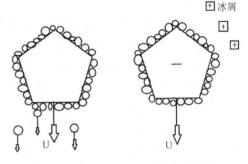

图2.15　淞附增长时破碎起电机制

　　③积雨云的温差起电机制

　　如图2.16所示,在强对流天气系统中,一方面冰晶与雹粒相互碰撞,相互摩擦增温,另一方面当水滴冻结时有潜热释放,产生温差起电机制。如果两片初始温度不同的冰晶被带到一起,而后又被分开,则温度较高的冰晶获得负电荷而较冷的冰晶获得相等数量的正电荷,这是因为较活跃并带有正电荷的氢离子向温度梯度降低的方向扩散,而较稳定被带有负电荷的 OH^- 离子较多地存在于温度较高的部分。由于冰晶和霰粒子常在云强烈起电的情况下出现,又因过冷水滴在增大中释放潜热。霰粒子一般比环境稍暖,所以小冰晶与霰粒子之间的碰撞有利于温差起电。

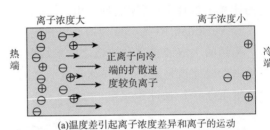

(a)温度差引起离子浓度差异和离子的运动

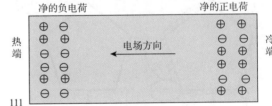

(b)冰内电荷分离成功

图2.16　温差起电原理图[46]

　　冻结起电原因:a)冰中有一小部分分子处于电离状态,形成较轻的 H^+ 和较重的羟基 OH^-,并且其浓度随温度的升高很快增加,温度高的地方浓度大,温度低的地方浓度小。b) H^+ 的扩散系数和迁移率比 OH^- 大10倍以上,冷端获得净的正电荷,而热端获得负电荷,冰中的体电荷生成阻止电荷分离的继续,最后达到平衡状态。

　　积雨云中的温差起电机制包括:云中的冰晶与雹碰撞摩擦而引起的起电,称之摩擦温差起电。较大过冷云滴与雹粒碰冻释放潜热产生冰屑温差起电机制,称为碰冻温差起电。当云的液态水含量减小,温度高的一端会发生温度的逆转,由正转负;电荷电量取决于碰撞速度和小冰晶粒子的大小。小冰晶的尺度增加时,起电量迅速增加。如图2.17所示,当云的液态水含量减小,温度高的一端会发生温度的逆转,由正转负;电荷电量取决于碰撞速度和小冰晶粒子的大小。小冰晶的尺度增加时,起电量迅速增加。

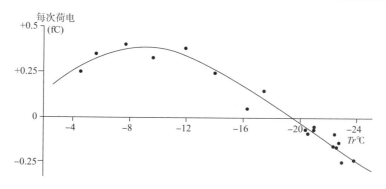

图 2.17　对结霜目标物每次冰晶分离的电荷为温度的函数[5]

④结霜起电：Takahashi[4]通过实验室实验提出了结霜起电机制。结霜起电是由于在冰、水共存区，软雹暖结霜表面与冰晶冷结霜表面之间产生温度差，从而导致了电荷的转移，结霜软雹与冰晶之间相对扩散增长率以及它们之间的相互作用是决定电荷转移的重要因子，而增长率取决于温度、局地过饱和度、液态水含量和冰晶尺度。这些因子的不同配置将引起不同极性的电荷转移，所以存在一个反转温度，实验室实验结果发现：主要的电荷传输与冰晶和软雹之间的碰撞过程紧密相关，起电作用区主要发生在过冷水滴浓度较高的区域；每次碰撞的电荷传输量与冰晶的尺度有很强的依赖性，对直径为 $100~\mu m$ 的冰晶，碰撞时电荷的转移量为 $1\sim5$ fC；对 $1~g/m^3$ 的液态水含量反转温度在 $-10\sim-20℃$ 之间。

⑤热带对流云起电机制

如图 2.18 所示，在热带地区的暖性雷雨中，没有冰晶化过程，Vonnegut（冯内古特）[63]提出了暖云对流起电模式。该模式假定在雷暴云发展过程中：上升气流初期把云底以下低层大气净的正离子电荷带到云内，直至云的上部，这些正电荷在云上部聚集，形成正电荷中心，在其的作用下，形成向上的传导电流。云底以上的电离层的负离子向下移动到云顶，由于云体周围是以下沉气流为主，这些负离子随下沉气流沿云体侧面下降到云体下部，并形成负电荷中心。

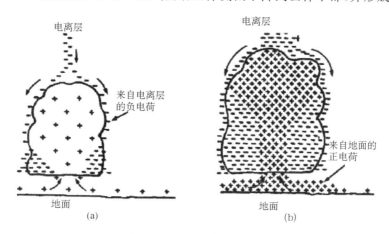

图 2.18　对流云起电机制[63]

2.4.3　起电机制的数值模拟

提到雷暴云的起电有必要特别总结一下数值模拟方面的工作。由于雷暴内部结构十分复杂,使云内资料的观测受到很大限制,因此数值模拟成了起电机制研究的一个重要补充。许多人曾经对积雨云或雷暴的起电机制进行过数值模拟研究。雷暴的起电模式通常是在动力模式的基础上起电机制主要是感应起电。其中最具代表性的是 Takahashi[4] 的工作,他在动力模式的基础上引入电场力和各种起电过程,从而建立了一个一维轴对称云模式,以研究浅对流暖云的电荷结构特征。Chiu[21] 将这一工作延伸,模拟了深对流暖云中空间电荷的分布特性。这些模拟结果发现强的电活动依赖于云中的强降水率,模拟还得到了电荷偶极分布和云下部较弱的正电荷区。

1980 年代以来,模拟更多地转向冷云,也更多地注意非感应起电机制的作用,在模式处理上也有了较大进展。Rawlins[24] 最早在模式中引入了较为完整的非感应起电过程,由于该机制的很多参量尚未在实验室中得到证实,模拟结果与实际测量结果不能很好吻合。Takahashi[4] 利用二维轴对称模式分别对暖云和冷云进行了模拟,且考虑了大陆性和海洋性环境影响,对于水成物粒子作了较为仔细的尺度分档处理,模拟得到了三极性电荷结构,并指出最大电荷区和最大降水区吻合,这和实际观测也有出入。此外,对非感应机制中一些参量例如冰晶浓度的选用也需要进一步商榷。此后,Helsdon 等[37]、Ziegler 等[35] 和 Norville(诺维尔)等[64] 进一步讨论了非感应机制在模式中的应用,为了计算稳定性,模式处理上采用运动学形式,即动力基本量值的选取采用成熟的动力模式结果,模式计算发现非感应起电率很依赖于液态含水量值和反转温度的选择。言穆弘和葛正谟[65] 曾讨论过冰晶浓度对非感应起电过程的敏感性问题,对于通常观测到的冰晶浓度,该机制起电率是较弱的,如果在云下产生二次冰晶繁生效应,通过气流循环增大冰晶浓度和尺度,则起电率将大大增加。

言穆弘等[25] 曾建立了一个模拟积云动力和电力发展的二维时变轴对称模式,来讨论形成雷暴电结构的物理原因。模式中考虑了 10 种主要微物理过程,包括凝结(凝华)、蒸发、自动转换、粒子间的碰撞、冰晶核化以及次生冰晶等。在起电过程中除了考虑常规的扩散和电导起电外,重点引入了感应和非感应起电,以及次生冰晶起电的作用。模拟结果发现,软雹碰撞冰晶的感应和非感应起电机制是形成雷暴三极性电荷结构和局地产生足以导致空气被击穿的强电场的主要物理过程。雷暴下部的次正电荷区主要由非感应起电机制形成,计算得到的下部正电荷区和中部负电荷区最大电荷浓度约为 10^{-8} C/m³,而上部正电荷区约低一个量级。

张义军等[43] 在二维时变积云动力和电过程二维模式的基础上,引入了闪电放电过程,从而对雷暴中的放电过程进行了数值计算,结果表明随着雷暴动力和微物理结构的发展,雷暴的电活动逐渐增强,放电过程主要发生在模拟雷暴发展到 30～45 min 期间,且始发位置主要集中在温度约为 -10℃ 和 -25℃ 的两个温度上。在三极性电荷结构的雷暴中,90% 的放电发生在雷暴云中部分负电荷区与下部正电荷区之间。雷暴中放电活动主要依赖于上升气流,但也需要一定的云中降水粒子(对应于地面降雨率约 $\geqslant 5$ mm/h)。由此看来,虽然云中起电依赖于大小水成物粒子的下落速度差,但依赖性不强,只需要一定的速度落差即可,但不同极性电荷的分离却对上升气流有很强的要求,否则云中强电场难以形成。

尽管对雷暴云起电机制的研究无论从雷暴云内的实际探测,还是实验室模拟和数值模拟都有了相当的进展,但是要想真正把问题搞清楚可能还需要相当长的时间。

2.5　雷暴各个阶段雷电的活动特征

2.5.1　单体雷暴发展的三个阶段活动特征

大多数雷暴只有一个单体组成,称为单体雷暴,也称为单细胞雷暴或雷暴胞,其强度弱,范围小,只有 5～10 km,寿命只有几十分钟,它可以分为形成、成熟和消亡三个阶段,如图 2.19 所示。

(1)形成阶段(图 2.19a):从初生的淡积云发展为浓积云,一般只要 10～15 min,云中都是上升气流。在初期上升气流速度一般不超过 5 m/s。到浓积云阶段最大上升速度可达15～20 m/s。云底为辐合上升运动。由于云中水汽释放潜热,温度较四周高,这时云中的电荷正在集中,但尚未发生雷电,也无降水。

(2)成熟阶段(图 2.19b):从浓积云到积雨云,这一阶段可以持续 15～30 min,云中都是上升气流,云顶发展很高,云上部出现丝缕状冰晶结构,同时上升气流继续加强,可达 20～30 m/s,水汽凝结,并迅速形成大雨滴,随雨滴的增大,其重力加大,超过上升气流对其的托力,这时就产生降水。降水出现的同时产生下沉气流,这时上升气流和下沉气流相间出现,云中的乱流十分强烈。当云顶发展到−20℃高度以上时,云中以冰晶、雪花为主,在−20℃高度以下处,冰晶与过冷水滴并存,并出现雷电。对于大多数雷雨云中,正电荷位于云的上部,云的下部有大量的负电荷。

(3)消散阶段(图 2.19c):在消散时,上升气流减弱直至消失,气层由不稳定变为稳定,以后雷雨减弱消失,下沉气流也随之减弱消失,云体瓦解,云顶留下一片卷云。在消散的雷雨云中观测到电场的阻尼振荡,云中的下沉气流使云下部的负电荷向外移动,使云上部的正电荷区显露在云下的电场仪上,这一现象叫 EOSO,即雷暴结束时的振荡。

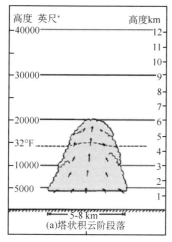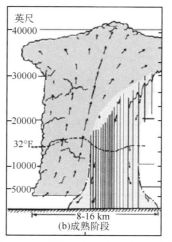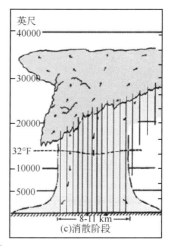

图 2.19　雷暴云发展的三个阶段[46]

---

* 1 英尺＝30.48 cm

2.5.2　雷暴云与雷电间的关系

2.5.2.1　雷电与降水区间的关系

　　云中降水和起电有密切关系,但它们的因果关系尚不清楚。有强降水不一定有闪电,但有强雷电,总有强降水。观测表明,当第一次闪电后,雷达回波顶高会突然增大 20 dBZ 或更大;当闪电数分钟后,突发性强降雨或冰雹到达地面,降水强度在 30～60 s 内常常超过 75 mm/h。在首次闪电后 5～6 min 内,降水强度大致以指数形式逐渐减小到 2～5 mm/h。如果邻近发生其他闪电,则这种变化会反复出现。

　　Schonland(施翁兰德)[66]对产生这一现象的解释为是当云中强电场使带电雨滴悬浮在空中,当闪电发生时,电场减小,于是雨滴从空中落下;关于这一现象的另一种解释为雷的声波引起空气运动,使云滴间的碰撞次数突增,从而加大云滴碰并的速率,降水显著加大。

　　Krehbiel[13]观测报告,闪电放电形成于风暴的整个降水区,他注意到闪电主要集中于降水最强的区域。然而,Williams(威廉姆斯)[67]总结了大量闪电源区与降水位置的观测资料,指出大多数情况下强降水区并不是空间电荷密度最大的区域。

　　如图 2.20 中,图上的上面一条曲线是距离 $R=84$ km,高度 4 km 雷达降水回波曲线,下面一条是闪电电场变化曲线,可以看到在开始 0.3 s 时间段内,电场的变化相对缓慢,出现一次云闪;之后电场出现突变是与地闪回击过程,至少出现 8 次云地闪击。在雷达的降水回波曲线就出现一次峰值,也就是闪电主要集中于降水最强的时间。

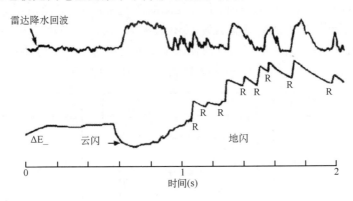

图 2.20　闪电与降水间关系[11]

2.5.2.2　雷电与云内温度关系

　　近年来的观测表明,云—地闪击负电荷区主要源地位于 −10～−25℃ 之间的区域,这也与降水区相吻合。Taylor(泰勒)[68]也发现主要雷电活动中心与过冷云层相联系,但位于稍暖的温度区,介于 −5～−20℃ 之间;如 2.2 节图 2.2 所示,Krehbiel[13]发现,在佛罗里达的海洋性底部暖性积云、新墨西哥的大陆性底部冷性积云及日本岛上的浅薄的底部冷性积云,与雷电活动相联系的负电荷主中心都位于 −10～−20℃ 之间,这一结果明显地表明了云中的带电与云中的冰相过程相关联。而负空间电荷中心处的温度是上升气流速度或降水的函数。

2.5.2.3　雷电形成位置与气流和的雷达反射率的关系

Krehbiel[13]利用多普勒雷达导得的云中气流与远距离探测到云中电荷位置分析发现,雷电活动开始的时间是与大于 20 m/s 强上升气流相一致,以后进入－10～－15℃区域,最初的闪电源在有组织的上升气流上空形成一伞形屏蔽罩,该处的上升气流与外围的下沉气流相合并,闪电环绕高反射率区边界近－10℃高度处发生,与强降水核心区有相当的距离。

Williams[67]在研究中发现,与前电相联系的负电荷中心位于高反射率区以上 1 km 以内的位置,在该处的质点垂直速度接近于零的平衡高度或累积带。他认为,负电荷中心的这种相对稳定性,是由于雷暴云的大部分生命期内平衡高度持续地位于同一位置,对应于－15℃的负电荷中心与降水中心区相关联,但并不重合。

Rust 等[11]还发现闪电源位置发生在上升气流较弱(10 m/s)的地区,常与下沉气流相毗邻;另外,有些闪电源位于雷达高反射率核心区。上升气流、反射率与闪电速率之间相关很高。

MacGorman 等[40]发现闪电发生在气旋性切变区中或其附近,这种气旋性切变经常与上升气流相联系。Standler 和 Winn[49]等利用气球携带的仪器进入雷暴云观测发现,电场的改变与水平风切变及上升气流和下沉气流相遇有联系。在一个例子中,沿着云砧的底部有一股带有负电荷的有组织的持续的下沉气流。

2.5.2.4　风切变与云闪和地闪间关系

菲利普斯(Phillips)等[69]在日本岛冬季雷暴中观测发现,水平风垂直切变与携带的正电荷的云—地闪击有很强的相关,指出风的垂直切变会使云上部的正空间电荷区从云下部负电荷区平移出去,这使得云顶与地球表面之间形成较强的电位梯度。因此估计在不存在风切变的情况下,正电荷放电主要以云闪为主。

Rust 等[11]研究了强风暴中的正、负地闪,如图 2.21 所示,负地闪在强降水核心区观测到,在卷云砧处出现正电闪,图中螺旋线表示强上升区且是旋转的。Reap(里普)等[70]发现,在超单体风暴中闪电倾向于发生在风暴主上升气流和雷达反射率核心的顺切变部位,而在多单体

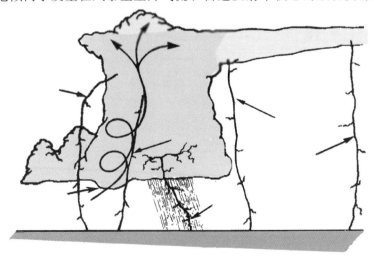

图 2.21　正负地闪与雷暴云结构[46]

风暴中则集中在上升气流和反射率核心区中。因为超级单体风暴在更强的切变环境中盛行。在强切变环境中正的空间电荷被平流输送至上升气流的下风方向,从而改变闪电发生区域。

2.5.2.5 雷暴结构对雷电的作用

Mason 和 Maybank(梅班克)[71]研究了加拿大阿伯塔产生冰雹的多单体雷暴和超单体雷暴活动得出闪电与风暴间的关系有:1)如果风暴的厚度是有限的普通多单体型雷暴(云顶7.5~12 km),则降水和闪电发生的频率是低的;2)如果热力学不稳定度较大,风暴成组织良好的多单体风暴,云顶较高,则降水、冰雹和闪电频率明显增加;3)在不稳定度更大、风切变较强的情况下,盛行有组织的多单体风暴,云顶深入平流层。在这类风暴中,可形成大冰雹,而闪电频率则取决于雷暴单体数目及其接近程度。如一个由 5 个单体组成的雷暴每分钟可产生35 个闪电,大多数是云内闪电;而对于一个孤立的单体每分钟只产生 3 个闪电;4)在一个产生冰雹的超单体风暴中,闪电频率只有 2~3 次/min,对这种风暴只有单个带电单位。闪电的放电频率是多单体对流云的厚度及数目的函数。

如图 2.22 中,强雷暴与非强雷暴云系的差异有以下几点:

非强雷暴云:(1)形成于弱的风垂直切变中;(2)云形连续多变;(3)生命小于或等于 1 h;(4)闪电:平均地闪速率为 1~5/min;平均总的闪电速率为 2~10/min;在消散阶段会出现正地闪。

强雷暴云:(1)形成于强的风垂直切变中;(2)准稳定状态;(3)生命大于或等于 4 h;(4)闪电:平均地闪速率为 5~12/min;平均总的闪电速率为 10~40/min;在成熟和消散阶段会出现正地闪。

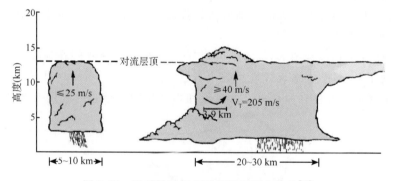

图 2.22　强雷暴云与非强雷暴云系之比较[46]

2.6　雷暴活动参量及其气候特征

雷暴是一种中小尺度天气过程,常伴随有强烈的雷电活动以及大风和暴雨,甚至出现冰雹和龙卷风等灾害性天气。雷电对电力系统、电信系统、交通运输、森林、建筑物以及核试验和导弹发射等都能造成严重威胁,因而为人们所关注。事实上,雷电除对人类的生命财产造成重大损害外,也对维持地球的电磁环境以及氮氧化物和某些痕量气体的产生有重要作用。由于雷电产生于雷暴天气,是雷暴天气最基本的特征,因此,雷电的活动规律在一定程度上反映了雷暴天气的活动规律;反之,雷暴天气的活动规律也在一定程序反映了雷电的活动规律;因此本节将简单介绍反映雷暴活动的基本参量的定义和分布特征以及雷电资料的应用潜力,有关我国雷暴活动气候特征的具体分析可以参看有关文献。

2.6.1　雷暴活动参量的定义

在气象研究和工程应用中常用雷暴季节、雷暴持续期、雷暴月、雷暴日、雷暴小时以及落雷密度等参量来表示雷暴的活动情况。这里只介绍最常用的雷暴日、雷暴小时和落雷密度的定义及其分布特征。

雷暴日定义为:在一天内只要测站听到雷声则为一个雷暴日,而不论该天雷暴发生的次数和持续时间。另外根据一个月、一个季度或一年中某一地区发生的雷暴日数可以分别定义为月雷暴日、季雷暴日或年雷暴日。它们在一定程度上可以反映对应期间雷暴的活动特征,是目前工程设计中广为采用的雷暴活动参量。但由于雷暴日本身不能反映一天中只发生一次短暂的雷暴,几次雷暴,还是持续时间很长的雷暴,因此在使用中有较大的局限性。

雷暴小时是指该小时内发生过雷暴。它比雷暴日更可靠地反映了雷暴的活动情况,也是目前工程设计中广为应用的雷暴活动参量。但是仍然无法区分该小时内雷暴活动的强弱程度,仍有一定的局限性。

较为理想的雷电活动参量是闪电密度。闪电密度包括总闪电密度和落雷密度。总闪密度是指一年中单位面积地面(或海面)上空所发生的各类闪电的次数,单位为 $km^{-2} \cdot a^{-1}$。总闪电密度较为精确地反映了全年雷暴活动的多少。落雷密度也称地闪密度,为一年中单位面积地面(或海面)所发生的对地闪电的次数,单位为 $km^{-2} \cdot a^{-1}$,落雷密度较为精确地反映了危害较严重的对地雷电活动的频数。

雷暴活动参量的气候资料是对气象台站(或其他雷暴观测台站)的雷暴观测资料进行多年统计平均后的结果,雷暴观测资料的统计平均年份愈长,雷暴活动参量的气候代表性愈好。通常,需对至少 10 年的雷暴观测资料进行统计平均,才能获得较好的气候代表性。气象台站对雷暴的观测实际为对雷电的观测,并把离台站较近可听到雷声的闪电定义为当地雷暴,有时亦可只闻雷声而不见闪电。雷暴观测记录了雷暴起、止时间以及相应时刻的雷暴方位等,当两次闻雷的时间间隔超过 15 min 后,则重新记录雷暴的起、止时间以及相应时刻的雷暴方位等。气象台站把听不到雷声的远处闪电定义为闪电,或称远闪。进行雷暴活动气候统计时,不包括远闪的观测资料。

闪电密度和落雷密度一般要借助探测仪器来获得。早期的闪电密度常采用闪电计数器来得到,由于闪电计数器的探测范围有限,而且不能够区分闪击地面的闪电,因此要得到落雷密度的数据,必须借助其他观测手段。

目前最先进也是最可靠的闪电密度和落雷密度获得方法是卫星携带的闪电探测系统和地面闪电定位系统。随着微电子技术的发展和探测资料的积累,自 20 世纪 70 年代末以来,相继出现了各种能够确定雷电发生位置的探测系统。并逐渐在许多国家布网,落雷密度可以很方便地通过雷电定位网络得到的资料分析获得。这种办法在测得落雷密度的同时,还可以连续监测雷暴的活动情况,是目前国际上普遍采用的办法。

2.6.2　雷暴活动的地理分布及其气候特征

全球平均年雷暴日的地理分布较为复杂,其分布特征与大气环流、海陆分布、地形和地貌、冷暖洋流以及局地条件等因素有关。20世纪70年代末以来,随着多种雷电探测技术的发展,对全球雷电活动的探测成了可能。气象卫星携带的闪电探测器,可以通过探测闪电放电产生的可见光和近红外辐射来确定全球的雷电活动。雷暴活动在全球分布是极不均匀的,就全球平均而言,每天约发生50000次雷暴,在任何一个时刻同时存在约2000个雷暴,每秒钟约发生100次闪电。根据各国闪电观测资料,可以绘制全球年平均雷暴日的地理分布。全球年平均雷暴日的地理分布与大气环流、海陆分布、地形和地貌、冷暖洋流及局地条件有关。1973年美国的国防气象卫星DMSP卫星5C发射后不久发现高分辨率可见光扫描仪在轨道的夜间部分具有探测闪电的功能。

全球平均年雷电活动的地理分布大致具有三个特征:

(1)平均年雷暴活动一般随纬度增加而递减。平均年雷暴日和落雷密度的高值区多位于纬度小于30°的陆地上,在大陆的赤道地区平均年雷暴日可达100~150 d。而在北纬70°以北和南纬60°以南地区,平均年雷暴日减少到1 d以下,甚至没有雷暴日。在热带地区为75~100 d,中纬度地区约为30~80 d。Christian(克里斯蒂安)等[72]利用1986—1987年的卫星资料发现在20°S~20°N之间是雷电活动的峰值区域。

Mackerras[58]曾经利用1986至1991年定点卫星上的闪电探测器得到的59.9°N~27.3°S范围内的闪电资料,得到了北纬25°N到50°N之间的闪电密度和落雷密度随纬度的变化,并与Orville[19]利用美国的闪电定位网络(NLDN)得到的落雷密度进行了对比。尽管在30°~40°N之间得到闪电密度数有一定的差别,但是闪电密度随纬度增加而减少的趋势是十分明显的。

(2)陆地上的平均年雷暴日普遍大于同纬度的海洋地区。Mackerras[58]利用卫星上的雷电探测器得到的全球闪电数为$2.05 \times 10^9/a$,而且54%发生在北半球,平均的陆地总闪密度为$8.3/(km^2 \cdot a)$,是海洋上总闪电密度的3.4倍。

(3)在陆地上,潮湿地区的平均年雷暴日一般大于同纬度干旱地区的数值。MacGorman等[40]、Hidayat(西达亚特)和Ishii(石井)[73]以及Qie(郄)等[74]利用美国生产的磁定位向闪电定位系统分别对美国本土、印度尼西亚和中国部分地区的落雷密度,闪电的日变化等特征进行了分析。研究结果发现落雷密度与地形有很好的相关性,比如在山地或丘陵地区落雷密度远大于临近的平坦地区,而且雷电活动也有可能超前雷暴来指示强对流的发展,可以用于强对流天气系统的监测、预警等。

雷暴活动随地理位置的不同有很大的差别,在我国的东南地区,如广东省和广西壮族自治区,平均年雷暴日可达90~120 d,雷暴小时可达400~600 h;长江两岸雷暴日为40~50 d,雷暴小时可达150~200 h;在我国北方地区如黑龙江、吉林、辽宁、河北、山东、山西、河南等省的大部分地区和陕西、内蒙古自治区的大部分地区雷暴日一般为20~50 d,雷暴小时为50~200 h,在戈壁、沙漠地带或盆地一般雷暴日低于20 d,雷暴小时低于50 h,有的地方甚至不到10 d,雷暴小时低于25 h。有趣的是在青藏高原的北缘和东缘由于地势较高,地形的起伏较大,地形的抬升使得雷暴易于形成,因此,平均年雷暴日普遍高于同纬度的其他地区,一般可达

50~80 d,雷暴小时可达 50~200 h,局部地区甚至更大。因此在进行雷电防护的设计时,一定要根据不同的地理位置和气象条件进行不同的考虑。

2.6.3　雷暴电学特征资料的应用

2.6.3.1　雷电资料的应用

由于闪电常常和对流活动相联系,而很多灾害性天气,如冰雹、暴雨和飓风等又伴有强烈的对流活动。因此,通过对雷电活动的监测,可以了解这些灾害性天气发生、发展及移动的情况。与天气雷达资料的比较发现,闪电资料可以指示强对流的发展。由于雷电定位系统具有覆盖范围大、维持费用低及可连续长时间运行的优点。作为日常灾害性天气的监测手段更为有效。

闪电资料不仅受到广大气象学家的重视,而且已经用于森林防火、电力、航天等部门。20世纪 80 年代以来,美国、加拿大、法国和中国等国家已经广泛应用闪电定位网来进行雷击森林火灾的早期探测、电力系统的保护和雷击故障点监测,以及航空、航天的安全保障等,气象研究者也将闪电资料和雷达回波、卫星云图以及其他观测相结合试图找出各种天气系统不同发展阶段的地闪特征,以便将这一新的、有效的观测手段用于业务预报中去。

郄秀书等[75]曾经利用闪电定位资料分别对兰州和北京的雷暴日、雷暴小时和落雷密度进行了分析,得到的雷暴日结果与气象台站得到的结果有很好的一致性,而且可以得到落雷密度的估计,这种方法较人耳要可靠、方便。

利用雷电定位资料还可以进行雷电与对流性降水量关系的研究,最近的研究表明,雷电与对流性天气系统产生的降水量之间有很好的相关性。在利用闪电定位系统资料方面,针对强对流天气动力过程和雷电活动进行了许多研究,MacGorman 等[40]结合美国国家闪电探测网 NLDN(National Lightning Detection Network)资料,提出许多产生灾害性天气过程的雷暴具有高云闪率和正地闪比例。薛秋芳等[76]利用单站闪电定位系统 M-LDARS 监测 1995 至 1997 年夏季北京地区的雷电活动,发现闪电频数的日变化与强对流天气发生有一定对应关系。郑栋等[77]利用 SAFIR3000 三维闪电定位系统观测到的总闪数据,分析了北京地区雷暴过程中雷电活动,通过对比总闪和对流区面积的关系,提出总闪与引起强雷暴的动力过程关系密切。张腾飞等[78]利用 NCEP 再分析气象资料和闪电定位系统监测资料对 2007 年云南主要致灾闪电过程进行分析,提出上升下沉气流之间形成的稳定垂直环流、倾斜深厚上升气流及中低层上升气流、高层下沉的大气垂直结构有利于闪电产生,闪电易产生于 CAPE≥200 J/kg 的区域内且从低层到高层垂直速度小于 -10 hPa/s。此外,冯桂力等[79]利用地面闪电定位系统、714SDN 多普勒雷达和 GMS5 卫星观测资料,对山东地区冷涡天气系统中的三个飑暴过程闪电特征进行了详细分析,提出强上升气流抬高了雷暴中主负地闪区的高度,减少与其上部的主正电荷区的距离,地闪(尤其是负地闪)频数减小,云闪频数增大,总闪随之增大。

2.6.3.2　卫星和雷达资料的应用

卫星为进行大范围探测闪电提供了理想平台,多年来,已有多颗静止气象卫星装载有记录闪电信号的观测仪器,美国国防气象卫星上载有各种光学探测闪电的探测器。由极轨卫星星载闪电探测仪器,只能提供风暴的瞬间图像,由于时间分辨率低,不能提供全天时的雷暴云系。1981 年 Nagler(纳格勒)[80]首次提出在静止卫星上获取高空间分辨率、高探测效率、昼夜探测闪电放电图像。其主要是根据 U-2 飞机获取的大量闪电光谱探测结果。20 世纪 90 年代,开发出一种新的 LMS 闪电探测仪。LIS 资料用于描述全球和区域性雷电活动分布,分析闪电、雷暴和对流降水的气候规律。Qie 和 Toumi(东御)等[81]利用 LIS 资料得出青藏高原上部的对流层顶相对于地面高度较低,难以形成较强雷暴,对应的闪电放电也较弱。戴建华等[82]利用 TRMM/LIS 资料分析了长江三角洲地区的雷电活动,发现闪电高发期间的抬升指数小于 $-2℃$。由于 TRMM 卫星属于极轨观测方式,探测时间比较有限,在实际工作中应当结合雷达、闪电定位系统和数值模式综合考虑。

　　20 世纪 50 年代首次用雷达观测闪电,直到最近雷达用于闪电定位和确定通道的物理特征,和有关风暴演变的闪电。在利用雷达资料研究方面,早期的学者通常采用雷达资料与闪电探测资料、常规资料相结合的方式进行闪电观测研究,Williams[67]利用雷达、闪电定位系统以及常规探测资料分析了一次雷暴雷电活动特征,认为总闪在上升气流大于 15 m/s 的混合相区域内达到最大。Ruhnke[15]结合双偏振雷达对雷暴的研究结果得出,闪电只发生在当上升气流强到足以产生软雹和液态水的混合相区域。Williams 和 Stanfill(斯坦菲尔)[83]采用双重多普勒雷达结合闪电定位系统资料分析指出,对于给定的 CAPE,较高的云底高度有助于把更多的 CAPE 高效地转化为垂直上升流速度与冰晶的增长,结果将产生更多的雷电活动。刘冬霞等[84]结合单多普勒雷达的水平风场反演,发现地闪易发生在上升气流达到最大并开始出现下沉气流的阶段。夏文梅等[85]结合探空资料、多普勒天气雷达和闪电定位系统数据,提出利用雷达数据计算的云底动能施力参量,能够很好地描述支持闪电起电的动力过程。郑栋等分析北京大气不稳定参数与雷电活动的关系后提出,潜在对流性稳定度指数、抬升指数、对流有效位能与雷电活动具有较好的相关性。Carey(凯里)和 Rutledge(拉特利奇)[86]利用多参数雷达研究了产生闪电的雷暴云动力过程,发现 CAPE 越大,对流负能量(CIN)越小,对流层垂直风切变越弱,会对应越强的闪电密度。由于雷达的高时空分辨率和雷达回波对闪电的发生有一定的指示意义,所以利用闪电定位资料结合雷达回波进行雷电的临近预报是目前最为有效的技术手段。其难点在于闪电未来的移向移速及生消。而雷达除了能探测雷暴的反射率因子外,还可以从三维反射率因子的配置对雷暴进行定位(双偏振多普勒雷达),并得到其结构和生消合并演变,从而较好地识别和追踪雷暴的移向移速及生消。雷达对闪电观测要优于被动观测,雷达能实时连续对雷电进行监测,是监测闪电的有效工具之一。

复习与思考

　　(1)试述雷暴的分类。

　　(2)试述雷暴的双(偶)极性电荷结构模型,并作图说明。

　　(3)试述雷暴云起电的电特点。

　　(4)作图说明大气中的电过程。

　　(5)简要说明雷暴云中的起电机制,并作图说明。

　　(6)试述单体雷暴发展的三个阶段活动特征。

　　(7)试述强雷暴与非强雷暴云系的差异。

（8）试述全球平均年雷电活动的地理分布的三个特征。

参考文献

［1］ Elster J,Geitel H. Zur Influenzetheorie der niederschlagselektrizitat. *Phys Z*,1913,**14**:1287.

［2］ Mason B J,Chien C W. Cloud droplet growth by condensation in cumulus. *Quarterly Journal of the Royal Meteorological Society*,1962,**88**(136):133-138.

［3］ Illingworth,A,and Latham J. Calculations of electric field growth,field structure,and charge distributions in thunderstorms. *Quart. J. Roy. Meteor. Soc.*,1977,**93**:156-162.

［4］ Takahashi T. Thunderstorm electrification—A numerical study. *Journal of the Atmospheric Sciences*,1984,**41**:2541-2558.

［5］ Jayaratne R,Saunders C,Hallett J. Laboratory studies of the charging of soft-hail during ice crystal interactions. *Quart. J. Roy. Meteor. Soc.*,1983,**109**:609-630.

［6］ 张廷龙,杨静,楚荣忠,等. 平凉一次雷暴云内的降水粒子分布及其电学特征的探讨. 高原气象,2012,**31**(4):1091-1099.

［7］ Simpson G. 1927. The mechanism of a thunderstorm,Proc. R. Soc. london. Ser A,1927,**114**:376-401.

［8］ Simpson G,Scrase F J. The distribution of electricity in thunderclouds. *Proc. R. Soc. Lond.* A Math. Phys. Sci. 1945,**161**:309-352.

［9］ Simpson G,Robinson D G. The Distribution of Electricity in Thunderclouds,II. *Proceedings of the Royal Society A: Mathematical,Physical and Engineering Sciences*,1941,(970):281-329.

［10］ Krehbiel P R. The electrical structure of thunderstorms. *In The Electrical Enviroment*,Washington D C: National Acad. Press,1986,90-113.

［11］ Rust W D,MacGorman D R,Arnold R T. Positive cloud to ground lightning flashes in severe storms. *Geophys. Res. Lett.*,1981,**8**:791-794.

［12］ Stolzenburg M,Rust W D,Smull B F,*et al*., Electrical Structure in Thunderstorm Convective Regions 2. Isolated Storms. *J. Geophys. Res.*,1998,**103**(D12):14097-14108.

［13］ Krehbiel P R. An analysis of the electric field charge produced by lightning. Ph. D. thesis,Univ of Manchester England. 1980.

［14］ 郭凤霞,孙京. 雷暴云起电机制及其数值模拟的回顾与进展. 高原气象. 2012,**31**(3):862-874.

［15］ Ruhnke L H. A simple model of electric charges and fields in nonraining convective clouds. *J. Applied Meteorology*,1970,**9**:947-950.

［16］ Nicoll A K. Measurements of Atmospheric Electricity Aloft. *Surveys in Geophysics*,2012,**33**(5):991-1057.

［17］ Kuetner J P,Zev Levin,Sartor J D. Thunderstorm electrification-inductive or non-inductive. *J. Atmos. Sci.*,1982,**38**:2470-2484.

［18］ Moore C B. Rebound limits on charge separation by falling precipitation. *J. Geophys. Res.*,1975,**80**:2658-2662.

［19］ Orville R E. Cloud-to-ground lightning in the blizzard of 1993. *Geophysical Research Letters*,1993,**20**(13):1367-1370.

［20］ Smith M H. and Orville H D. Electrical effects for a numerical cloud model. *Project Themis*,1970,**70**(2):38.

［21］ Chiu C S. Numerical study of cloud electrification in an axisymmetric time-dependent cloud model. *J. Geophys. Res.*,1978,**83**:5025-49.

［22］ Pringle J E,Orville H D,Stechmann T D. Numerical simulation of atmospheric electricity effects in a cloud model. *J. Geophysical Research*,1973,**78**:4508-4514.

[23] Takahashi T. Riming electrification as a charge generation mechanism in thunderstorms. *J. the Atmospheric Sciences*,1978,**35**:1536-1548.

[24] Rawlins. A numerical study of thunderstorm electrification using three dimensional model in corporating the ice-phase. *Quart. J. Roy. Meteor. Soc.*,1982,**108**:779-800.

[25] 言穆弘,刘欣生,安学敏,等.雷暴非感应起电机制的模拟研究Ⅰ.云内因子影响.高原气象.1996,**15**:425-437.

[26] 薛松,庄洪春.雷暴起电过程的电响应考察.大气科学,1990,**14**(4):454-463.

[27] 言穆弘,刘欣生,安学敏等.雷暴非感应起电机制的模拟研究Ⅱ.环境因子影响.高原气象.1996,**15**:438-447.

[28] 孙安平,张义军,言穆弘.雷暴电过程对动力发展的影响研究.高原气象.2004,**1**:26-32.

[29] 郭凤霞,张义军,言穆弘.雷暴云首次放电前两种非感应起电参数化方案的比较.大气科学,2010,**34**(2):361-373.

[30] 张廷龙,郄秀书,言穆弘,等.中国内陆高原不同海拔地区雷暴电学特征成因的初步分析.2009,高原气象,**28**(5):1006-1017.

[31] 谢屹然,郄秀书,郭凤霞,等.液态水含量和冰晶浓度对闪电频数影响的数值模拟研究.高原气象,2005,**24**(4):598-603.

[32] 黄丽萍,陈德辉,马明.高分辨中尺度雷电预报模式 Grapes_LM 的建立及其初步应用试验.气象学报,2012,**70**(2):291-301.

[33] 周志敏,郭学良.强雷暴云中电荷多层分布与形成过程的三维数值模拟研究.大气科学.2009,**33**(3):600-620.

[34] Takahashi T,Tajiri T,Sonoi Y. Charges on Graupel and snow crystals and the electrical structure of winter thunderstorms. *J. Atmos. Sci.*,1999,**56**:1561-1578.

[35] Ziegler C L,MacGorman D R,Dye J E,*et al*. A Model evaluation of non-inductive grauopel-ice charging in the early electrification of a mountain thunderstorm. *J. Geophysical Research*,1991,**96**:12833-12855.

[36] Baker M B,Dash J G. Charge transfer in thunderstorms and the surface melting of ice. *J. Growth*,1989,**97**:770-776.

[37] Helsdon J H,Farley R D. A numerical modeling study of a Montana thunderstorm:2. Model results verus observations involving electrical aspects. *J. Geophys. Res.*,1987,**92**:5661-75.

[38] Solomon R,Schroeder V,Baker M B. Lightning initiation conventional and runaway-breakdown hypotheses. *Quart. J. Roy. Meteor. Soc.*,2001,**127**:2683-2704.

[39] Mazur V,Ruhnke L H. Model of electric charges in thunderstorms and associated lightning. *J. Geophysical Research*,1998,**103**:23229-23308.

[40] MacGorman D R,Straka J M,Ziegler C L. A lightning parameterization for numerical cloud models. *J. Applied Meteorology*,2001,**40**:459-478.

[41] Mansell R M,Ziegler C L. Simulated electrification of a small thunderstorm with two-moment bulk microphysics. *J. Atmos. Sci.*,2010,**67**:171-194.

[42] Wiesmann H J,Zeller H R. A fractal model of dielectric breakdown and pre-breakdown in soild dielectrics. *J. Applied Physics*,1986,**60**:1770-1773.

[43] 张义军,言穆弘,张翠华等.不同地区雷暴电荷结构的模式计算.气象学报,2000,**58**(5):617-627.

[44] 马明.雷电与气候变化相互关系的一些研究.合肥:中国科学技术大学,2004.

[45] 谭涌波.闪电放电与雷暴云电荷,电位分布相互关系的数值模拟.合肥:中国科学技术大学博士学位论文.33-151.2006.

[46] 陈渭民. 雷电学原理. 第二版. 北京:气象出版社. 2006.

[47] 叶宗秀,陈倩,郭昌明,夏雨人. 冰雹云的闪电频数特征及其在防雹中的应用. 高原气象. 1982,**2**:89-96.

[48] Kasemir H W. A contribution to the electrostatic theory of a lightning discharge. *Journal of Geophysical Research*,1960,**65**(2):1873-1878.

[49] Standler R B and Winn W P. Effects of coronae on electric field beneath thunderstorms. *Quart. J. Roy. Meteor. Soc.* 1979,**105**:285-302.

[50] Chauzy S,Médale J,Prieur S,*et al*. Multilevel measurement of the electric field underneath a thundercloud: 1. A new system and the associated data processing. *J. Geophysical Research*:*Atmospheres* (1984—2012),1991,**96**(D12):22319-22326.

[51] Dawson G A, Ball lightning as a radiation bubble. *Pure. Appl. Geophys.*,1969,**75**(1):247-262.

[52] Dawson G A. Nitrogen fixation by lightning. *J. the Atmospheric Sciences*,1980,**37**:174-178.

[53] Richards C N,Dawson G A. The hydrodynamic instability of water drops falling at terminal velocity in vertical electric fields. *J. Geophysical Research*,1971,**5**:776-785.

[54] Sheridan S C,Griffiths J F,Orville R E. Warm Season Cloud-to-Ground Lightning:Precipitation Relationships in the South-Central United States. *Weather and Forecasting*,1997,(3):449-458.

[55] Merritt S Y,Clark C V. Application of Lightning and Surge Protection to Well Line Feeders. *IEEE Transactions on Industry Applications*,1984,(2):372-376.

[56] Dawson G A,Warrender R A. The terminal velocity of raindrops under vertical electric stress. *J. Geophysical Research*,1973,**78**(18):3619-3620.

[57] Brooks I M,Saunders C P R. An experimental investigation of the inductive mechanism of thunderstorm electrification. *J. Geophysical Research*,1994,**99**:10627-10632.

[58] Mackerras D. A comparison of discharge processes in cloud and ground lightning flashes. *J. Geophysical Research*,1968,**73**(4):1175-1183.

[59] Orville R E,Spencer D W. Global Lightning Flash Frequency. *Monthly Weather Review*,1979,**7**:934-943.

[60] Turman N B, Edgar C B. Global lightning, distributions at dawn and dusk. *Journal of Geophysical Research*,1982,**87**(2):1191-1206.

[61] Orville R E,Henderson R W,Bosart L F. Bipole patterns revealed by lightning locations in mesoscale storm systems. *Geophys. Res. Lett.*,1988,**15**:129-132.

[62] Uman M A,Rakov V A,Rambo K J,*et al*., Triggered-lightning experiments at Camp Blanding,Florida (1993—1995). *IEE of Japan*,1998,**117**-B(4):446-452.

[63] Vonnegut B. Possible mechanism for the formation of thunderstorm electricity. *Bulletin of the American Meteorological Society*,1953,**34**:378-381.

[64] Norville K,Baner M,Latham J. A numerical study of thunderstorm electrification model development and case study. *Journal of Geophysical Research*,1991,**96**:7463-7481.

[65] 言穆弘,葛正谟. 雹云中与冰相有关的起电机制. 高原气象,1985,**4**(1):46-55.

[66] Schonland B F J. The lightning discharge. *Handbuch der Physik*,1960.

[67] Williams E R. The electrification of severe storms. *Meteor. Monogr.*,2001,**28**:527-561.

[68] Taylor W L. A VHF technique for space-time mapping of lightning discharge progresses. *J. Geophys. Res.*,1978,**83**:3575-3583.

[69] Phillips M C K,Schmidlin T W. The current status of lightning safety knowledge and the effects of lightning education modes on college students. *Natural Hazards*,2014,**70**(2):1231-1245.

[70] Reap R M,Mac Gorman D R. Cloud-to-ground lightning climatological characteristics and relationships to

motion fields radar observations and severe local storms. *Mon. Wea. Rev.* ,1988,**117**:518-535.

[71] Mason J. B,Maybank J. The fragmentation and electrification of freezing water drops. *Quart. J. Roy. Meteor. Soc.* ,1960,**86**(368):176-185.

[72] Christian H J,Blakeslee R J,Goodman S J. The detection of lightning from geostationary orbit. *Journal of Geophysical Research*: *Atmospheres*(1984—2012),1989,**94**(D11):13329-13337.

[73] Hidayat S,Ishii M. Diurnal variation of lightning characteristics around Java Island. *Journal of Geophysical Research*: *Atmospheres*(1984—2012),1999,**104**(D20):24449-24454.

[74] Qie X S,Zhang T L,Chen C P,*et al*. The lower positive charge center and its effect on lightning discharges on the Tibetan Plateau. *Geophysical Research Letters*.2005,**32**:987-995.

[75] 郄秀书,张义军,张其林.闪电放电特征和雷暴电荷结构研究.气象学报.2005,**63**(5):646-658.

[76] 薛秋芳,王建中.一次强降水天气过程的中尺度分析.气象.1994,**10**:21-25.

[77] 郑栋,张义军,马明,等.大气环境层结对闪电活动影响的模拟研究.气象学报.2007,**65**(4):622-632.

[78] 张腾飞,张杰,尹丽云.云南一次秋季雷暴过程的闪电特征及形成条件分析.高原气象.2013,**32**(1):268-277.

[79] 冯桂力,郄秀书,袁铁,等.一次冷涡天气系统中雹暴过程的地闪特征分析.高原气象.2006,**39**(2):211-220.

[80] Nagler M. Design of a spaceborne lightning sensor Ph. D. Thesis. Arizana Univ. 1981.

[81] Qie Xiushu,Toumi,Yuan Tie. Lightning activities on the Tibetan Plateau as observed by the lightning imaging sensor. *J. Geophys. Res.* ,2003,**108**(D17),4451.

[82] 戴建华,秦虹,郑杰.用 TRMM/LIS 资料分析长江三角洲地区的闪电活动.应用气象学报,2005,(6):35-44.

[83] Williams E M,S Stanfill. The physical origin of land-ocean contrast in lightning activity. *Competes Rendus-Physique*.2002,65-75.

[84] 刘冬霞,郄秀书,冯桂力.华北一次中尺度对流系统中的闪电活动特征及其与雷暴动力过程的关系研究.大气科学.2010,**34**(1):95-104.

[85] 夏文梅,徐芬,慕熙昱等.一次夏季雷暴天气过程中闪电活动特征分析.气象科学.2011,(5):652-658.

[86] Carey L D,Rutledge S A. The relationship between precipitation and lightning in tropical island convection: A C-band polarimetric radar study. *Mon.Wea.Rev.* ,1994,**128**:2687-2710.

第 3 章　雷电

3.1　引言

　　雷电这种自然现象在人类出现之前在地球上就已经存在。雷电发出划破长空和炫目的闪光以及隆隆雷声,造成人员伤亡,乃至引发森林大火,令人震撼。雷电是自然界中最为重要的大气现象之一,伴随着雷电,有声、光、电等多种物理现象发生,电学的发展就来自雷电的研究。雷电也称为闪电,它是发生于大气中的一种瞬态(1 s 以内)的、大电流(峰值电流平均高达几十千安)、高电压(负地闪头部相对于地面的电位超过十几千伏)、高功率(其峰值功率可达 11 亿 kW)、长距离(几十千米)的放电现象。雷电虽然有强大的功率,可以造成巨大的破坏力,但能量很小,利用价值微不足道。

　　雷在形成过程中,空中的尘埃、冰晶等物质在云层中翻滚运动的时候,经过一些复杂过程,使这些物质分别带上了正电荷与负电荷。由于同一种物质质量相当,又带上相同的电荷。经过运动,带上相同电荷的质量较重的物质会到达云层的下部(一般为负电荷);带上相同电荷的质量较轻的物质会到达云层的上部(一般为正电荷)。这样,同性电荷的汇集就形成了一些带电中心。当异性带电中心之间的空气被其强大的电场击穿时,就形成云间放电。当同一个雷暴云内相邻的正、负电荷区边界附近触发后,负先导向正电荷区发展、正先导向负电荷区发展,形成云内闪电。它们的极性由云中相邻正、负电荷累积区位置的上下配置决定。当带负电荷的云层向下靠近地面时,地面的凸出物、金属等会被感应出正电荷,随着电场的逐步增强,雷云向下形成下行先导,地面的物体形成向上回击,二者相遇即形成对地放电,即地闪。它会破坏建筑物、电气设备,伤害人畜。雷电的主要特点为闪电时将释放出大量热能,瞬间能使空气温度升高 $1 \times 10^4 \sim 2 \times 10^4$ ℃,能将空气电离。空气的压强可达 70 个大气压。这样大的能量,往往会造成火灾和人畜的伤亡。放电时间短促,一般约 $50 \sim 100$ μs,但电流则异常强大,能达到数万安培到数十万安培。放电时产生强烈的光。

　　雷电按其在空气中发生的部位,大概可分为云中、云间或云地之间三大种类放电,其中云中放电占雷电的绝大多数。在雷电的研究中,对云闪放电过程的研究一直为雷电研究者们所重视,但由于云体在光学频段是不透明的,常规的光学观测手段受到限制,到目前为止,人们对云闪的了解相对较少。很多人利用各种模式对云闪起始位置和各阶段电荷运动方式进行了广泛的研究,得到的结果相对比较混乱。大多数闪电属于云闪,虽然云闪的危害远小于地闪,但随航空事业的发展,云闪对飞机的飞行存在巨大的危险性。对云闪的观测较地闪要困难很多,获取云闪的资料十分有限,所以对它的研究远少于地闪。虽然最频繁发生的闪电是云闪,但是地闪则是对人类的生产和生活,产生影响的主要形式。由于地闪对地面物体所造成的严重威胁以及它的放电通道暴露于云体之外易于光学观测,因此目前对地闪放电过程已经有了相对较系统的研究。

有一类雷电发生的地方要远比平常雷电发生处高,出现在对流层以上的平流层,我们称之为中高层放电。它发生的时候,电磁信号会被对流层雷电的电磁信号所覆盖,所以常规的探测闪电的设备比较难以发现,一般借助低光度摄像机来观测。中高层闪电或中高层大气放电是指一系列特殊的大气放电现象,这种放电现象缺少与对流层闪电的共同性,所以被称为瞬态发光现象(TLE)。中高层闪电包括:红色精灵、淘气精灵、蓝色喷流、巨型喷流。

本章主要分为:引言、云闪、地闪、雷电的发生、雷电的起始位置、雷电的电磁辐射、中高层大气放电,共七节。

3.2 云闪

云闪定义为所有没有到达地面的闪电放电。云闪通常发生于云中的正负电荷区之间,持续时间约为半秒钟。一个典型的云闪放电过程可有 5～10 km 的长度。中和电荷几十库仑。雷暴过程中,多数闪电发生在云中。目前还没有有效的资料来区分云内(intracloud)闪电、云间(intercloud)闪电和云—空(cloud-air)放电三种云闪过程。事实上根据地面电场记录看,三种放电过程十分类似,而且云闪过程也包括地闪过程中发生于云内的部分。云闪是最经常发生的一种闪电放电事件,一般认为云闪占全部闪电数的 2/3 以上。

3.2.1 云闪的分类

云闪是指不与大地和地物发生接触的闪电,它又包括云内闪电、云际闪电和云空闪电。云内闪电是指云内不同符号荷电中心之间的放电过程;云际闪电是指两块云中不同符号荷电中心之间的放电过程;云空闪电是指云内荷电中心与云外大气中不同符号荷电中心之间的放电过程。云顶闪电是指云顶电荷与云顶以上大气间的闪电。

通常情况下,一半以上的闪电放电过程发生在雷暴云内的主正、负电荷区之间,称作云内放电过程。云内闪电与发生概率相对较低的云间闪电和云—空放电一起被称作云闪。云闪是不与大地和地物发生接触的闪电,它包括云内闪电、云际闪电和云空闪电。云内闪电是指云内不同符号荷电中心之间的放电过程;云际闪电是指两块云中不同符号荷电中心之间的放电过程;云空闪电是指云内荷电中心与云外大气中不同符号荷电中心之间的放电过程。云顶闪电是指云顶电荷与云顶以上大气间的闪电。云闪中有以下几种特殊的闪电:球状闪电、连珠状闪电、片状闪电。

球状闪电虽说是一种十分罕见的闪电形状,却最引人注目。它像一团火球,有时还像一朵发光的盛开着的"绣球"菊花。它约有人体头部那么大,偶尔也有直径几米甚至几十米的。球状闪电有时候在空中慢慢地转悠,有时候又完全不动地悬在空中。它有时候发出白光,有时候又发出像流星一样的粉红色光。球状闪电"喜欢"钻洞,有时候,它可以从烟囱、窗户、门缝钻进屋内,在房子里转一圈后又溜走。球状闪电有时发出"咝咝"的声音,然后一声闷响而消失;有时又只发出微弱的噼啪声而不知不觉地消失。球状闪电消失以后,在空气中可能留下一些有臭味的气烟,有点像臭氧的味道。球状闪电的生命史不长,大约为几秒钟到几分钟。

联珠状闪电看起来好像一条在云幕上滑行或者穿出云层而投向地面的发光点的联线,也像闪光的珍珠项链。有人认为联珠状闪电似乎是从线状闪电到球状闪电的过渡形式。联珠状闪电往往紧跟在线状闪电之后接踵而至,几乎没有时间间隔。

片状闪电也是一种比较常见的闪电形状。它看起来好像是在云面上有一片闪光。这种闪电可能是云后面看不见的火花放电的回光,或者是云内闪电被云滴遮挡而造成的漫射光,也可能是出现在云上部的一种丛集的或闪烁状的独立放电现象。片状闪电经常是在云的强度已经减弱,降水趋于停止时出现的。它是一种较弱的放电现象,多数是云中放电。

3.2.2 云闪的特征

云闪的发生频数约占闪电总数的三分之二以上。Mackerras(麦克拉斯)[1]通过对全球闪电发生密度的资料分析发现,云闪发生频数约为地闪的 2～5 倍。云闪的放电特性和机制是雷电防护和研究中的一个难点。与地闪相比,云闪的观测距离更远,通道位置的随机性更大,而且大多数云闪都发生在云内,通道被云体遮挡,这给光谱观测带来了很大困难。

表 3.1 给出了云闪毫秒级放电特征的有关参量。云闪放电一般开始于连续传播的流光,当流光遇到极性相反的电荷源时,便引发类似于地闪回击的放电过程称为反冲流光,与此相伴的电场称作 K-变化。云中的 K-变化与发生于云地闪电回击之间的 K-过程产生的 K-变化相似,对应于小而快速的电场变化。

表 3.1 云闪毫秒级放电特征参量

物理量	典型值
高度(km)	4～12
持续时间(s)	0.3～0.5
中和电荷(C)	5～30
初始流光	
持续时间(ms)	250
速度(m/s)	$(1～5)×10^4$
电流(A)	100～1000
反冲流光	
一次放电所包含的闪击数目	6
持续时间(ms)	<1
速度(m/s)	$1×10^6$
电流(A)	1400
中和电荷量(C)	1

(1)云闪初始阶段特征:

云闪放电特征一直是闪电研究的重要内容,而雷暴云是闪电发生的源,早期大量研究认为雷暴云具有偶极电荷结构,在此基础上,很多人利用不同方法对云闪的起源和发展进行了研究,并提出了不同的看法,如 Ogawa(小川)[2]认为云闪初始阶段由上部正电荷区缓慢向主负电荷区发展。Smith(史密斯)[3]、Nakano(中野)[4]利用多站电场变化得出相反的结论,即云闪起始于主负电荷区,Liu 等[5]利用折线流光模式对云闪的研究结果也说明云闪由起始于负电荷区向上发展的负流光引起。Weber(韦伯)等[6]利用雷声定位方法发现云闪既可以起始于正电荷区向下发展的正击穿过程,也可以起始于负电荷区向上发展的负击穿过程。Shao 等[7]利用窄带干涉仪系统首次获得了比较清楚的云闪发展图像,发现云闪由向上发展的负击穿过程引起。董万胜等[8]利用宽带干涉仪系统也发现了同样的结果。但在实际的雷暴云内,电荷结构是非常复杂的,因而云内放电过程也表现出比较复杂的特征。如张义军等[9]利用三维闪电观测系统(LMA)的资料分析发现,在三极性电荷结构的雷暴云中,云闪不仅发生在上部正电荷区和中部负电荷区之间,还可能发生于中部负电荷区和下部正电荷区之间,它起始于中部负电荷区,向下传输到正电荷区后水平发展。在 20 世纪 80 年代,许多观测结果发现位于中国内陆高原的甘肃地区夏季雷暴云呈现出特殊的电特征,即雷暴云下部有较大范围正电荷区,云闪多发生在主负电荷区和下部正电荷区之间。郄秀书等[10]利用地面多站电场观测资料,对甘肃中川地区地闪前云内放电的研究结果表明,云内一些 K 变化期间闪电通道向下发展。闪电 VHF/UHF 电磁脉冲辐射源干涉定位技术能够提供闪电产生的电磁辐射特征以及放电过程的发展路径,从而也极大地提高了人们对闪电云内放电过程和雷暴电荷结构的认识。

由于闪电的发生具有随机性、瞬时性等特点,常规的观测手段受到一定的限制,到目前为止,人们对闪电物理的认识和理解还远落后于对其灾害进行防治的实际需求。与云—地闪电相比,对云闪放电的研究相对较少。发生于云内的放电过程因击穿空气而产生高频辐射脉冲,Whitten(惠顿)等[11]利用快电场变化仪研究发现,云闪初始击穿脉冲主要有两种类型:一种上升相对较慢、宽的双极性波形,在初始半周期上叠加有几个小脉冲;另一种则是相对窄而平滑的单峰(窄双极性脉冲)或多峰双极性脉冲波形。他们认为,快速的小脉冲是闪电通道在以梯级方式形成过程中所产生的。而双极性成分则是慢电流浪涌所致。Smith(史密斯)等[12]的研究结果表明,窄双极性脉冲通常发生在雷暴云中最活跃的区域,可能标志着云闪放电的开始。Carey(凯里)等[13]的研究更是发现,窄双极性脉冲事件可以作为雷暴中对流活动强度的指示器。除了研究闪电放电产生的辐射脉冲的形态特征外,近年来发展起来的各种闪电辐射脉冲定位技术,在很大程度上促进了对闪电放电过程及其物理机制和雷暴电荷结构方面的认识。同时,闪电定位技术的快速发展使得人们已能够跟踪到闪电发生、发展过程中的预击穿、先导回击等一些子过程,特别是对于发生在云内的放电过程而言,由于光学观测的困难,因此对云内放电辐射脉冲的三维定位成了一种研究闪电云内发生、发展过程非常重要的手段。许多观测结果表明,处于中国内陆高原地区夏季雷暴云呈现特殊的电特征,即雷暴云下部有较大范围的正电荷区。云中放电多发生在该正电荷区与中部的负电荷区。观测发现中国南北方雷暴电荷结构的差异:南方多偶极性电荷结构,北方多三极性电荷结构。

(2)云闪流光的特征:

云闪主要是由初始流光过程和反冲流光过程构成放电过程。云闪放电一般开始于连续传播的流光,当流光遇到极性相反的电荷源时,便引发类似于地闪回击的放电过程称为反冲流光。云闪过程通常由初始流光、负流光和反冲流光组成。通常在积雨云的上部为正电荷中心,下部为负电荷中心,在负电荷中心下部往往还存在有较弱的正电荷中心。当正电荷中心附近局部地区的大气电场达到 10^4 V/m 左右时,大气便会击穿而形成连续发光的正流光,持续地向下方负电荷中心发展,这就是初始流光,初始流光的持续时间约为 200 ms,

其传播速度为 10^6 m/s,其持续电流强度为 100 A 左右;当初始流光到达下方负电荷中心时,将形成不发光的负流光,沿着初始流光所形成的通道,向相反方向发展,使负电荷中心与上方正电荷中心相连接。此过程与地闪中闪击间歇的 J 过程十分相似,所以也称为 J 过程,其持续时间约为100 ms,持续电流强度一般超过 100 A;反冲光流:在负流光与正流光相接期间,出现时间间隔为 10 ms,持续时间约为 1 ms,并伴有明亮发光的强放电过程,称为反冲流光过程。反冲流光过程是中和初始流光所输送并贮存在通道中的电荷主要过程,这一过程与地闪中闪击间歇的 K 过程十分类似,因此称为 K 过程,它在云闪中的作用也与地闪中的回击过程很相似,反冲流光的传播速度比初始流光高 2 个数量级,为 10^8 cm/s 左右,其峰值为 10^3 A,一次反冲流光过程中和的电荷为 $0.5\sim3.5$ C 左右,其电矩为 $3\sim8$ C·km 左右。云闪多由起始于云体上部正电荷中心的向下初始正流光过程,以及云体下部负电荷中心随之而形成的向上反冲负流光过程的放电过程。有时,云闪由起始于云体下部负电荷中心的向上初始负流光过程,以及云体上部正电荷中心随之而形成的向下反冲正流光过程构成的放电过程。此外,云闪还可以由起始于云体下部负电荷中心同时形成的向上初始负流光过程和向下的负流光过程构成放电过程。

（3）云闪放电通道特征

大多数闪电通道在大致与低层闪电活动对应的高度,低层闪电活动虽然并不一定对应于最大回波区,但在雷达回波图上处于强反射率区域($>20\sim30$ dBZ)。上层更高的通道经常出现在弱反射率区、强反射率区上面或云砧。Mackerass(麦克拉斯)[14]通过干涉监测系统发现闪电密度和2 km高度处的降水的雷达回波有很好的相关性,相关系数一般在 $0.6\sim0.7$ 之间。但是不能排除降雨分布与闪电位置间的差异。闪电在雷暴中位置的变化取决于雷暴内部结构上升气流,它与风输送的电荷区域比较一致。在许多雷暴中,尤其是较大的雷暴,闪电从反射率中心和上升气流中心产生位移。由反射率大小和垂直风速大小来定义雷暴中心是有区别的,但是中心经常定义为反射率$>40\sim50$ dBZ 或上升气流速度>10 m/s。Whitten(惠顿)等[15]发现从新的和成熟的雷暴单体中水平闪电可以向北扩展到科罗拉多州的雷暴(图 3.1)。雷暴的早期,在北部单体消散和云砧形成之前,闪电通道往往被限制在附近区域。同样,Proctor(普罗克特)[16]发现水平的、长的闪电伸展到成熟雷暴正在发展的云砧,然而地闪却发生在雷暴的另一侧,Proctor 称之为传播侧,在那一侧气流上升且有新的雷暴单体生成。通过多普勒雷达分析闪电位置与风和反射率区的关系,Willett(威利特)[17]提供了闪电出现在强下沉气流弱回波区前的上升气流区的证据(图 3.2)。

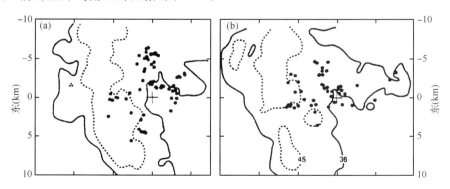

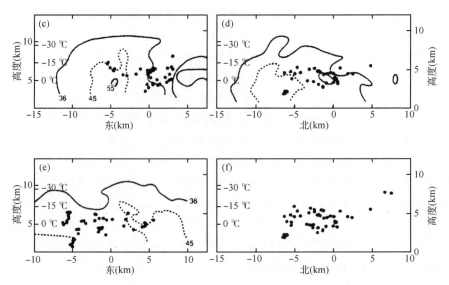

图 3.1　美国科罗拉多州的雷暴中闪电通道的反射率结构[15]

a,b 两幅图表示的是雷达扫过的 4～5 km 高度的所有的闪电通道。

c,d 图显示的是沿南—北向穿过该区域的垂直剖面。

a,c,e 当地时间 17 日 09:29 发生的一次闪电。

底部显示的是沿东—西向穿过该区域的垂直剖面；

b,d,f 当地时间 17 日 16:34 发生的一次闪电

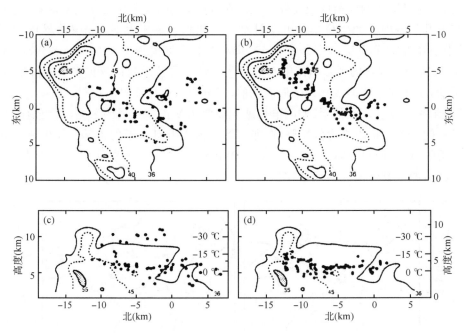

图 3.2　5 km 高度处的闪电通道的反射率结构[15]

a,c 为 17 日 20:29 的一次闪电；b,d 为 21:25 的一次闪电

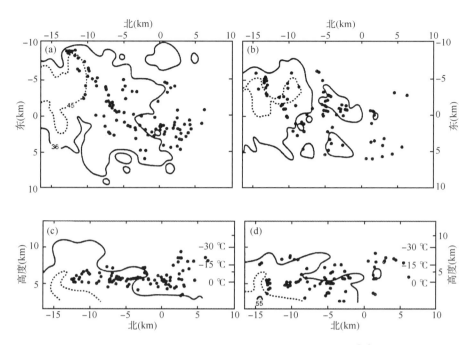

图 3.3　4～5 km 高度处闪电通道的雷达反射率图[18]

a,c 为 17 日 17:26 的一次闪电;b,d 为 18 日 0:44 的一次闪电

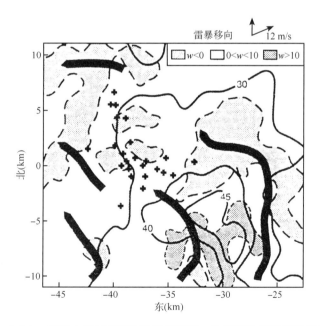

图 3.4　6.5 km 高度上通过 VHF 系统观测到一次云闪的反射率及其风场[19]

此高度穿过了 VHF 源的最大浓度中心。星号代表 VHF 高频辐射的位置。

阴影代表垂直速度。箭头表示水平风

　　然而,许多的雷暴中闪电并不是出现在反射率中心附近的位置,而是出现在其内或之上。如图 3.3 和 3.4 所示,在这些典型个例中,雷电活动出现在蘑菇状区域,在低层和中层的蘑菇状区域中心聚集了一个狭长的反射率中心带。

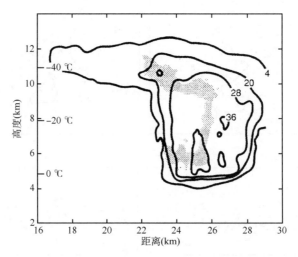

图 3.5　新墨西哥州的雷暴中一次闪电的 VHF 甚高频辐射图[20]
等值线为雷达反射率,阴影区为闪电的结构

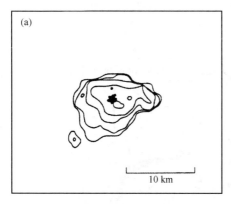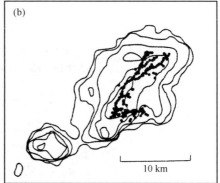

图 3.6　佛罗里达的一次雷暴过程中通过雷达系统探测到的两次闪电[21]
雷达反射率等值线的值为 0,10,20,30,40 dBZ. 值由内向外增加。
(a)雷暴中的第一次闪电,为云闪,发展高度为 7～12 km;
(b)第一次闪电发生 45 min 后出现的一次地闪,
图中显示的是 6 km 高度的反射率

　　Orville(奥维尔)[22]通过分析不同风场的超级单体雷暴阐述了风场是如何影响闪电分布的(图 3.7),这两个雷暴都很强。在多单体雷暴中,气流倾斜向上流入反射率中心,但在雷暴的中低层并没有穿过反射率中心。雷暴顶部附近,上升气流向四周对称裂变进入云砧。闪电聚集在分支气流以下的反射率中心附近。

　　在超级单体风暴中,雷暴中层的上升气流穿过反射率中心一直持续到云砧,到云砧后垂直运动变弱。上升气流在到达雷暴顶端开始辐散,但是辐散区域的上升剪流与迅速膨胀的云砧中下沉剪流相比是微不足道的。快到云顶高度才在反射率中心旁的流入气流观测到闪电,在上升气流的辐散气流中有 VHF 源出现。大部分闪电都处于远离下沉剪流的高度,不同高度的流线几乎都从中间穿过闪电活动开始的区域。

以上两个雷暴的差异,反应在辐射和垂直速度有关的闪电通道分布上(图 3.8,3.9)。超级单体风暴在反射率大值区和上升气流区闪电密度大,表明闪电出现在上升气流和强反射率区。与此相反,超级单体风暴中,相对于垂直速度,闪电分布大致均匀。超级单体雷暴的峰值要比多单体雷暴的峰值大,超级单体雷暴的峰值出现在中等反射率区,而不是大反射率区。

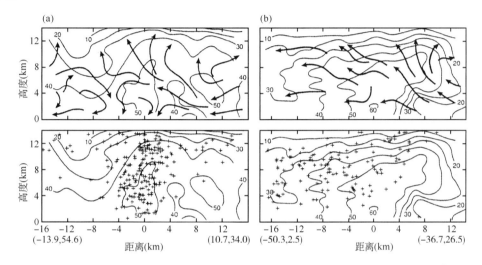

图 3.7 两次雷暴过程中 15 min 内的闪电通道,其中等值线为反射率,流线代表风[22]
(a)多单体风暴;(b)超级单体风暴

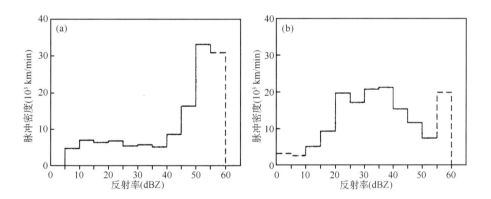

图 3.8 VHF 甚高频脉冲密度和反射率[23]
(a)多单体风暴;(b)超级单体风暴
虚线是因为很少的格点存在反射率,通过脉冲密度估算的可靠值

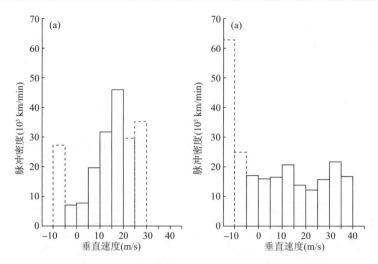

图 3.9　VHF 甚高频脉冲密度与垂直速度图[23]

（a）多单体风暴；（b）超级单体风暴。

虚线是因为很少的格点存在垂直速度，通过脉冲密度估算的可靠值

　　如图 3.2 所示，在其他雷暴中分析了闪电附近的垂直速度场。在这次雷暴过程中，大多数通道结构相重合的闪电往往发生在反射率中心的下沉气流。通过雷达同时测量反射率、风、和雷电位置，研究了热带雷暴中与垂直风的垂直分布有关的闪电位置。闪电通道最可能聚集在垂直速度梯度大的区域周围（图 3.10）。

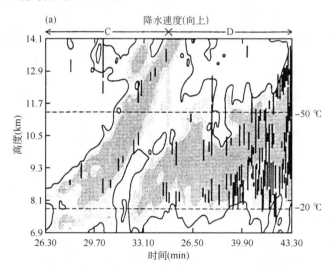

图 3.10　垂直线代表雷达探测到的闪电的垂直位置[23]

（a）多普勒雷达同时测量的降水速度和闪电的高度。

阴影区代表垂直速度，阈值为 2.5 m/s 和 8 m/s

　　（4）云闪的辐射特征

　　闪电事件中复杂的放电物理过程，决定了其在很宽的频段上（从 VLF 到 VHF）都会产生较强的电磁辐射能量。最近的观测研究发现闪电放电过程中还伴随有 X 射线辐射。闪电频谱分析是从频域角度上对闪电的电磁辐射特征进行研究，可以获得其电磁辐射能量在不同频段上的分布特征,从而反映出各类型闪电放电过程中不同的放电强度、尺度和组成等相关信息。这无论是对于闪电工程防护还是闪电的物理研究都有着重要意义。

闪电数据资料源于直接探测,所以野外观测是研究闪电辐射频谱的重要手段。获得闪电频谱的观测研究方法主要分为两种,分别是窄带直接观测法和宽带傅立叶分析法。这两种方法各有其特点,前者是在所感兴趣的频率附近一个较小的带宽内(一般为几百赫兹至数万赫兹),直接测量闪电所产生辐射能量时域数据,并将所得的辐射能量结果直接等效于该(中心)频率上的电磁辐射频谱信息,从而近似获得特定频率上的闪电辐射幅频数据。这种方法适宜于直接分析闪电所在中心频率点附近的电磁辐射特征,但在时间上无法区分瞬时独立的物理过程,得到的是单次闪电中多个放电过程的综合频谱;后者则是采用宽带探测系统在较广的带宽(几十至数百兆赫兹)上获取电场(E)或电场变化(dE/dt)时域数据,经数字化之后进行离散傅立叶变换,将时域信息转变为频域信息,最终计算得到在一定频率带宽上的辐射频谱结果。宽带法的优势在于能够分辨闪电过程中各独立的子物理过程,并得到覆盖整个宽频频带内的闪电辐射特征。两种方法得到的组合频谱在 1 MHz 以下的频段非常相似,但在 HF、VHF 频段上存在着一定的差异。

地闪和云闪初始击穿过程的脉冲通常呈现双极性,且初始峰极性倾向于与后面回击极性保持一致,序列中有些脉冲幅度可以与后面回击幅度相当。地闪初始击穿期间伴随的 VHF 辐射是用 VHF 定位方法研究该放电过程的物理基础。一些观测结果表明,整个初始击穿期间 VHF 辐射源呈现规律性的空间慢速漂移特征,但是限于 VHF 定位系统的时空分辨能力,还不能分辨每次电场变化脉冲期间的 VHF 源演变特征。而且,学术界关于这些 VHF 辐射的本质以及它们与电场变化脉冲之间的关系也还有争论。另外,一些学者的观测结果表明,不同地区的地闪初始击穿脉冲活动之间存在明显差别,Rakov(拉科夫)[25]等进而推断这些脉冲活动可能与不同气象条件在雷暴云底部形成正电荷堆的能力有关。显然,积累更多的代表不同气象条件下的地闪初始击穿脉冲活动特征以及同步的 VHF 爆发特征是必要的,它不仅有助于揭示初始击穿脉冲活动与气象条件之间的依赖关系,而且对于更好地理解初始击穿放电机理都具有重要意义。云闪和地闪很可能都由源于雷暴云主负电荷区的负流光启动,区别在于云闪向上发展而地闪则向下发展。图 3.11 是张义军等利用 LMA 观测到的两次典型的云闪放电。

1)典型的正常极性的云内放电

图 3.11 是一次典型的正常极性的云内放电过程。由图可见,整个闪电呈双层结构,分别处于 8～10 km 和 6 km,对应于上部正电荷区和中部负电荷区,并通过一垂直向上的通道相连接。闪电起始于 7 km 高度的负电荷区,垂直向上发展到 10 km 的正电荷区。大约 260 ms 之后,在 10 km 高度闪电发展结束,而 6 km 高度辐射点开始增多。这些辐射点从闪电的起始位置向四周水平延伸了闪电通道,分叉现象明显,辐射点比较弥散,并不时有向上的辐射发展到上部正电荷区,这主要由向上的 K 型击穿形成。发生在云闪中的 K 过程是一些微秒时间尺度的快过程,它沿先前已经电离的通道继续将下部负电荷区的电荷传输到上部正电荷区。但由于闪电通道冷却使 K 过程产生一些少量的辐射点,这些 K 过程在雷暴负电荷区水平延伸了闪电通道。辐射击穿点较少,强度也较弱。云内放电辐射源的双层结构中,上部正电荷区的辐射源(对应于负极性击穿)的功率要比下部负电荷区击穿大 1～2 个量级。

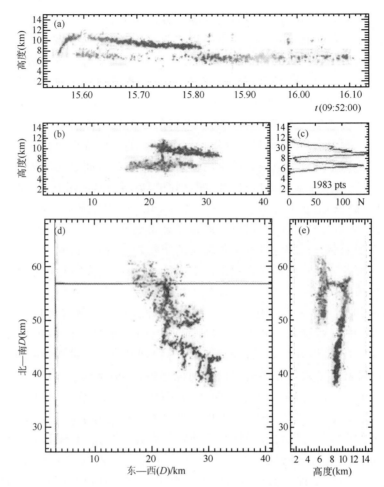

图 3.11　2007 年 7 月 10 日一次正常极性的云内放电随时间变化[26]

(a)闪电 VHF 辐射源高度随时间的变化;(b)在南北方向上的立面投影;

(c)辐射源数目(N)随高度的直方图分布;(d)平面投影;

(e)东西方向上的立面投影。D 为距坐标原点的距离。

图中小方框表示测站位置

2)反极性的云内放电

图 3.12 是一次反极性的云内放电过程,同样呈双层结构,分别处于 6～7 km 和 10 km 高度。但与图 3.11 所示的闪电特性相反,它起始于 9.5 km 高度,并垂直向下发展。到 7 km 高度后开始水平延伸。在这一高度上闪电通道结构清晰,随着放电的发展在 7 km 高度由 K 型击穿在不同方向触发了多个分叉,最长的闪电通道可达 20 km。而在 10 km 高度辐射点较少,尽管闪电通道通过 K 型击穿不断向前发展,但可以看出这些辐射点是由远处向闪电的起始点发展,且基本局限在这一高度上。这一高度上的电荷层可能比下面的电荷层要薄。这种反极性闪电,雷暴的中部分布着正电荷,而上部为负电荷区,闪电发生在上部负电荷区与中部正电荷区之间。这与以前普遍认识的正偶极电荷结构不同。

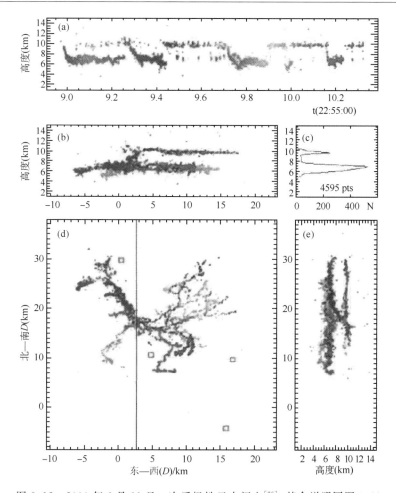

图 3.12　2000 年 6 月 11 日一次反极性云内闪电[26]，其余说明同图 3.11

3.2.3　云闪的放电过程

在 0℃层以上，即空气温度下降到冰点的高度以上，云内的液态水变成冰晶和过冷却水滴（达 0℃却来不及冻结就落下的水滴）。由于空气的密度不同，造成了空气对流，在这些水滴或冰晶摩擦碰撞的过程中产生电荷。如云内出现两个足够强的相反电位，带正电的区域就会向带负电的区域放电，结果就产生了云内闪电或云间闪电。风暴体内八成的放电过程属于这种类型。

3.2.4　云闪的发展过程

Kitagawa（北川）等[27]曾利用云闪产生的电场变化波形将云内电过程区分为初始、活跃、和结束三个阶段（图 3.13）。Ogawa[2]认为约占云闪整个持续时间一半时间的初始和活跃阶段与通道垂直延伸有关，并应用一个行进流光模式分析了电场波形随距离（测站与源之间）变化的关系，认为在初始和活跃阶段，放电包含了一个从正电荷区向下发展的慢正流光过程其发展速度为 10^4 m/s。在放电初期和非常活跃阶段，闪电通道会发生多个分叉。放电的结束即 J

阶段包含一系列变化迅速的 K 变化，K 变化是由于向下发展的正流光遇到高密度的负电荷区域时而发生的。K 流光产生于下行正流光的头部，并作为负反冲流光以 10^6 m/s 的速度沿原来的通道返回。由此，他们认为初始的慢连续电流正流光与结束阶段的快速负极性 K 流光类似于云地闪电中的先导和回击的发展，只是前者发生在云内正、负电荷区之间，而后者发生于云—地之间。张义军发现云内闪电放电不仅发生在上部正电荷区与中部主负电荷区之间，也同样会在中部主负电荷区与下部正电荷区之间发生，除极性相反之外，其他特征是一致的。云闪过程在最初的 10～20 ms 内垂直向上（正常极性）或向下（反极性）发展，之后转为水平方向的传输。在正电荷区辐射点较多，闪电通道清晰；在负电荷区辐射点较少，且从闪电的起始位置以一种倒退的方式水平延伸闪电通道。云闪中的 K 型击穿不仅发生在闪电的后期，而且还发生在活跃期，并不时发展到正电荷区而触发新的闪电分叉。

Liu 等[5]利用多站闪电电场测量资料在一个折线流光模式的假定下分析了云内放电过程的初始流光方向。该模式假定从一个球体电荷源任意方向发展的流光可以等效为一系列线段，每一个线段携带均匀电荷。Liu 利用这一模式对四个闪电进行了分析，他们发现放电似乎由一个向上发展的负流光而不是由正流光激发，而且初始流光垂直发展，并在约 10～30 ms 内完成其垂直

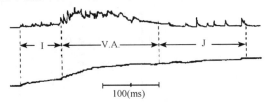

图 3.13　云闪产生的电场变化波形[27]
I 代表初始阶段、V. A. 代表非常活跃期，
J 代表最后阶段。

发展。流光的发展速度为 $1×10^5$～$3×10^5$ m/s，这一结果比早期模式的计算结果约大一个量级，但与 Proctor[16]的结果一致。当然，Liu 的这一单向折线流光模式仅适应于初始阶段，它不能确定后面放电的发展方向。

云闪放电过程因击穿空气常常会辐射出大量的高频脉冲，因此对这些辐射脉冲的定位提供了认识云闪放电机制的一条重要途径。其中常用的方法是 VHF 到达时间差法（TOA）和 VHF 干涉仪方法。VHF 频段到达时间差法（TOA）是通过对放电辐射脉冲到达相距一定距离天线的时间差对脉冲源进行定位的。利用这种方法可以对闪电放电过程进行跟踪观测。Proctor[16,28]利用工作在 VHF 频段的到达时间差法分析了云闪的结构和发展过程。他把云闪分为两类：即每秒脉冲数少于 10^3 的低辐射脉冲产生率云闪和大于 10^5 的高辐射脉冲产生率云闪。对于前者而言，初始阶段的源位于后期流光出现的位置；而对于后者，则没有对应的初始阶段，整个通道发展的速度约为 10^5 m/s。对于两种类型的云闪，K 流光都与沿主通道反向发展并冲过通道起点的正反冲流光有关。Proctor[16]研究的云闪大多数是水平发展的，放电图象复杂，呈现出的云内电荷分布不能用简单的电偶极子来表示。唯一一次垂直发展的放电过程，在放电初期表现为负流光向上发展，之后，一个快速负流光（$5×10^6$ m/s）从开始位置下部沿主通道返回。Proctor[28]研究的其他闪电都是水平发展，这与 Liu 的研究不一致，Liu[5]对此的解释是他们分析的是发生在一个小雷暴初始阶段的闪电，而 Proctor[16]分析的则是大雷暴消亡阶段的闪电。

与 VHF 频段的 TOA 方法一样，VHF/UHF 窄带干涉仪闪电定位系统也是一种对放电辐射脉冲源进行定位的技术，可以实现对闪电放电过程的跟踪观测。它利用长短基线组合形成的天线阵列，来接受雷电 VHF 电磁脉冲到达不同天线的相位差，进而来确定闪电辐射源的方位角和仰角，多站组合可以确定雷电发生的位置。由于该设备只探测电磁辐射的相位差而

与信号波形无关,因此避免了电磁波传播过程中的畸变而引起的误差。

在窄带干涉仪的基础上,Shao 等[7]发展了宽带干涉仪,之后董万胜等[29]发展了类似的宽带干涉仪闪电定位系统。其原理与窄带干涉仪类似[30],本质都是确定入射信号到达不同天线的相位差。所不同的是窄带干涉仪使用带通滤波器选择某一适当频率的信号,然后通过信号放大器、乘法器和检波器等一系列电子器件得到信号到达不同天线的相位差;而宽带干涉仪则是通过对不同天线接收的宽带信号作 FFT 变换后得到多个频率信号到达天线的相位差。下面是利用干涉仪闪电定位系统对云闪放电过程的研究结果。

Markson(马克森)[31]利用 VHF 窄带干涉仪分别对云闪的观测分析认为云内放电过程开始于正、负先导的同时发展,并指出正先导不产生可探测到的 VHF 辐射源。当正流光被加强时会激发伴随高频辐射的快速负反冲流光,这个负反冲流光从正流光顶部开始,在到达初始区域前停止。之后,Guerrieri(格雷里)等[32]也利用其高频干涉仪证实了上述双向传输模式,即正、负击穿同时同一点始发并沿相反的方向传播。Rhodes(罗德斯)等[33]利用其高频窄带干涉仪雷电放电过程定位系统对一个云闪进行了全面观测,结果表明:在初始 200 ms 期间辐射源几乎是随机缓慢移动的,而在最后的 200 ms 内流光水平发展。

Shao 和 Krehbiel(克霍比尔)[34]利用相似的窄带干涉仪定位系统对云闪放电过程的研究结果表明,云闪通常呈现出由向上发展通道相连接的两层结构,上、下两层分别对应于雷暴云内上部的正电荷区域和中部的负电荷区域。图 3.14 给出了 Shao 和 Krehbiel[34]得到的一次云闪放电过程产生的快、慢电场变化和 VHF 辐射特征,图 3.15 是相应的的干涉仪定位结果。定位结果表明在闪电开始的 10～20 ms 的初始阶段,放电过程将建立向上发展的通道,辐射源向上发展的速度约为 1.5×10^3～3×10^5 m/s。之后,在雷暴的活跃区重复发生由下部负电荷区向上部正电荷区的 K－型击穿,而且上部通道将在正电荷区域水平发展。在初始击穿之后的放电过程中,垂直通道几乎没有或只有非常微弱的辐射,表明在初始击穿后通道内一直有电流流过。经过一段时间后,击穿过程从下部通道较远的地方开始向闪电起始区域发展,下部通道在主负电荷区域向远离闪电起始区域的方向延伸。活跃阶段结束后,垂直通道截止,放电达到最后阶段。这一阶段以快速发展的 K 流光为主要特征,其发展速度为 10^6～10^7 m/s。K 流光沿下部通道发展并向上或向垂直通道底部传输负电荷。

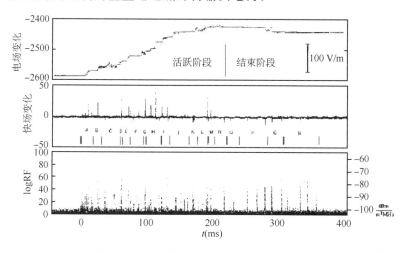

图 3.14　一次云闪放电过程产生的快、慢电场变化和 VHF 辐射特征[34]

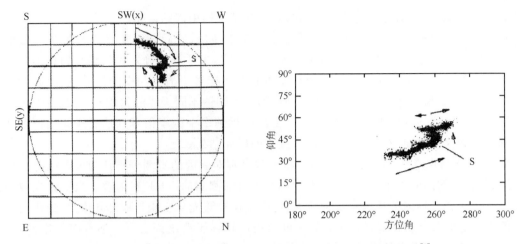

图 3.15　超高频干涉仪观测到的新墨西哥州典型云闪放电通道[7]

　　董万胜利用闪电宽带干涉仪系统对云闪的观测分析也认为，云闪起始于向上发展的负流光，开始阶段闪电通道向上发展，速度约为 $2×10^5 \sim 3×10^5$ m/s 量级。主通道在活跃阶段形成，在主负电荷区域的通道发展方向与负电荷沿通道运动的方向相反，即击穿过程在距通道顶端一定距离处发生，负电荷向通道顶端运动，并到达上部正电荷区域，下部闪电通道表现为倒退着向前延伸。而且他还首次观测到了闪电通道在上部正电荷区域和主负电荷区域同时发展的现象。在云闪放电的最后阶段，到达上部正电荷区域的通道段截止，K 变化期间负电荷从主负电荷区域发展的通道顶端开始向闪电起始区域附近运动。

3.3　地闪

　　地闪是指云内荷电中心与大地和地物之间的放电过程，亦指与大地和地物发生接触的闪电。它与地面建筑物、电讯和电力输送等人类活动的防雷直接有关，它对人类造成的危害远较其他闪电要大。所以对它的研究也较为深入。地闪电流主要包括先导电流、回击电流、连续电流和后续电流。回击电流是幅度最大的脉冲电流，其峰值电流强度一般可达 $10 \sim 30$ kA 左右。回击电流直达雷暴云底部，是形成闪电通道高温、高压和强电磁辐射等闪电物理效应的主要过程。闪电回击电流的电流幅值最强，产生的雷电电磁脉冲（LEMP）强度最大，造成的危害也最大。闪电破坏作用与峰值电流及波形有最密切的关系。所以实际观测到的雷电流十分复杂，波形各不一样，尽管波形不同，一般而言，回击电流具有单峰形式的脉冲电流波形，电流波形的前沿变化十分陡峭，而电流波形尾部变化则较为缓慢。世界各国测得的对地放电雷电流波形基本一致，多数是单极性重复脉冲波，少数为较小负过冲。

　　按照中和云内电荷的极性和放电发展方向的不同，地闪可分为如图 3.16 中的四种形式。

　　(1)第一种形式为下行负地闪，占全部闪电的 90% 以上，它由向下移动的负极性先导激发，因此向地面输送负电荷。

　　(2)第二种形式为下行正地闪，也由下行先导激发，但是先导携带正电荷，因此向地面输送正电荷。

（3）第三种形式为上行负地闪,由地面向上发展的先导激发,先导携带正电荷,因此相当于向点输送云中的负电荷。

（4）第四种形式为上行正地闪,云中的正电荷向地面输送。上行雷电一般比较罕见,通常发生在高山顶上或高建筑物上。

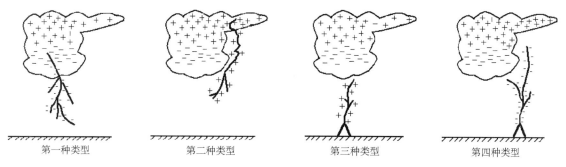

第一种类型　　　　　　第二种类型　　　　　　第三种类型　　　　　　第四种类型

图 3.16　四种不同类型的地闪示意图[30]

3.3.1　负地闪

概述

负地闪放电过程定义为将云内的负电荷输送到地面的放电过程。一次始于云中的负地闪放电过程通常将几十库仑的负极性云电荷带到地面。按照国际惯例,一次完整的闪电过程定义为一次"闪电",其持续时间为几百毫秒到 1 s 不等。一次闪电包括一次或几次大电流脉冲过程,被称为"闪击"而其最强变化部分叫"回击"。闪击之间的时间间隔一般为几十毫秒。对地闪电在人眼中所呈现的闪烁,便是由几次闪击所造成的。雷暴云内的水成物粒子在电场作用下变形引起局部电场增强,从而产生电晕流光,并导致空气击穿,此过程称为预击穿过程。预击穿过程中正、负先导起始于同一位置,在相隔几秒的时间内先后沿相反方向击穿发展,正、负先导分别向低电位（负电荷区）和高电位区（正电荷区）发展,这就是双向先导。预击穿后期,可诱发从雷暴云底到大地的一系列间歇性、突跳式的梯级先导。

图 3.17 是由条纹相机拍摄到的一次始于云内的负地闪过程画出来的,这是一次地闪完整的结构。图中开始的短亮线条或光带是由先导过程的向下传播而产生的,而后面的连续长亮线条或光带是由回击产生的。

发生机理

闪电的初始击穿:在图 3.18a、b 中,通常在含云大气开始击穿的初期,在积雨云的下部有一负荷电中心与其底部的正电荷中心附近局部地区的大气电场达到 10^4 V/m 左右时,则该云雾大气会初始击穿,负电荷中和掉正电荷,这时从云下部到云底部全部为负电荷区。

梯级先导过程:随大气电场进一步加强,进入起始击穿的后期,这时电子与空气分子发生碰撞,产生轻度的电离,而形成负电荷向下发展的流光,如图 3.18a 中,表现为一条暗淡的光柱像梯级一样逐级伸向地面,这称之为梯式先导（图 3.18c）。在每一梯级的顶端发出较亮的光。梯式先导在大气体电荷随机分布的大气中曲折运行,并产生许多向下发展的分枝。梯式先导的平均传播速度为 3.0×10^5 m/s 左右,其变化范围 1.0×10^5 m/s 至 2.6×10^6 m/s 左右,梯式先导由若干个单级先导组成,而单个梯级的传播速度则快得多,一般为 5×10^7 m/s 左右,单个梯级的长度平均为 50 m 左右,其变化范围为 30~120 m 左右。梯式先导通道的直径较大,变化范围为 1~10 m 左右。

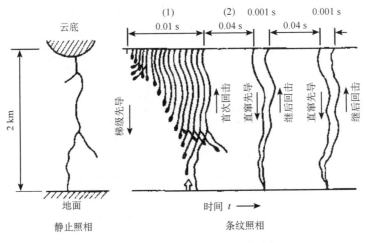

图 3.17 负地闪发展过程示意图[30]

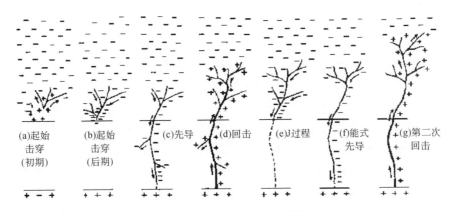

图 3.18 地闪的发生过程[30]

电离通道:梯式先导向下发展的过程是一电离过程,在电离过程中生成成对的正、负离子,其正离子被由云中向下输送的负电荷不断中和,从而形成一充满负电荷(对负地闪)为主的通道,称为电离通道或闪电通道,简称为通道。如图 3.19 所示,闪电通道由主通道、失光和分叉通道组成,在闪电放电过程中主通道起重要作用。

连接先导:当具有负电位的梯式先导到达地面附近,离地约 5~50 m 时,可形成很强的地面大气电场,使地面正电荷向上运动,并产生从地面向上发展的正流光,这就是连接先导。连接先导大多发生于地面凸起物处。

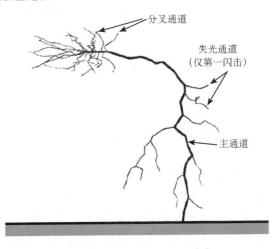

图 3.19 地闪的电离通道[30]

回击(图 3.18d):当梯级先导与连接先导会合,形成一股明亮的光柱,沿着梯式先导所形成的电离通道由地面高速冲向云中,这称为回击。回击比先导亮得多,回击的传播速度也比梯式先导的速度快得多,平均为 5×10^7 m/s,变化范围为 2.0×10^7 m/s 到 2.0×10^8 m/s 左右。回击的通道的直径平均为几厘米,其变化范围为 $0.1 \sim 23$ cm。回击具有较强的放电电流,峰值电流强度可达 10^4 A 量级,因而发出耀眼的光亮。地闪所中和的云中的负电荷绝大部分在先导放电时贮存在先导主通道及其分枝中,当回击传播过程中便不断中和掉贮存在先导主通道和分枝中的负电荷。

由梯级先导到回击这一完整的放电过程称为第一闪击。从地面向上发展起来的反向放电,不仅具有电晕放电,还具有强的正流光,它与向下先导会合,其会合点称连接点,有时称之"连接先导"的向上流光,又若其在向下先导到达放电距离同一瞬间开始发展,则连接先导高度约为放电距离一半。

回击过程:在对地放电过程中,通常当下行的梯级先导传播至地面几十米的范围内时,地面或地面的突出物体上将产生向上的迎面先导,当二者相连接时,将导致强的放电过程即回击的产生。由于地闪回击过程中对地释放的大量电荷和通道中的巨大电流对各种微电子器件和建筑物造成严重威胁,近年来地闪回击过程一直是雷电研究的重要对象。

(1)回击速度

由于回击流光波峰具有随高度而变的形状,因此显然不能将不同高度的回击看出是同样的流光。最早测量回击速度的是 Malan(马伦)和 Schonland(舍恩兰德)[36,37] 使用博伊斯相机测量回击速度,在通道底的第一闪击的速度大约为 1×10^8 m/s,而通道顶的速度为 5×10^7 m/s。较近期的工作有 Idone(艾顿)等[38]分析了 17 次第一闪击和 46 次随后闪击得到回击的速度分布如图 3.18 所示,在地面上 1.3 km 内第一闪击平均速度为 9.6×10^7 m/s,随后闪击的速度为 1.2×10^8 m/s,第一闪击和随后闪击的速度随高度减小。Idone 等[38]发现由人工触发的闪电中 56 次接近地面的随后闪击的回

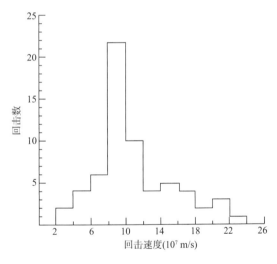

图 3.20　回击速度[38]

击速度,平均三维速度为 1.2×10^8 m/s,最小和最大值分别为 6.7×10^7 m/s、1.7×10^8 m/s。由于回击速度和峰值电流与先导通道内单位长度的荷电量和先导通道内由荷电引起的电势有关,由实验得出回击速度和峰值电流的关系为

$$v = c[1 + (W/i_p)] \tag{3.1}$$

式中 W 是常数($=40$ kA), i_p 是峰值电流, c 是光速。

(2)回击电流

地闪电流以脉冲回击电流最强,其危害最大。回击电流特征不仅与地闪的类型和闪击类型有关,还与地形和土壤电导率等地理条件,以及不同类型的气象条件等因子有关,一般而言,回击电流具有单峰形式的脉冲电流波形,电流波形的前沿十分陡峭,而电流波形的尾部变化则较为缓慢。

描述回击电流的波形的参量,主要有峰值电流、电流上升率、峰值时间等。峰值电流是指回击电流波形峰值处的电流强度,单位 A,电流上升率有时也定义为回击电流从峰值电流的10%递增到90%时,电流强度随时间的平均变化率,并称为平均电流上升率。峰值时间是指回击电流上升到峰值电流所需时间,单位为微秒,半峰值时间是指回击电流上升至峰值,然后又下降到峰值电流一半时所需时间。一般认为首次回击的峰值电流平均值为 20～40 kA,200 kA 的发生概率为 1%。继后回击的峰值电流分布与首次回击类似,但大小差不多为首次回击值的一半。峰值电流反映出闪电的能量和机械破坏力的大小。电流上升率反映闪电的脉冲电磁辐射的作用大小,在当今雷电灾害的研究和雷电防护上特别重要。半峰值时间反映了雷电作用的持续时间,半峰值时间较长的闪电易产生火灾。回击电流的波形参量还有:

(1)幅值:指雷电的脉冲电流达到的最高值。其值不同地方差异很大。我国雷电流幅值大小的经验计算公式:

$$\lg P = \frac{I(\text{kA})}{108} \tag{3.2}$$

P 为出现雷电流大小幅值的概率,

(2)波头(峰值时间 t_1):指雷电的脉冲电流上升到幅值的时间。一般在 1～5 μs,国际标准规定为 1.2 μs。

(3)波长(半峰时间 t_2):指雷电的脉冲电流持续到波形曲线衰减到半幅值所需要的时间。

(4)陡度(电流上升率):雷电流随时间上升的变化率。用幅值和波头的比值来表示雷电流的平均陡度。

目前地闪回击电流实验数据的获取方法大致可以分为以下三类:(1)利用塔顶的测量:由于高塔被雷电击中的概率相对更大,可在其上安装雷电流测量设备进行观测。(2)人工触发闪电观测:因为人工触发的闪电可以预知其发生的时间和地点,且继后回击与自然闪电的相类似,所以可以利用人工触发闪电直接测量雷电回击流。(3)间接估测:通过远距离电磁场的测量来估测地闪回击电流数据。以上这些观测结果为雷电物理研究和雷电防护设计提供了大量可靠的数据源,也为建立更完善的雷电防护标准提供了科学依据。

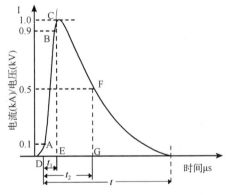

图 3.21　电流、电压随时间的变化

地闪电场的变化

地闪引起电场快变化可分别表示为 B 变化、I 变化、L 变化、R 变化、J 变化、K 变化、C 变化、M 变化和 F 变化。这些大气电场快变化所对应的放电过程则分别表示为 B 过程、I 过程、L 过程、R 过程、J 过程、K 过程、C 过程、M 过程和 F 过程(图3.22)。

B 变化　大气电场的 B 变化多出现在梯式先导之前夕,也就是在云的下部云雾大气中最初出现击穿时的变化。B 变化的特点是在几毫秒时间内大气电场变化较为明显,且具有不规则的脉动起伏,引起大气电场的 B 变化的 B 过程,是云中荷电中心附近的云雾大气中出现的初始击穿过程。

I 变化　大气电场 I 变化,常出现在大气电场 B 变化与梯式先导所引起大气电场 L 变化之间的时段内,具有大气电场缓慢变化的特征。引起大气电场 I 变化的 I 过程,是使云雾大气中开始出现的击穿进一步发展的过程。大气电场 B 变化和大气电场 I 变化的持续时间。

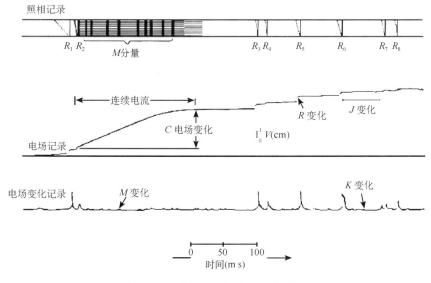

图 3.22　混合型多闪击电场变化[30]

L 变化　大气电场 L 变化是由梯级先导引起的,它具有大气电场变化较迅速的特征,并可细分为 L(α) 变化和 L(β) 变化。引起大气电场 L(α) 变化的 L(α) 过程,是 α 梯式先导放电过程,具有大气电场稳定增长的特征,其持续时间较短,平均为 50 ms 左右。引起大气电场 L(β) 变化的 L(β) 过程是 β 梯式先导放电过程,具有大气电场开始时增长缓慢而最后增长迅速的特征,其持续时间较长,平均为 125 ms 左右。

R 变化大气电场　R 变化因回击放电过程所造成,具有持续时间不到 1 ms 的阶跃特征。

J 变化　在多闪击地闪的闪击间隙,往往出现大气电场的 J 变化。J 变化具有大气电场缓慢增长的特征,其持续量之间一般为 30～90 ms 左右。J 过程是指闪电通道顶部形成的局部正电荷,向上方云中荷电中心发展,并使闪电通道顶部的局部正电荷中和的正流光过程。J 过程发生在云中,其作用是将前次闪击的闪电通道与云中负荷中心相连接,因此,也称为连接过程。J 过程具有持续电流,但无发光现象。

K 变化　在大气电场 J 变化部分,通常还叠加若干持续时间不到 1 ms 的微弱而迅速的脉冲状大气电场 K 变化,脉冲间的间歇时间平均为 5 ms 左右,其变化范围为 1～33 ms 左右,K 脉冲振幅约为回击脉冲的 10%,所引起的电场变化小于回击的变化幅值,重复周期为10 ms。引起大气电场 K 变化的 K 过程,是为中和云中较大局部负荷电中心的正流光,是流光发展到几百米左右的异常强电荷区形成的,在 J 过程中只有 K 过程有发光现象。

C 变化　在多闪击地闪的闪击间隙,有时出现大气电场 C 变化。C 变化具有大气电场稳定而大幅度变化特征,其持续时间平均为 150 ms,其这化范围为 50～500 ms 左右。引起大气电场 C 变化的 C 过程,是云中局部荷电中心对地的放电过程,具有持续电流,并称之为连续电流,伴有发光现象。

M 变化　大气电场 C 变化部分通常还叠加有若干持续时间约 1 ms 的脉冲状大气电场 M 变化,脉冲间隙时间平均为 7 ms 左右,其变化范围为 1～33 ms 左右。引起大气电场 M 变化的 M 过程,为中和云中较大局部荷电中心的云内流光过程,并与闪电通道光强的突增相对应。

根据地闪有无 C 过程,可将地闪分为分立型地闪和混合型地闪两类。分立型地闪系指无 C 过程的地闪,混合型地闪系指至少出现一次 C 过程的地闪。

F 变化　有时最后一次闪击之后,出现大气电场 F 变化,F 变化具有大气电场缓慢增长到某稳定值的特征。引起大气电场 F 变化的 F 过程,是指最后一次闪击的闪电通道所到达高度上方的云中局部荷电中心对地的放电过程。F 过程具有持续电流,并称之后续电流,伴有发光现象。大气电场的 F 变化还可细分为 $F(\alpha)$ 变化和 $F(\beta)$ 变化。$F(\alpha)$ 变化具有大气电场缓慢而平滑地变化到某个稳定值的特征,而且往往具有某段时间内大气电场基本不变的特征,其持续时间较长,平均为 145 ms 左右。

3.3.2　正地闪

概述

在雷暴的消散阶段、中尺度对流系统的层流区以及产生冰雹和龙卷等灾害性天气过程的超级风暴中都时常出现大量的正地闪,由于具有中和电荷量多和回击电流大,并常常带有持续时间较长的连续电流而常常引起雷电事故。观测结果显示正地闪的最大回击电流有时可达 200 kA,连续电流的幅值比负地闪大一个量级。同时大量观测还发现正地闪的时空分布与雷暴内的对流发展、地面降水等过程之间存在一定的相关性,正地闪频数的峰值常常超前于灾害性过程的发生。因此近年来人们非常关注对正地闪的研究,并揭示了一些正地闪的宏观特征。

发生机理

正地闪的时空发展特征存在三个阶段,云内击穿过程、回击过程、回击之后。在回击之前有较长的云内击穿过程,传输速度与负先导的发展速度量级相当,在这一阶段闪电通道在云中正电荷区水平发展,是一负极性的击穿过程;回击之后闪电在云内快速发展,除水平延伸以前的闪电通道外,还在闪电的起始点附近触发多个新的闪电通道,但辐射点较少且比较弥散;在闪电的最后阶段,传输速度与回击前的传输速度差不多,辐射点主要集中在闪电通道的顶端。在正地闪中辐射点均发生在云内正电荷区,由负极性击穿过程产生,没有正先导过程。

先导的发展是先导和流光相互依赖,共同作用的结果。无论正先导还是负先导,其发展传播都是通过其流光电晕前部的雪崩电离而开辟通道,为使流光持续传输,其通道尖端必须具有高电位及集中的电荷,以产生强电场,通道内具有良好的导电性以支持一定的电流。由于正负先导的流光尖端聚集的电荷极性和方式不同,引起流光通道内电流及导电性等的差异,从而导致正负先导传输方式的不对称性。当云中局地强电场达到击穿阈值后,电晕放电、电子雪崩等过程开始发生并同时产生正、负极性的电荷,正、负流光也同时激发,但由于电子迁移率远大于正离子,在正地闪过程中。起始负流光传输进入正电荷区后,可持续向前传输,随着负流光的传输,通道中雪崩正离子向相反的方向传输,在闪电起始区附近将会不断沉积,当正电荷沉积到一定程度时,正流光以较高的速度向下自持传输到地,并产生回击,回击之后负流光在云中正电荷区继续传播,同时由于回击后大量的负电荷进入云中正电荷区,并将地电位抬升到云中,从而进一步加速了与云中电荷的中和过程,因此在延伸了以前的闪电通道的同时,还激发了新的分叉,所以产生较强的辐射和较大的连续电流。

3.4 雷电的发生

大多数雷暴只有一个单体组成,称为单细胞雷暴,其强度弱,范围小,只有 5～10 km,生命只有几十分钟,它可以分为形成、成熟和消亡三个阶段(如图 3.23 所示)。形成阶段(图 3.23a):从初生的淡积云发展为浓积云,一般只要 5～15 min,云内都有是上升气流。在初期上升气流速度一般不超过 5 m/s。到浓积云阶段最大上升速度可达 15～20 m/s。云底为辐合上升运动。由于云中水汽释放潜热,温度较四周高,这时云中的电荷正在集中,但尚未发生雷电,也无降水。成熟阶段(图 3.23b):从浓积云到积雨云,这一阶段可以持续 15～30 min,云中都是上升气流,云顶发展很高,云上部出现丝缕状冰晶结构,同时上升气流继续加强,可达 20～30 m/s,水汽凝结,并迅速形成大雨滴,随雨滴的增大,其重力加大,超过上升气流对其的托力,这时就产生降水。降水出现的同时产生下沉气流,这时上升气流和下沉气流相间出现,云中的乱流十分强烈。当云顶发展到－20 ℃高度以上时,云中以冰晶、雪花为主,在－20 ℃高度以下处,冰晶与过冷水滴并存,并出现雷电。对于大多数雷雨云中,正电荷位于云的上部,云的下部有大量的负电荷。消散阶段(图 3.23c):在消散时,上升气流减弱直至消失,气层由不稳定变为稳定,以后雷雨减弱消失,下沉气流也随之减弱消失,云体瓦解,云顶留下一片卷云。在消散的雷雨云中观测到电场的阻尼振荡,云中的下沉气流使云下部的负电荷向外移动,使云上部的正电荷区显露在云下的电场仪上,这一现象叫 EOSO,即雷暴结束时的振荡。

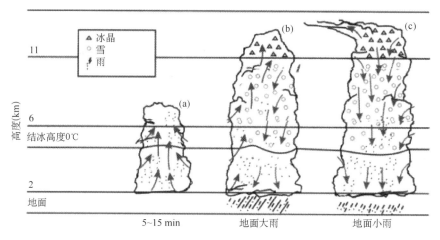

图 3.23 雷暴生命史,显示雷暴内垂直气流和凝结核的分布
(a)初始期(b)成熟期(c)消散期

3.4.1 地闪的发生

虽然云闪的发生频数要占闪电总数的三分之二以上,但是地闪与地面建筑、电讯和电力输送等人类活动的防雷直接有关,它对人类造成的危害远比其他闪电要大。地闪离人类近,容易观测到。所以对它的研究也较为深入。地闪放电主要包含以下几个过程:预击穿、先导、连接

过程。

3.4.1.1 预击穿

(1)预击穿的时间

预击穿过程是发生在云内的初始击穿过程。闪电最初电场的变化时间各不相同,可以从几毫秒到几百毫秒,其典型值为几十毫秒。图 3.24a,b 给出了祝宝友等在合肥地区观测的地闪和初始击穿阶段的 VLF/VHF 辐射波形。图 3.24c,d 为图 3.24a,b 的扩展波形。可以看到这些大双极性脉冲序列持续时间似乎只有几个毫秒,之后很快变成密集的小幅度脉冲序列。图 3.25 为地闪初始击穿大脉冲序列的 T_i 和 T_d 频率分布,由图中可以看出,地闪初始击穿大双极性脉冲相邻之间时间平均间隔都在 $300~\mu s$ 以下,平均为 $160~\mu s$;而脉冲序列持续时间大都在 3 ms 以下,平均为 2.2 ms;与之明显不同,云闪初始击穿大脉冲之间平均间隔很少在 $300~\mu s$ 以下,最大可以达到 $2\sim3$ ms,79 例平均结果为 1.3 ms,而大脉冲序列持续时间平均为 11.5 ms。地闪中初始击穿脉冲活动强度可以当成雷暴云底部正电荷堆强弱的量度。

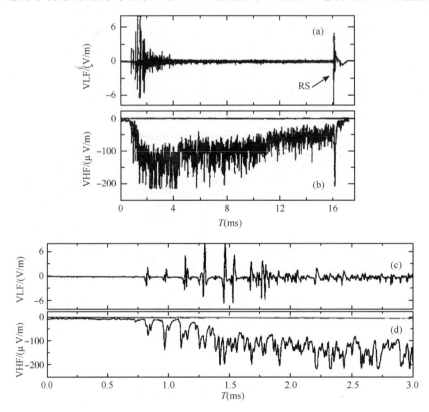

图 3.24 地闪初始击穿过程 VLF/VHF 辐射全景(a,b)及其扩展波形(c,d)

(2)预击穿过程的定位

预击穿过程的定位主要有三种方法:

1)是利用电场变化的单站测量来确定预击穿过程发生的位置。

2)是利用电场变化的多站同步测量来拟合预击穿过程发生的位置。

3)是通过对云内初始 VHF 辐射源的定位,来确定预击穿过程的位置,包括干涉仪和时间差等。这种方法能较准确地定位。

初始击穿发生于主负电荷区和云下部的正电荷区之间,而且放电过程好像开始于正电荷中心,然后向上发展至负电荷区。预击穿过程发生于被地闪输送到地面的云内负电荷所在的高度上,位于海拔 6~8 km 的高度。

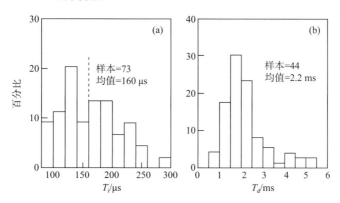

图 3.25　地闪初始击穿大脉冲序列中 T_i 和 T_d 的频率分布

3.4.1.2　先导

(1)梯级先导

梯级先导是地闪放电的始发阶段,也是地闪过程中的主要物理过程之一,表现为一条暗淡的光柱像梯级一样逐级伸向地面,这称之为梯级先导。在每一梯级的顶端发出较亮的光,梯级先导在大气体电荷随机分布的大气中蜿蜒曲折的进行,并产生许多向下发展的分枝。

先导的静电学模型

1)源电荷模式

一个发展完善的先导通道可以等效为一个位于地表上空均匀带电的垂直线电荷,源电荷先导模式假定环境电场为零,并认为先导始发于空间电荷源,以单极性向一个方向传输,先导通道中电荷分布均匀。如图 3.26 所示,大地为良导体,先导通道长度为 H_T,携带均匀电荷电荷分布 ρ_L 的先导靠近地面时,距离地面高度为 Z 处考虑到导电球的镜像作用,则起始于高度的先导在距离地面水平距离为 D 处的电场为:

$$E_{total} = \frac{2\rho_L}{4\pi\varepsilon_0}\left[\frac{1}{(D^2+H_B^2)^{\frac{1}{2}}} - \frac{1}{(D^2+H_L^2)^{\frac{1}{2}}}\right] \tag{3.3}$$

2)不荷电双向先导模式

如果假定先导长度为 L,电荷源高度为 H,电荷源可以看作一个点电荷,或者球对称分布,则由于源电荷减少而在地面引起的电场变化为:

$$\Delta E_s = -\frac{2\rho_L l H}{4\pi\varepsilon_0(H^2+D^2)^{\frac{3}{2}}} \tag{3.4}$$

$\rho_L l$ 为源电荷失去的电荷量,假定一个垂直地面的双向先导开始于高度为 H_T 处的一个中性区域,并同时向上、下发展。先导电流的源是导电通道中流动的感应电荷(图 3.27)。在距垂直电荷源 $dQ=q(z)dz$ 水平距离为 D 处的地面电场变化。

$$dE = 2q(z)z\frac{dz}{4\pi\varepsilon_0(z^2+D^2)^{1.5}} \tag{3.5}$$

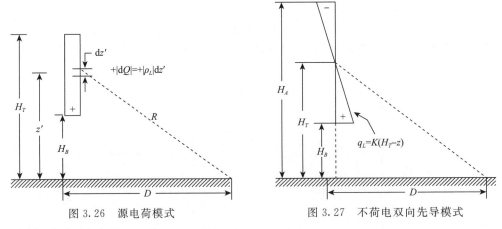

图 3.26　源电荷模式　　　　　　　　　图 3.27　不荷电双向先导模式

（2）箭（直窜）式先导

在地闪中第一次闪击之后的回击是由箭式先导开始的,箭式先导将电荷贮存于前一次的闪击电流留有电荷的通道内,为随后闪击提供相对于地球的更高的电势,如果前一次闪击是第一次闪击,包含有一支或更多支。

1）直窜式先导的电流

Orville(奥维尔)[35]用火箭引发的闪电用二种不同的光学方法估算了梯级先导的峰值电流:①取箭式先导与回击电流的比与箭式先导与回击速度的比相等,这就是假定在每一过程的单位长度荷同样的电荷的模简单式,其中速度比和回击电流是可测的,则就可求出箭先导的电流。②利用回击峰值电流 IR 与回击峰的相对光强 LR 之间的两个关系($LR=1.5IR.1.6$, $LR=6.4IR.1$)中的一个,应用于闪电中箭式梯先导相对光强,确定箭先导电流。

2）直窜先导的电场

Malan 和 Schonland[36]描述箭式先导的电场变化如图 3.28 所示。图 3.28 中左第一列是梯先导和第一回击,之后是箭先导和回击。在 $5\sim8$ km 范围内,多次闪击和第一次箭式先导产生正的电场变化,而后的则开始具有负极性的钩状电场改变。对于负的电场改变在图中以箭头表示,Malan 和 Schonland[36]认为这是由于随后的先导起源于云中较高处的荷电中心,并且发现具有垂直放电的随后闪电的高度约为 0.7 km。

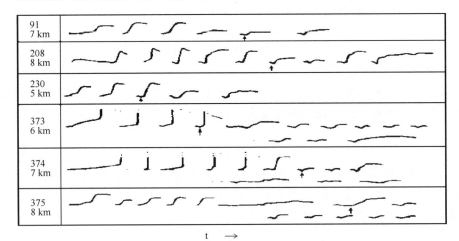

图 3.28　在多次闪击中先导与回击的电场变化[36]

3.4.1.3　连接过程

在对地放电过程中,通常当下行的梯级先导传播至地面几十米的范围内时,先导头部电荷产生的局地电场将由于地面上的电导物体如:高山、树木、传输线或飞行中的飞机等的存在而增强。而地面或地面的突出物体上也将产生向上的迎面先导,当二者相连接时,将导致强的放电过程即回击的产生。由于下行先导在接近地面过程中,通道可能出现分叉,因此在尖端物体表面的某一点或几个点处电场增加到超过周围空气的击穿阈值时,便发生向上发展的、一个或多个连接先导。先导和回击之间的过程被称为连接过程。

一般认为,闪击距离的大小与雷电强度、地面尖端物的高度等许多因素有关。通常假设闪击距离与雷电流幅值直接相关:

$$r = aI^b \tag{3.6}$$

式中,r 为闪击距离(单位:m),I 为雷电流幅值(单位:kA),a、b 为常数。不同作者得到不同的公式,常用的有四种:

表 3.2　常数 a、b 的值

a	b
10	0.65
6.72	0.8
3.3	0.78
10.6	0.51

3.4.2　云闪的发生

云闪的发生过程主要包括以下三个阶段:云闪放电起始阶段、云闪放电活跃阶段、云闪放电最后阶段。

(1)云闪放电起始阶段

云闪在初期阶段比所谓活跃阶段更活跃;云闪既可作为起始于上部正电荷区域的一个向下发展的正击穿过程,也可由起始于负电荷区域的向上负击穿引起。云闪初始阶段上部缓慢向主电荷区域发展,随后激发一系列向上发展反冲流光,对应云闪后期的 K 电场变化。云闪放电的主通道在活跃阶段形成,该期间辐射源随时间演变和相应电场变化表明,云内电荷结构具有上正下负的偶极性电荷结构。

初始流光:初始流光当正电荷中心附近局部地区的大气电场达到 10^4 V/cm 左右时,云雾大气便会击穿而形成连续发光的正流光,持续地向下方负电荷中心发展,这就是初始流光,这一过程称为初始流光过程,初始流光的持续时间约为 200 ms,其传播速度为 10^6 cm/s,其持续电流强度为 100 A 左右。

反冲流光:在负流光与正流光相接期间,出现时间间隔约为 10 ms,持续时间约 1 ms,并伴有明亮发光的强放电过程,称为反冲流光过程。反冲流光过程是中和初始流光所输送并贮存在通道中的电荷主要过程,这一过程与地闪中闪击间歇的 K 过程十分类似,因此称为 K 过程。它在云闪中的作用也与地闪中的回击过程很相似,反冲流光的传播速度比初始流光高 2

个数量级，为 10^8 cm/s 左右。其峰值电流可达 10^3 A，一次反冲流光过程中和的电荷为 0.5 到 3.5 C 左右，其电矩为 3~8 Ckm 左右。

电场特征：具有大量较小振幅的脉冲，云闪初始阶段的脉冲之间的间隔和云初始的持续时间明显地要比地闪的梯先导的脉冲时间间隔和持续时间要长。另外，叠加于慢电场变化的脉动是由于像梯式先导的脉动同样的脉冲时间间隔的云放电引起的。

（2）云闪放电活跃阶段

活跃阶段电场快变化波形中脉冲幅度较大，出现频率也较高，云内放电活动比较活跃。

电场特征：具有大量较大幅度的脉冲和迅速变化的电场，但是从初始活动阶段到活跃阶段的变化不是很清楚，没有明显的突变。

（3）云闪的最后阶段

云闪的最后阶段辐射源主要在早期形成的通道内出现，该期间云内放电活动与地闪的回击过程相似；云闪辐射能量主要集中在 2~3 MHz 以下的低频段，且辐射强度随频率增加迅速减弱。

电场特征：大气电场变化具有与地闪的 J 变化类似，出现间歇脉冲，与极活跃阶段明显不同，云闪的 J 变化不是迅速变化，其是 J 过程叠加 K 过程引起的。并以反冲流光的 K 过程为主要起因。

3.5 雷电的起始位置

闪电开始的起电部分依靠其他过程，如宇宙射线，大多数人认为闪电开始于雷暴的大电场区域。电荷几乎是呈简单的几何分布，在电荷区，越靠近电荷附近的边界区域，电场强度越强。例如，两个垂直分开的不同极性的电荷它们之间的电场是最强的。如果是三个垂直、极性相互交替的电荷（上、下为正电荷，中间为负电荷。或者上下为负电荷，中间为正电荷)，那么既可以在底下两个电荷之间形成一个大电场，也可以在上面两个电荷之间形成大电场。电场的强度取决于电荷的分布和带电量的多少。更复杂几何形状的电荷分布，产生的垂直电场分布当然也会更复杂。

很多研究发现云闪的高度常开始于正负电荷中心之间的电荷中和高度。Krehbiel（克雷比尔）[39]，Lhermitte（莱尔米特）等[40]发现在一次雷暴中云闪中首个 VHF 源的高度在 7.5~10.0 km 之间。在分析的 13 次云闪中，大多数 VHF 源的起始高度处于正负电荷中心之间的发生中和效应的地方，虽然从一条线上的两个电荷的起始源经常抵消（图 3.29a）。在另一个佛罗里达的雷暴中，Nisbet（尼斯比特）[43]等发现第一次和最后一次 VHF 源出现在闪电电荷中心，因此难以区分闪电的起始点（图 3.29b,c）。Krebbiel[39]通过观测发现闪电发生的最强期间的 VHF 源和电荷中心与 Nisbet 等分析的云闪中的初始 VHF 源是相一致的，往往出现在 VHF 源辐射中心。然而最后一次 VHF 源出现在弱反射区的正电荷附近。许多研究表明[4,5,7]，单个云闪通常是垂直发展开始，但是在很多个例中最后发展为水平结构。

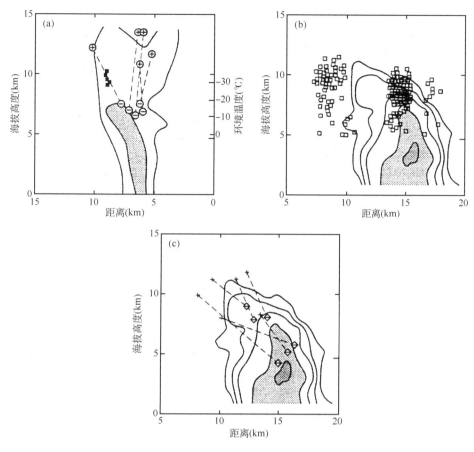

图 3.29　VHF 源位置分析[43]

　　一些研究报告指出,在同一个雷暴中地闪的初始高度要比云闪的初始高度低。Lhermitte 和 Williams[40]分析的两次地闪开始于大约 5 km(−2 ℃)和 6 km(−8 ℃),低于大多数的负电荷中心。最终云闪的温度要比初始时的温度至少高 12 ℃。虽然 Lhermitte 和 Krehbiel 分析的佛罗里达雷暴的离散电荷中心不能确定,但是他们发现的许多云闪和两次地闪起始 VHF 源的高度和温度与其他发现很相似。Taylor(泰勒)等[41]发现 28 次地闪和 35 次云闪的起始 VHF 脉冲的平均高度分别为 5.9 km 和 7.6 km。

　　Proctor[16]通过分析大量数据提供了云闪和地闪起始高度的详细内容。虽然他这些来自南非的结果与其他结果在某些方面有所不同,不确定是否因观测位置不同而产生。这些数据是从 13 次雷暴中选取的 559 次云闪和 214 次地闪(图 3.30)。所有的地闪和云闪在起始时刻都呈双峰分布,下面的峰值在 1 ℃与−9 ℃之间,上面的峰值在−25 ℃与−35 ℃的高度之间。云闪分布上面的峰值包含了几乎比下面的峰值多 50% 的起始云闪。214 次地闪中几乎 80% 的起始于 0 ℃至−15 ℃之间。地闪的初始垂直分布与云闪低层峰值的分布很相似。总地闪中的低层峰值将近一半是由地闪组成。

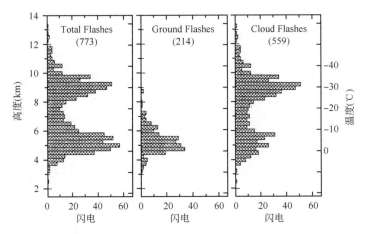

图 3.30　南非 13 次雷暴闪电初始高度的分布图[16]。图中绘制了 773 总闪和 214 次地闪的分布。
559 次云闪的分布是通过总闪减去地闪得到的。右边轴为温度，左边轴为高度

Proctor[16]注意到 73％的高层云云闪（起始高度＞7.4 km）开始于 20 dBZ，19％开始于更大反射率的区域，只有 8％的开始于弱反射率区域。地闪比云闪更可能开始于＞20 dBZ 的区域。54％地闪开始于 270 m 内的 20 dBZ 区域，36％开始于更远的区域。Proctor 指出许多闪电开始于反射率在 20 dBZ 内区域的边缘，边缘的反射率梯度很大。所有的起始闪电中，将近 13％出现在 20 dBZ 的弱回波边界区，24％出现在沿上边界＞20 dBZ 区域，27％出现在沿＞20 dBZ 的边缘。

Proctor[16,28]使用的量更小的数据（98 次云闪，47 次地闪）做关于高度分布的比较发现很多相似之处和不同之处。两次研究中地闪的分布是相似的。而且两次研究中，部分低层云闪和地闪的分布在同样的高度几乎是一样的。他还对云闪和地闪初始高度的分布进行了 t 检验，统计发现 78 次云闪开始于高于−15 ℃的高度。但是他的一些研究结果与这两次的都不一样。首先，初始云闪与高于−15 ℃的相反，相对比例低。初始云闪出现在高于−15 ℃的比低于−15 ℃高度的要更多。78 次初始云闪高于−15 ℃，20 次低于−15 ℃。低于−15 ℃初始云闪要比高于−15 ℃的多几乎 50％。其次，初始云闪分布朝更冷的温度区域扩展，且两个最高的峰值的分布要比 1983 年的低将近 5 ℃。在 Proctor 1991 和 1983 年的研究中通过多个地面电场仪分析一次闪电电荷中心，发现初始云闪次峰值的分布重叠。虽然 Proctor 的研究都没有探测到闪电的电荷中心，次峰值在一个带有负电荷中心的温度层结内。虽然在别的研究中偶尔也会发现正电荷中心出现在比较冷的部分，但是初始云闪上部的峰值温度跨度大的部分发现了正电荷和负电荷中心。Lhermitte 和 Williams[40]认为没有进行闪电电荷测量，是不可能知道这些上层云闪是否开始于低层负电荷中心和高层正电荷中心之间。Proctor 推测云闪开始于上部带正电荷下面被负电荷遮蔽的层结。

Proctor[16]发现云闪开始于温度低于−15 ℃，与开始于雷暴低层的温度较高的云上的特点（VHF 甚高频辐射脉冲）不同。虽然三次地闪都开始于温度低于−15 ℃，但是没有地闪具有这些特征。地闪发出的中频电磁辐射噪音是从温度高于−15 ℃时的云闪辐射噪音区分开来的。另一方面，Shao[7]发现新墨西哥州的地闪快速产生初始脉冲，而云闪却没有。

3.6　雷电的电磁辐射

由于雷电流极大的幅值和陡度,产生瞬变磁场,瞬变磁场又产生相当高幅值的感应电场,微电子设备工作电压低,对电磁脉冲非常敏感,所以 LEMP(雷电电磁辐射)对一定范围内的微电子设备造成干扰,是微电子设备最大的威胁。闪电电磁脉冲频谱尽管很宽,但从能量积累分布来看,大多集中在低频段。

闪电通道中的瞬时电流可达几万安培,它会向周围空间辐射强烈的电磁脉冲。随着微电子技术的飞速发展,电子器件的电磁敏感性不断提高,微小的电磁干扰即可造成敏感设备的各种故障。由于雷电电磁脉冲场覆盖的范围非常广泛,所以研究雷电电磁脉冲场具有重要的意义。

对雷电产生电磁辐射的研究始于 Uman(乌曼)[44] 的工作,他们在假设大地为完全导体的情况下,推出了雷电流具有矩形方波形式时在空间所产生的电磁场。闪电频谱及闪电的放闪电参数,如:辐射能量、电流、电流的时间变化率等则是衡量闪电电磁辐射的重要因素。

3.6.1　闪电的电磁场变化

当测站离闪电距离远大于积雨云云中荷电中心高度时,电离层对闪电辐射的传播影响忽略时,由于地闪或云闪所引起地面垂直大气电场随时间的变化表示为

$$E(t) = E_s(t) + E_i(t) + E_r(t) \tag{3.7}$$

式中 $E_s(t)$ 是由于闪电通道内电荷引起的静电场分量,$E_i(t)$ 为由于闪电电流变化而产生的感应场分量,$E_r(t)$ 是闪电发射的电磁辐射分量。它们分别表示为

$$E_s(t) = \frac{1}{4\pi\varepsilon_0} \frac{1}{R^3} M(t - R/c) \tag{3.8}$$

$$E_i(t) = \frac{1}{4\pi\varepsilon_0} \frac{1}{cR^2} \frac{\mathrm{d}M(t - R/c)}{\mathrm{d}t} \tag{3.9}$$

$$E_r(t) = \frac{1}{4\pi\varepsilon_0} \frac{1}{c^2 R} \frac{\mathrm{d}^2 M(t - R/c)}{\mathrm{d}t^2} \tag{3.10}$$

式中 c 为光速,R 为闪电距离,$M(t - R/c)$ 为闪电电矩随时间的变化。考虑到电磁场的延迟,所以闪电电矩采用 $t - \dfrac{R}{c}$ 时刻的值。从(3.8)式可以看出,闪电引起的地面垂直大气电场变化的静电场分量,正比于闪电电矩,反比于闪电距离的立方;从(3.9)式可见,闪电所引起地面垂直大气电场随时间变化的感应分量正比于对闪电电矩的一次微商,反比于闪电距离平方;闪电所引起的地面垂直大气电场变化的辐射分量,正比于闪电电矩对时间的二次微商,反比于闪电距离的一次方。因此,闪电引起的地面三个分量随闪电距离的变化而异。当离闪电距离较近时,静电场分量是主要的;当离闪电距离较远时,感应场分量和辐射分量的作用相对加强;当离闪电距离更远时,辐射分量起主要作用,而静电场分量和感应场分量的作用相对减弱。

地闪闪电电矩随时间的变化 $M_g(t)$ 表示为

$$M_g(t) = 2Q_g(t)H \tag{3.11}$$

式中 $Q_g(t)$ 是地闪所中和的负电荷中心的电荷随时间的变化，H 是负电荷中心高度。对于云中电荷分布为云上部正电荷、云下部正电荷的情况下，云闪闪电电矩随时间的变化 $M_c(t)$

$$M_c(t) = -2Q_c(t)\Delta H \tag{3.12}$$

式中 $Q_c(t)$ 是云闪所中和电荷随时间的变化，ΔH 是云中正负电荷的垂直间距。闪电所引起的地面磁场强度的变化，称为地面大气磁场变化，大气磁场方向垂直于大气电场方向，因此因地闪或云闪引起的地面水平大气磁场随时间的变化表示为

$$H(t) = H_i(t) + H_r(t) \tag{3.13}$$

式中 $H_i(t)$ 是大气感应磁场分量，$H_r(t)$ 为辐射分量。

$$H_i(t) = \frac{1}{4\pi\varepsilon_0} \frac{1}{R^2} \frac{\mathrm{d}M(t-R/c)}{\mathrm{d}t} \tag{3.14}$$

$$H_r(t) = \frac{1}{4\pi\varepsilon_0} \frac{1}{cR} \frac{\mathrm{d}^2 M(t-R/c)}{\mathrm{d}t^2} \tag{3.15}$$

与闪电引起的大气电场相类似，闪电引起的地面垂直大气电场随时间变化的感应场分量正比于闪电电矩对时间的一次微商，反比于闪电距离的平方。而地面水平大气磁场随时间变化的辐射分量正比于闪电电矩对时间的二次微商，反比于闪电距离的一次方。

大气磁感应强度与大气磁场关系为

$$B(t) = \mu_a H(t) \tag{3.16}$$

式中 μ_a 是大气磁导率，它与大气介电常数 ε_a 的关系为

$$M_a = \frac{1}{\varepsilon_a c^2} \tag{3.17}$$

(3.13)式代入(3.16)式就得大气磁感应强度为

$$B(t) = \frac{1}{4\pi\varepsilon_0^2} \left[\frac{1}{c^2 R^2} \frac{\mathrm{d}M(t-R/c)}{\mathrm{d}t} + \frac{1}{c^3 R} \frac{\mathrm{d}^2 M(t-R/c)}{\mathrm{d}t^2} \right] \tag{3.18}$$

式中假定大气介电常数 ε_a 与自由空间的介电常数 ε_0 近似相等。

3.6.2　雷电电磁脉冲产生的机理、传输及耦合

雷电电磁脉冲包含雷电流引发的过电压脉冲、云地间静电感应引发的过电压脉冲和由回击通道辐射电磁波感应出的过电压脉冲。

(1)雷电流过电压脉冲

雷电流通过传导阻抗耦合到导体上，当雷电流流经接地引下线时，因为引下线和接地装置都具有阻抗、电感，所以产生很高的电压降，这种巨大的暂态过电压也称为浪涌电压，可由下式表示

$$U = iR + L\frac{\mathrm{d}i}{\mathrm{d}t} \tag{3.19}$$

其中 R 为引下线导体和接地体的电阻；L 为其电感；i 为雷电流；$\mathrm{d}i/\mathrm{d}t$ 为雷电流的陡度。过电压脉冲沿电源线或信号线等线路传输时，就形成了过压波，称之为雷电流过电压脉冲，可高达上百千伏。如果落雷点附近存在分开的接地系统，则过压波可在分开的接地系统之间产生巨大的电势差，使物体遭到反击。雷电流过电压脉冲对电子系统的正常生产运行危害极大，容易

造成电子设备的工作失灵或被损坏。避免传导阻抗耦合产生高电位差的措施有：一是降低引下线的电阻、电感和接地体电阻；二是将保护设备与引下线作等电位连接。

（2）静电感应过电压脉冲

当空间有带电的雷雨云出现时，雷雨云覆盖下的地面、建筑物及各类金属导体由于静电感应的作用带上异性电荷。此感应电荷区域称为雷云感应电荷区。如果雷雨云下方建筑物中的金属体很大且对地绝缘、金属体接地下线断开或电阻过大，则静电感应在这些部位引起的高电压会造成局部火花放电，危及建筑物内的设备和人员安全，严重的甚至引起火灾。

静电感应的另一种严重危害发生在电力传输线、电信电缆等金属长导体上。由于从雷雨云的出现到雷击发生所需要的时间相对于雷击主放电时间要长得多，因此雷雨云先导通道下端附近的架空电力传输线、信号传输线等长导体上可以有充分的时间积累起大量异性电荷。回击发生前，这些异性电荷与先导通道内的电荷之间通过静电力彼此吸引，相互束缚。当下行的梯式先导接近地面时，产生回击放电，主放电通道的电荷与地面积累的大量电荷迅速中和而消失，这使得长导线上积累起的电荷突然失去了束缚，沿导线运动，形成一极高的过电压波，以脉冲波形式近似于光速的速度向导线两端传播，称之为静电感应过电压脉冲。静电感应过电压的量值可由（3.20）式估算

$$U = 25ihs \tag{3.20}$$

式中，i 为雷电流；s 是雷击点距导线间的距离；h 是导线对地的高度，由此可以推算出，在高压架空线路上，感应过电压强度为 $300 \sim 400 \text{ kV}$，在一般低压架空线路上也可达 100 kV，在电信线路上可达 $40 \sim 60 \text{ kV}$。为防止静电感应的危害，应将各类金属体良好地接地。

3.6.3 雷电回击电磁场的空间分布

由于雷电放电过程持续时间十分短暂，雷电电磁脉冲（简称 LEMP）的破坏性更多时候主要取决于其峰值强度，这种情况下，仅对 LEMP 的峰值强度进行计算即可，而不需要了解 LEMP 的准确波形；况且 LEMP 的波形在很大程度上依赖于雷电流，不同工程模型计算 LEMP 波形也会存在差异。本节重点研究雷电回击电磁场的峰值计算理论。

根据大量的实际观测也可以看出，实际雷电放电电流波形十分复杂，但是雷电首次回击的电流波形通常比较相似，激发的 LEMP 波形也极为类似。而且，雷电放电时间极为短暂，在电流达到峰值的极短时间内，空间电磁场也达到最大值。为了全面了解 LEMP 的特性，尤其是要了解开放空间 LEMP 的分布，此时计算雷电放电瞬时 LEMP 峰值在全空间的分布情况即可。

（1）LEMP 峰值强度计算理论

1）偶极子法求解雷电电磁场

大量的观测事实证明，雷电放电通道极不规则，放电通道形状随意性较大，往往具有倾斜、弯曲、分支和扭曲等。国内外对雷电放电通道建模研究时，将其作简化且等效为垂直于地面的一根导线，按照天线理论进行研究，即不考虑通道的分支及放电波形在传播中的变形等因素。雷电对处于其放电通道中的各设备影响，可以通过求解时变电流在空间任意场点引起的电磁场来分析，主要理论分析依据就是应用偶极子理论求解麦克斯韦（Maxwell）方程组。

时变电磁场的 Maxwell 方程组为：

$$
\begin{cases}
\nabla \cdot \varepsilon_0 E = \rho \\[4pt]
\nabla \times E = -\dfrac{\partial B}{\partial t} \\[4pt]
\nabla \cdot B = 0 \\[4pt]
\nabla \times B = \mu_0 J + \dfrac{1}{v^2} \cdot \dfrac{\partial E}{\partial t} \\[4pt]
B = \mu_0 H
\end{cases}
\tag{3.21}
$$

式(3.21)中，ε_0 为介电常数(F/m)，μ_0 为磁导率(H/m)，ρ 和 J 分别表示电荷和电流密度，B 表示磁通量密度(wb/m^2)，E 表示场强，H 表示磁场强度(A/m)，把 v_1 定义为雷电波速度($v_1 = 1/\sqrt{\mu_0 \varepsilon_0}$)，在空气中等于光速，即为 2.998×10^8 m/s。在已知雷电辐射源(dV)的情况下，如图 3.23 所示。一般求解电位和矢量磁位 A，代替 E 和 H。

$$
E = -\nabla \varphi - \frac{\partial A}{\partial t}
\tag{3.22}
$$

$$
H = \frac{1}{\mu_0} \cdot \nabla \times A
\tag{3.23}
$$

以及考虑到洛伦兹(Lorentz)条件：

$$
\nabla \cdot A + \mu_0 \varepsilon_0 \cdot \frac{\partial \phi}{\partial t} = 0
\tag{3.24}
$$

将式(3.22)、式(3.23)、式(3.24)代入式(3.21)，即可得到变换后的 Maxwell 方程组：

$$
\begin{cases}
\nabla^2 \cdot A - \mu_0 \varepsilon_0 \cdot \dfrac{\partial^2 A}{\partial t^2} = -\mu_0 J \\[6pt]
\nabla^2 \cdot \phi - \mu_0 \varepsilon_0 \cdot \dfrac{\partial^2 \phi}{\partial t^2} = -\rho/\varepsilon_0
\end{cases}
\tag{3.25}
$$

求解式(3.25)，得到非齐次一般解：

$$
\begin{cases}
\phi(r,t) = \dfrac{1}{4\pi \varepsilon_0} \displaystyle\int_V \dfrac{\rho\left(r, t - \dfrac{|r-r|}{v_1}\right)}{|r-r|} \\[14pt]
A(r,t) = \dfrac{\mu_0}{4\pi} \displaystyle\int_V \dfrac{J\left(r, t - \dfrac{|r-r|}{v_1}\right)}{|r-r|} \cdot \mathrm{d}V
\end{cases}
\tag{3.26}
$$

我国采用专用引雷火箭引雷成功以来，对人工引雷的电磁及光学特性进行了深入研究[45~49]。Wang 等[50]利用通道底部测得的电流资料，对负极性人工引雷初始阶段的总体特征和连续电流脉冲特征进行了分析，得到初始阶段的持续时间和电流的几何平均值分别为 279.0 ms 和 316.0 A；Byrne(伯恩)等[51]比较了人工引发闪电的初始阶段和高大建筑引发的上行雷的初始阶段，得到人工引发闪电初始阶段的持续时间、转移电荷量和平均电流与 Heaps(希普斯)[52]引发的上行雷初始阶段的放电特征类似；Woessner(沃森纳)等[53]曾对人工引发闪电的先导特征进行了研究，得到先导脉冲的时间间隔为 20.0~25.0 Ls，对应的电流为几十到几百安培。

(2)初始阶段的电流脉冲及其电磁场特征

图 3.32 是由 2 kA 的 Rogowski(罗戈夫斯基)线圈记录到的传统人工引发闪电的电流及

60 m 处电场和磁场的整体变化波形。从图中看出,整个放电可大致分为初始放电 ID(Initial Discharge)和随后的主放电 MD(Main Discharge)两个过程。其中初始放电以 IS 为主要特征,主放电以 10 次回击 RS 为主要特征。由 100 kA 的 Rogowski 线圈测到的回击电流峰值为 6.0~23.0 kA,超过了 2 kA 线圈的测量范围,因此图中回击电流波形都饱和。这次闪电总持续时间为1120.0 ms,与自然闪电中负地闪放电的持续时间类似。初始阶段(IS)持续时间为 20.0 ms,估计转移的电荷量为 1.6 C,平均电流为 80.0 A。

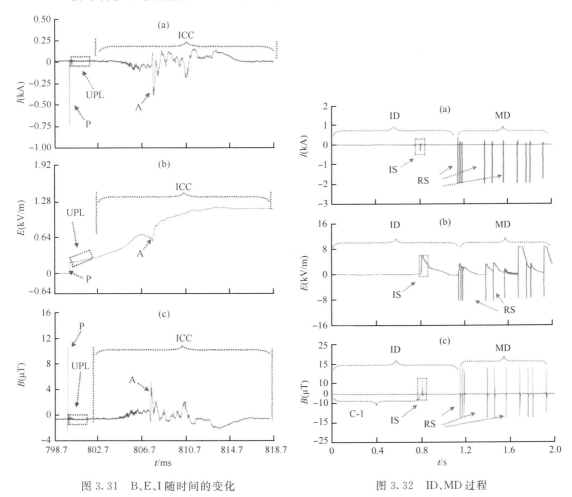

图 3.31　B、E、I 随时间的变化　　　　　　　　图 3.32　ID、MD 过程

随着上行正先导的不连续发展,由于静电感应,导线底端积累的负电荷越来越多。试验过程中引雷导线通过 5 m 左右的尼龙线与引流杆相连,所以随着导线底端负电荷的增多,引流杆顶端积累的正电荷也越来越多,当导线底端和引流杆顶端之间的电位差达到一定值时,就会发生空气击穿放电,从而产生脉冲电流。通常空中引发闪电所用的尼龙线长度都在几十米,因此首次回击过程较强,电流可达几十千安。在大脉冲之后有一些较弱的脉冲,这些脉冲对应上行正先导 UPL(Up and Positive Leader)的连续发展。

3.7　中高层大气放电

中高层大气通常是指高度在 20～120 km 范围的大气层,包括平流层(stratosphere)大部分、中间层(mesosphere)全部和低热层(lower thermosphere),有时也指垂直范围更大的大气层,其上限可达 300 km。中高层大气虽然占总大气质量不到 10%,没有对流层中发生的台风和强对流等剧烈天气现象,但中高层大气层中的物理、化学和辐射等过程与日地关系、全球变化和环境变化(包括空间环境和地面生态环境)有着重要的关系。

3.7.1　中高层大气的观测研究

相比对流层雷暴放电而言,中层大气放电出现次数相当稀少。中层大气放电产生的瞬间发光事件持续时间短、亮度低,白天或地面光学观测困难较大,而且大气散射和云层遮挡更加减小了地面观测的机会。正因如此,尽管这些现象的存在历史可能比人类历史还久远,但是在相当长时间内都鲜为人知。自 20 世纪 90 年代中期以来,人们通过地面高山、高空飞机、探空气球、卫星等平台、借助各种光学传感器以及 ELF/VLF 传感器并结合地面雷暴观测对这些现象开展观测研究,重点揭示这些光学事件的形态特征以及它们与对流层雷暴闪电特征之间的关系。根据观测到的光学事件特征(颜色、发生高度、形状、持续时间、扩展速度等)人们对其进行了详细的分类,研究最多的主要是以下三类代表性事件:Sprites,Jets,ELVES。

早在 20 世纪 20 年代就曾有科学家预言对流层雷暴电场可能导致高层稀薄大气电离击穿、产生光辐射,80 年代一些美国飞行员也曾陆续报道在高空看到瞬时的闪光。1989 年来自美国明尼苏达大学的一个研究组在试验低光度摄像机时意外地在中层大气高度拍摄到了大气放电产生的光学图像,首次在科学意义上证实了中高层大气中存在放电现象。这种现象被阿拉斯加大学的科学家命名为"闪灵",以避免其他名称对当时所知之不多的这种现象可能产生的误解。红电光闪灵术语"红色精灵"和"蓝色喷流"在 1994 年的航拍实验视频播放后才为公众所熟知。高空大气放电产生的瞬间光学事件(Transient Luminous Events)频繁出现在世界许多地区的雷暴云上空,其垂直扩展范围从电离层底层(大约 100 km 高度)向下一直延伸到雷暴云顶高度(大约 20 km)。至今这些放电的本质仍然是困扰学术界的未解之谜。传统全球大气电路概念中对流层通过电流向电离层输送能量并维持电离层电位,这些中层大气放电现象的存在表明,对流层与电离层之间的能量输送可能更为激烈,它提醒人们有必要更新全球大气电路概念以及它们在全球变化中的作用。中层大气放电的电击穿效应也会极大地改变诸如温度、电子/离子浓度、导电率和化学构成等高层大气特性。自 20 世纪 90 年代中期以来的短短二十几年里,有关这一领域的试验观测蓬勃开展,理论研究方兴未艾,并产生了一门新的、充满活力的大气电学研究分支。

Pasko(柏斯科)等[55] 曾将已发现的 TLEs 归纳为四类:由电离层快速向下发展的 Red Sprites;由雷暴云顶部向上发展的 Blue Jets(又称蓝色喷流,蓝激流);由闪电激发的低电离层区域的圆环状放电 ELVEs(Emissions of Light and VLF perturbation due to EMP Sources,又称光辐射和 EMP 源引起的甚低频扰动)和由云顶向电离层快速向上发展的 Gigantic Jets

（又称巨大喷流）。Pasko 还将四种光学事件形象地图示了出来(图 3.33)。

中高层大气放电指的是一系列特殊的大气放电现象,这种放电发生的地方要远比正常闪电发生处为高。不过,因为这种放电现象缺少与对流层闪电的共通性,所以它们又被称为瞬态发光现象(TLEs,Transient Luminous Events)。TLEs 包括红电光闪灵,蓝色喷流,巨型喷流以及极低频率辐射。

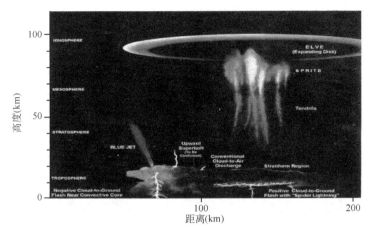

图 3.33　四种高层光学事件[55]

蓝色喷流(Blue jets)是由强烈的雷暴云顶部向平流层的放电[38],其特征是从雷暴云向上发展,速度相对较慢,约为 100 km/s,发展的最大高度约在 40～50 km。它是一种倒圆锥形蓝色光束,持续时间 200～300 ms。

通常呈细锥形,从积雨云的顶端一直延伸到离地面 40～50 km 的电离层。但它们似乎与雷暴中的强冰雹现象有关,比红色精灵要亮。其蓝色可能是来自氮气分子的发射光谱。

蓝色精灵(Blue starters)首次发现在一段研究雷暴的夜间飞行记录的视频中,它被描述成"一种与蓝色喷流"紧密相关的上行发光现象。它们要比一般的蓝色喷流更亮但却更短,长度通常不足 20 km。蓝色喷流最初的记录和分类基于 Taraneko(塔兰尼科)等[56]等在飞机上的观测。

甚低频扰动和光辐射(ELVES)

ELVES 是一种圆盘状的放电,发生于低电离层 85～95 km 高度、水平扩展可以达到 200～600 km,其颜色为红色,是迄今发现的发生高度最高、水平尺度最大的 TLEs(中高层大气瞬态发光事件)放电现象,很少观测到。产生机制至今不是很清楚。

巨型喷流:Gigantic Jets 与蓝色喷流类似,但是 Gigantic Jets 可由强烈的雷暴云顶部一直延伸到大约 70～90 km 的高度,直达地球电离层下部。

2001 年 9 月 14 日,阿雷西博天文台拍下了一个长达 70 km 的巨大喷流——比一般喷流的两倍还要长。该喷流发生在海洋上空一块积雨云的顶部,持续了不到 1 s。喷流开始时像普通喷流般以 50000 m/s 的速度上行,其后突然分成两股并加速到 250000 m/s,到达电离层化作绚烂的闪光。2002 年 7 月 22 日,台湾在南中国海观察到了 5 个长度在 60～70 km 之间的巨型喷流。这些喷流只持续了不到 1 s,其形状像大树与胡萝卜。

形成机制:通常雷暴电荷结构有一个包括中部主负电荷区和上部主正电荷区在内的主偶极子,在其下部有一正电荷区,云的上边界还有一个负极性的屏蔽电荷区。VHF LMA 观测表明 BFB 放电开始于正常向上发展的云闪,但是它没有结束于上部的正电荷区,而是继续水平击穿,并传出云外,继而转向地面发展。尽管闪电通道似乎源自上部的正电荷区,但是先导实际上是负极性的,并最终导致了闪电回击将云中部的负电荷输送到了地面。这一种放电现象为理解云顶部负极性 Gigantic Jets 形成机制提供了关键信息。

红色精灵(Red Sprites)是一种发生在积雨云之上的大规模放电现象,其大小形态变化很大。这种现象是由云层与地面间的正闪电引起的。红色精灵通常呈红橙色,下部为卷须状,上部则有弧形枝状结构,有时其顶端还会出现淡红光晕。该现象通常成簇发生在离地面 30～90 km 的高空。红色闪灵在 1989 年 7 月 6 日首次被明尼苏达大学的科学家拍摄下来,其后在世界各地都观察到了这种现象。

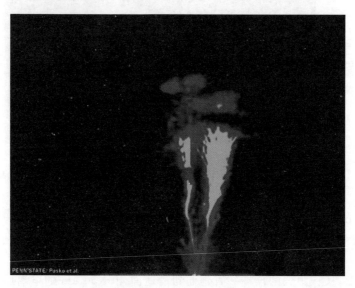

图 3.34　蓝色精灵[57]

大量观测表明,红色光精灵有多种形态,但以圆柱状(columniform)和胡萝卜状(carrot)为主。另外,还有焰火(firework)状和跳舞状(dancing)等。红色光精灵的亮度可达几百兆瑞利[15],并持续几十毫秒。大量观测表明,柱状红色光精灵具有多元变化特征,如变化的发光度、长度和宽度等。柱状红色光精灵是一些分离的发光线,成簇出现,在垂直方向上几乎没有亮度的变化。

3.7.2　形成机制

由于红色精灵是最常见的高空向上闪电现象,所以有关的理论研究主要在于探讨红色精灵的形成机制与光谱。高空向上闪电的成因在于云对地闪电造成高空大气的不稳定所致。在云对地的闪电过程中,有一股强大的电流自云端到地面,会产生电磁脉冲,此外云对地的闪电使得云层的电荷大量减少,于是在雷云和电离层间产生强大的瞬间电场。这些电场或电磁脉冲会加热空气中的电子,电子撞击空气中的分子造成分子游离化产生更多电子,于是一连串的崩溃行为接连发生。而这些高空向上闪电发生辉光的缘由,是因在上述的状况下,处在激发状态的高空大气分子或离子,当它们由激发状态回到基态时会释放光子,而产生辉光。

研究高空向上闪电的理论模型,主要有三种,依时间发展次序为:电磁脉冲模型(Electro Magnetic Pulse(EMP)_Model)、准静电场模型(Quasi-Electrostatic(QE)Model)和逃逸电子模型(Runaway Electron Model)。前二者的差异是加热电子的来源有所不同,一为电磁脉冲,另一个是瞬间电场,电子被加热造成空气的击穿(air breakdown)。逃逸电子模型则认为空气的击穿主要是被加热至高能量的逃逸电子所造成的效应。

3.7.3　电磁脉冲模型

电磁脉冲(Electromagnetic Pulse)模型简称为 EMP 模型。这是最早用来研究红色精灵的理论模型。早期研究闪电的测量结果显示,伴随云对地闪电而来的典型电磁脉冲大约可持续 $50\sim150\ \mu s$。在离地面 100 km 高度的电离层,当电场大于 16 V/m 时,将造成中性的空气分子作雪崩式的电离反应(avalanche ionization),在这个状况下电子的平均自由程大约是 1 m。在 EMP 模型中,可以选取有兴趣研究的区域,让电磁脉冲自选定的高度开始向上发射并作用一段时间大约数十微秒,在电子的加速过程,电磁脉冲的强度会衰减。经由解波尔兹曼方程(Boltzmann equation)可得出电子的分布函数(distribution function),由解麦克斯韦方程(Maxwell's equations)得出电磁脉冲的传播情形。从电场的变化,电子密度(Ne)的变化和电子平均能量的变化情形,可以了解云对地闪电的电磁脉冲与电离层间的交互作用。电子密度变化较大的区域分布在离地 79~95 km 的高度。其中 79~86 km 和 92~95 km 的高度电子

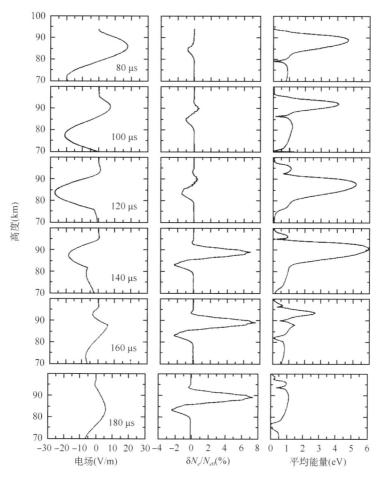

图 3.35　电场、电子密度变化和平均能量的分布[56]

密度下降,这是因为在这两个区域的电子与大气分子碰撞时被吸收,并且使得这些大气分子分解(dissociative attachment)的机制占优势。另外在 86~92 km 之间,由于电子使分子游离化的机制(ionization)占优势,所以电子密度增加。在光谱方面,EMP 模型得出的结果是以氮分子的第一正带(1st positive bands)最强,第二正带(2nd positive bands)次之,离地 92 km 的高度最强,颜色是红色的,而亮度持续约 50 μs。

　　EMP 模型的计算结果,除了光谱颜色与红色精灵相符外,其他则有不少出入。在高度方面红色精灵发生在约 50~90 km 的高度,而 EMP 模型得出的高度则在离地约 70~100 km,并且亮度最亮的区域,在离地面 90 km 附近。此外,红色精灵发生的时间落后云对地闪电约数毫秒的范围,而 EMP 模型得出在数百微秒的范围,且在亮度持续时间方面,红色精灵持续约数毫秒而 EMP 模型得出的时间却只有数十微秒,所以电磁脉冲已被排除为红色精灵发生的机制。但 EMP 模型的研究结果却与后来发现的淘气精灵非常吻合。所以电磁脉冲与电离层的作用结果形成淘气精灵而非红色精灵。

3.7.4　准静电场模型

　　在云对地闪电之前,低空的雷云中的电荷是慢慢累积的,此时高空的区域是被雷云电荷所诱发的空间电荷(space charge)所屏蔽(shield),所以看不到雷云的准静电场(quasi-electrostatic field)。当雷云的正电荷因闪电而快速地被转移到地面上时,那么雷云中剩下的负电荷和雷云上方的空间电荷会产生的强大准静电场,瞬间在任何高度上都能感受得到这个电场,并且持续一段时间,直到每一高度回到平衡状态,这个时间称为松弛时间 τ_r(the local relaxation time)。瞬间电场加热附近的电子并导致空气分子或原子游离化并产生发光现象(optical emission)。

　　准静电场模型(quasi-electrostatic model)简称 QE 模型。QE 模型主要是瞬间产生的准静电场为能量来源,使得高空大气发生一连串的崩溃行为,所以雷云中电荷的消长是很重要的。使用 QE 模型首先需建立雷云的电荷分布,一般为偶极矩(dipole)模型,设定建立雷云电荷所需的时间 τ_f 和放电时间常数 τ_s(discharge time constant),以及放电的形态。一言以蔽之,也就是需设定电荷与时间的函数。接下来解泊松方程(Poisson equation)和连续方程(continuity equation)。

$$\frac{\partial \rho}{\partial t} + \nabla \cdot J = 0 \tag{3.27}$$

$$\nabla^2 \varphi = (\rho + \rho_s)/\varepsilon_0 \tag{3.28}$$

其中 φ 是静电位(electrostatic potential),ρ 是电荷密度,ρ_s 是电荷源密度(source electric density),J 是电流密度。总源电荷为

$$Q(t) = \int \rho_s(r,t) \mathrm{d}V \tag{3.29}$$

即由解泊松方程和连续方程,可得到电场分布、电子密度分布以及电场、电子密度随时间的演变,如图 3.36 所示[55]。电子密度在离地 65~90 km 的高度有明显的变化,水平方向约可延伸 50~60 km 的宽度。在光谱方面是以氮分子的第一正带为主,高度是在离地 50~90 km 的高空,宽度约 5~10 km,这和观测到的红色精灵相符。

　　在 QE 模型中,雷云电荷的高度、电量与放电的速度对数值模拟的结果会有所影响。放电

的电量越大,被激发的电子数量较多,发光强度也越强。放电的速度快时,空气分子产生游离连锁反应的区域较窄,发光的影像也相对较窄。当放电速度分两个不同的形态,先快后慢,如图 3.36[55],那么发光的影像会出现分开红色精灵的发状体和头状体的暗线,但无法模拟出卷积部分,虽然如此,QE 模型的模拟结果无论在形状、高度与发生时间和持续的时间,都与红色精灵的观测结果相当吻合。所以准静电场几乎可确定是红色精灵发生的机制,但卷积部分仍待努力。

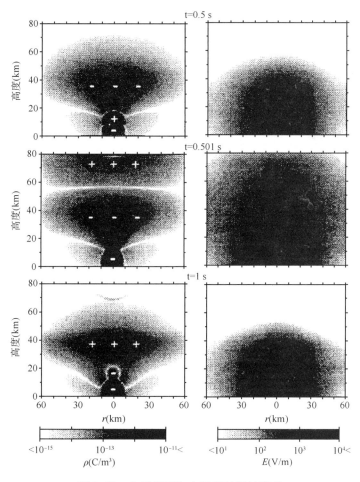

图 3.36　电子密度与电场随时间的演变

逃逸电子模型(runaway electron model)是被用来研究闪电后伽玛射线的暴发(g-ray burst)的形成[59~62],最近才用来研究红色精灵的形成。逃逸电子是指在等离子体(plasma)中,某些电子的速度超过一个临界值,在这样的状态下电子的摩擦力(主要是与离子碰撞而来的)小于电场加速力,所以电子会被持续地加速,这样的电子称为逃逸电子。在逃逸电子模型中,雷云的电场加速电子,产生了足够多的逃逸电子,这些具有高能量的逃逸电子激发空气分子,造成空气分子游离化的连锁反应,当空气分子回到基态时,便发出光来。传统的空气击穿(air breakdown)理论是由一般的电子造成空气分子游离化的连锁反应。在逃逸电子的模型中,只有逃逸电子会引起空气分子激化且被游离的连锁反应。逃逸电子模型计算出逃逸电子的个数,电场随时间的演变,以及对红色精灵的动态演变。逃逸电子模型在红色精灵的高度与持续时间都与观测结果相吻合。在形状方面,可自然得出红色精灵发状体与头状体之间的暗线,但在卷积部分仍无法模拟出来。

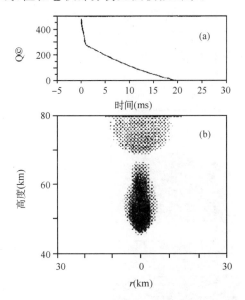

图 3.37　(a)雷云电荷流失的形态,
(b)QE 模型模拟出红色精灵的影像[55]

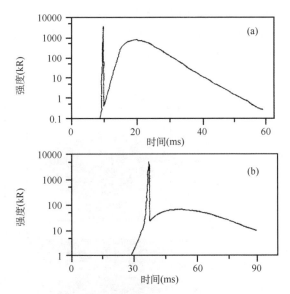

图 3.38　逃逸电子模型模拟红色精灵的动态演变[58]
(a)$Q_{tot}=-280$ C 在 9.5 km 的高度(h),
放电时间 t 为 6 ms;(b)$Q_tot=-400$ C,$h=8$ km,
$t=20$ ms

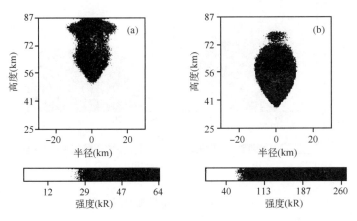

图 3.39　逃逸电子模型模拟出红色精灵的影像[58]
(a)0～17 ms;(b)17～34 ms

3.7.5　其他模型

除了以上三种模型外,还有以云层间的闪电向一个碎形般的天线(fractal antenna)加上EMP 模型成功地描绘出红色精灵的空间结构。一般的理论都只模拟出单一个红色精灵的发生,而他们都可以模拟出红色精灵群,它们发生在离地 80～90 km 的高空。但每一个红色精灵的结构却无法呈现出来。目前尚待弄清的是红色精灵的成因究竟是准静电场造成的传统空气击穿,还是由逃逸电子所造成的空气击穿行为所主导,而且高度也偏高,这是因为这模型仍建立在 EMP 模型之上。

复习与思考

(1)简述云闪的特征。

(2)地闪分为哪几类?

(3)地闪的发生会经历哪些过程? 简要概述之。

(4)中高层瞬态发光事件有几种理论模型?

参考文献

[1] Mackerras D. Automatic short-range measurement of the cloud flash to ground flash ratio in thunderstorms. *J. Geophy. Res.* ,1985,**90**:6195-6201.

[2] Ogawa T. Fair-weather electricity. *J. Geophys. Res.* ,1985,**90**:5951-5960.

[3] Smith L G. Intracloud lightning discharges. *Quart. J. Roy. Meoteor. Soc.* ,1957,**83** : 103-111.

[4] Nakano M. The cloud discharges in winter thunderstorms of thehokuriku coast. *J. Meteor. Soc. Japan*,1979,**57**:444-445.

[5] Liu X S,Krehbiel P R. The initial streamer of intracloud lightning flashes. *J. Geophys. Res.* ,1985,**85**:4091-4095.

[6] Weber M E,Christian H J,Few A A. A thundercloud electric field sounding : Charge distribution and lightning. *J. Geophys. Res.* ,1982,**87**:7158-7169.

[7] Shao X M,Krehbiel P R. The spatial and temporal development of intracloud lightning. *J. Geophys. Res.* ,1996,**101**(D21):26641-26668.

[8] 董万胜,刘欣生,陈慈萱,张义军,王怀斌.用宽带干涉仪观测云内闪电通道双向传输的特征.地球物理学报,2003,**46**(3):317-321.

[9] 张义军,吕伟涛,郑栋.负地闪先导回击过程的光学观测和分析.高电压技术,2008,**34**(10):258-267.

[10] 郄秀书,张义军,张其林.闪电放电特征和雷暴电荷结构研究.气象学报,2005,**63**(5):646-658.

[11] Whitten R C and Poppoff I G. *Fundamentals of Aeronomy*,John Wiley and Sons,New York,446pp. 1971.

[12] Smith M H,Orville H D. Electrical effects for a numerical cloud model. Project Themis,70-81. 1970.

[13] Carey L D,Rutledge S A. Characteristics of cloud to ground lightning in severe and nonsevere storms over the central United States from 1998. *J. Geophys. Res.* , 2003, **108** (D15): 4483, doi : 10. 1029/ 2002JD002951.

[14] Mackerass D. A comparison of discharge processes in cloud and ground lightning flashed. *J. Geophys. Res.* ,1968,**73**: 1175-1183.

[15] Whitten R C and Poppoff I G. *Fundamentals of Aeronomy*,John Wiley and Sons, New York,446pp. 1971.

[16] Proctor D E. VHF radio pictures of cloud flashes. *J. Geophys. Res.* ,1981,**86**:4041-4071.

[17] Willett J. Atmospheric-electrical implications of 222Rn daughter deposition on vegetated ground. *J. Geophys. Res.* ,1985,**90**:5901-5908.

[18] MacGorman D R. Lightning in a storm with strong wind shear. Ph. D. diss. ,Rice Univ. ,Houston 1978,**70**:4521-4529.

[19] Rust W D,Taylor W L,MacGorman D R,and Arnold R T. Research on electrical properties of severe thunderstorms in the Great Plains. *Bull. Amer. Metor. Soc.* ,1981a,**62**:1286-1293.

[20] Shao X M,and Krehbiel P R. The spatial and temporal development of intracloud lightning. *J. Geophy. Res.* 1996,**100**(26):641-668.

[21] Maier L M,Lennon C,Krehbiel P,Stanley M,and Robison M. Comparison of lightning and radar observations from the KSC LDAR and NEXRAD radar systems. *Preprints*,17th *Conference. Radar Meteorology*,Amer. Meteorol. Soc. ,648-650. 1995.

[22] Orville R E. A high-speed time-resolved spectroscopic study of the lightning return stroke:Part Ⅱ. A quantitative analysis. *J. Atmos. Sci.* ,1968,**25**:839-851.

[23] Ray P S,MacGorman D R,Rust W D,Taylor W L,and Rasmussen L W. Lightning location relative to storm structure in a super cell storm and a multicell storm. *J. Geophy. Res.* ,1987,**92**:5713-5724.

[24] Jacobson A R,Heavner M J. Comparison of narrow bipolar events with ordinary lightning as proxies for severe convection. *Mon. Wea. Rev.* ,2005,**133** :1144-1154.

[25] Rakov V A,Uman M A,Hoffman G R,*et al.* ,Bursts of pulses in lightning electromagnetic radiation:observations and implications for lightning test standards. *IEEE Transactions on EMC*,1996,**38**(2):156-164.

[26] 张义军,孟青,吕伟涛,马明,郑栋. 云下部正电荷区与负电荷区地闪预击穿过程. 气象学报,2008,**66**(2):275-282.

[27] Kitagawa N,and Michimoto K. Meteorological and electrical aspects of winter thunderclouds. *J. Geophys. Res.* 1994,**65**:1189-1201.

[28] Proctor D E. Lightning and precipitation in a small multicellular thunderstorm. *J. Geophy. Res*,1983,**88**:5421-5440.

[29] 董万胜,刘欣生,张义军. 云闪放电通道发展及其辐射特征,高原气象,2003,**22**(3):221-225.

[30] 陈渭民. 雷电学原理,第二版. 北京:气象出版社. 2006.

[31] Markson R. Tropical convection,ionospheric potentials and global circuit variation. *Nature*,1986,**320**:588-5894.

[32] Guerrieri S,Nucci C A,Rachidi F,*et al*. On the influence of elevated strike objects on directly measured and indirectly estimated lightning currents. *IEEE Transactions on Power Delivery*,1998,**13**:1543-1555.

[33] Rhodes C T,Shao X M,Krehbiel P R,Observations of lighting phenomena using radio interferometry. *J. Geophy. Res.* 1994,**99**:13,059-082.

[34] Shao X M,Krehbiel P R. The spatial and temporal development of intracloud lightning. *J. Geophys Res*,1996,**101**(D21):26641-26668.

[35] Orville R E. Cloud-to-ground lightning flash characteristics in the contiguous United States. *J. Geophys. Res*,1994,**99**:10,833-841.

[36] Malan D J,and Schonland B F J. The distribution of electricity in thunderclouds. *Proc. Roy. Soc. London* A,1951,**209**:158-177.

[37] Schonland B F J. The polarity of thunderclouds. *Proc. Roy. Soc.* London,1928,A**188**:233-251.

[38] Idone V P A B Saljoughy,Henderson R W,Moore P K,and Pyle R,A reexamination of the peak current calibration of the national lightning detection network. *J. Geophys. Res.* 1993,**98**:18,323-332.

[39] Krehbiel P R. An analysis of the electric field change produced by lightning,Ph. D. diss. Univ. Manchester Inst. Sci. &Tech. Published as *Ppt*. T-11,New Mex Inst. Min&Tech. ,Dec,1981,Vol. 1 is 245pp. And Vol.2 is figures. 1981.

[40] Lhermitte R and Williams E. Thunderstorm electrification:A case study. *J. Geophy. Res.* ,1985,**90**:6071-6078.

[41] Taylor W L,Brandes E A,Rust W D,and MacGorman D R. Lightning activity and severe storm struc-

ture. *Geophys. Res. Lett.*, 1984, **11**: 545-548.

［42］ Krehbiel P R. The electrical structure of thunderstorms. In *The Earth's Electrical Environment*, National Acad. Press, Washington D. C. pp. 90-113. 1986.

［43］ Nisbet J S, Barnard T A, Forbes G S, Krider E P, Lhermitte R, and Lennon C L. A case study of the Thunderstorm Research International Project Storm of July 11, 197. Part 1: Analysis of the data base. *J. Geophys. Res.*, 1990. **95**: 5417-5433.

［44］ Uman M A. *The lightning Discharge*. Academic Press. Orlando, FL, 377pp. 1987.

［45］ 孔祥贞, 郄秀书, 陈成品. 回击过程中具有多个接地通道闪电的研究. 高电压技术, 2005. **31**(4): 367-374.

［46］ 胡胜, 蔡安安, 梁建茵, 云地闪初次闪击算法的设计. 热带气象学报, 2011. **27**(6): 853-859.

［47］ 郄秀书, 郭昌明, 张翠华, 刘欣生等, 地闪回击的微秒级辐射场特征及近地面连接过程分析. 高原气象, 1998, **17**(1): 44-54.

［48］ 郄秀书, 谢屹然. 闪电的光辐射能分布特征. 高原气象, 2004. **23**(43): 476-480.

［49］ 张义军, 孟青. 正地闪发展的时空结构特征与闪电双向先导. 中国科学 D 辑 地球科学 2006, **36**(1): 98-108.

［50］ Wang P K, Grover S N, and Pruppacher H R. On the effect of electric charges on the scavenging of aerosol particles by clouds and small raindrops. 1978. *J. Atmos. Sci.* **35**: 1735-1743.

［51］ Byrne G J, Benbook J R, Bering E A, Oro D, Seubert C O, and Sheldon W R. Observations of the stratospheric conductivity and its variation at three latitudes. *J. Geophys. Res.*, 1988. **93**: 3879-3891.

［52］ Heaps M G. Parametrization of the cosmic-ray ion-pair production rate above 18 km. *Planet. Space Sci.*, 1978. **26**: 513-517.

［53］ Woessner R H, Cobb W E, and Gunn R, Simultaneous measurements of the positive and negative light-ion conductivities to 26 km. *J. Geophys. Res.*, 1958. **63**: 171-180.

［54］ 郄秀书, 吕达仁, 卞建春. 中高层大气瞬态发光事件(TLEs)及可能的影响. 地球科学进展, 2009. **24**(3): 122-132.

［55］ Pasko V P, Inan U S, and Bell T F. Sprites produced by quasi-electrostatic heating and ionization in the lower ionosphere. *J. Geophys. Res.*, 1997. **102**: 4529-4561.

［56］ Taraneko Y N, Inan U S, and Bell T F. Interaction with the lower ionosphere of electromagnetic pulse from lightning: Excitation of optical emission. *Geophys. Res. Lett.*, 1993b. **20**: 2675-2683.

［57］ Victor P Pasko and Hans C Stenbaek-Nielsen. Diffuse and streamer regions of sprites. *Geophysical Research Letters*. 2002. **29**(10): 821-824.

［58］ Yukhimuk V, Roussel-Dupr6 R A, E M D. Symbalist, Optical characteristics of Red Sprites produced by runaway air breakdown. *J. Geophysical Research*, 1998. **103**(10): 473-482.

［59］ 杨静, 冯桂力. 中国大陆地区雷暴上方的巨大喷流. 科学通报, 2012. **57**(34): 3301-3311.

［60］ 杨静, 郄秀书, 张广庶. 发生于山东沿海雷暴云上方的红色精灵. 科学通报, 2008. **53**(4): 482-488.

［61］ 张义军, 周秀骥. 雷电研究的回顾和进展. 应用气象学报, 2006. **17**(6): 624-630.

［62］ 王杰, 袁萍, 郭凤霞. 云闪放电通道的光谱及温度特性. 中国科学 D 辑: 地球科学. 2009. **39**(2): 229-234.

第4章　雷电的监测方法

4.1　引　言

雷电是一种特殊的天气现象,雷击过程产生的高电压、大电流和强电磁辐射常常造成严重的灾害和经济损失,特别是随着微电子器件的大量采用,一次雷击引起的灾害越来越严重,造成的影响也越来越大,社会对雷电的监测和防护提出了更高的需求。对于雷电,Benjamin Franklin(本杰明·富兰克林)于18世纪中叶首次进行了系统的研究,但直到19世纪,用相机拍摄了雷电的图像、分光光谱技术成熟之后,对雷电的研究工作才有很大的进展。经过一段时间的平稳发展,到了20世纪60年代对于雷电的研究又开始活跃起来。这主要是因为,雷电是威胁人类生命财产安全最严重的自然灾害之一,随着经济和社会的发展,各国政府对雷电防护愈来愈重视,航空、航天、电力、信息、石油、军工、厂矿、森林等行业和体育场馆等大型建设工程都提出了对雷电防护的要求;同时,近年固体器件和焦平面技术得到了极大的发展给雷电研究带来了新的发展机会。气象应用希望通过对雷电的研究得出雷电与降雨的关系,尽可能地预报雷电出现的时间。我国的气象工作者在20世纪80年代初曾利用超外差收音机的原理进行雷电探测。在雷电与对流性天气系统中降水关系的分析中,我国科研工作者也作了一定工作,取得了一些成果[1,2]。目前国际上较先进的方法是利用高空飞机、航天飞船、火箭等先进工具进行探测。著名的美国U-2飞机上安放了快门开放式相机[3]。这种相机对准可能发生雷电的区域,并把快门打开。在黑暗的夜空中,没有光使胶片曝光。雷电发生,则胶片曝光了。美国从航天飞机上进行光学成像,获得了许多的视频图像,观察到了有趣的雷电现象。

雷电的记录由来已久,主要是通过目测获得雷暴日、雷暴小时及起止时间等信息。但近20年来,由于对雷电现象研究的深入及遥感、遥测技术的发展,在雷电探测特别是对地闪的监测和定位方面实现了突破[4]。目前准实时(几秒以内)地闪探测技术已较为成熟,可以给出地闪发生的位置、强度、极性以及回击次数等信息。随着雷电监测技术的发展和成熟,雷电探测信息不仅为雷电发生发展过程的研究提供了可靠的数据资料,而且在其他方面也得到了广泛的应用。

本章各节主要围绕大气电场的测量、降水电场测量、基于频响范围的雷电监测方法以及雷电的空间监测技术几个方面,重点阐述了大气静电场的平板天线测量法,旋转(场磨)式大气静电场仪,大气电场探空仪,地基雷电定位技术,星载雷电探测、定位技术,空间雷电(光学)探测器等原理方法。在气象观测业务上,通过雷电数据的应用研究,雷电监测和预警已成为气象服务产品中的一种新形式。同时雷电资料在强风暴系统中的应用研究和产品开发,使雷电资料在灾害性天气预报中也发挥了应有的作用,并显示出其广泛的应用前景。

4.2　大气电场的测量

4.2.1　晴天大气电场的基本概念

4.2.1.1　概念

地面带着负电,大气中含有净的正电荷,所以大气中时刻存在电场。大气电场的方向指向地面,强度随时间、地点、天气状况和离地面的高度而变。按天气状况可分为晴天电场和扰动天气电场。

(1)晴天电场,它是作为参考的正常状态的大气电场。在晴天电场中,水平方向的电场可略去不计。大气电学中规定这种指向铅直朝下的电场为正电场,其梯度称为大气电势梯度。晴天电场随纬度而增大,称为纬度效应。

(2)扰动天气电场同气象要素的变化有关。当存在激烈的天气现象(如雷暴、雪暴、尘暴)时,大气电场的数值和方向均有明显的不规则变化,高云对电场的影响不大,低云则有明显的影响,雷雨云下面的大气电场,甚至可达 -10^4 V/m。在层状云和积状云中,电场的大小和方向变化很大,通常出现的场强约为每米数百伏,雷雨云中还要大 2~3 个量级。

4.2.1.2　晴天大气电场的方向

观测表明,晴天大气中始终存在方向垂直向下的大气电场,如图 4.1 所示,这意味着大气相对于大地带有正电荷,而大地带的是负电荷。大气和大地带异性电荷是大气电场形成的原因。同时大气中又存在有晴天大气传导电流,不断中和大气和大地所带的电荷,使大气电场不断减弱。当有云时,云中大气电过程所产生的带电降水形成降水电流,也不断中和大气和大地所带的电荷。那么,是什么原因维持恒定的大气电过程,其原因是大气中存在有雷暴电过程,当有雷暴时,云地雷电及云下方地物和植物

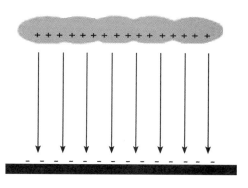

图 4.1　晴天大气中的大气电场

的尖端放电过程,将增加大气和大地所带的异性电荷。当大气中的带电过程和电荷中和过程达到平衡时,形成恒定的晴天大气电场。

4.2.1.3　晴天大气电场的表示

晴天大气电场用 E_0 表示,表达式为:

$$E_0 = \left(\frac{\partial V}{\partial z}\right)_z = -4\pi\sigma \tag{4.1}$$

大气电场强度用 E 表示,它与大气电位的关系为:

$$E(x,y,z) = -\nabla V(x,y,z)$$ (4.2)

从(4.2)式可以看出,大气中一点(x,y,z)处的电场与该点处的电位梯度相等,方向与电位的梯度方向(指向高电位)相反。

在直角坐标 x,y,z 中,大气电场的分量形式为:

$$\vec{E}(x,y,z) = E_x(x,y,z)\vec{i} + E_y(x,y,z)\vec{j} + E_z(x,y,z)\vec{k}$$ (4.3)

式中 $\vec{i}$、$\vec{j}$、$\vec{k}$ 分别为 x、y、z 轴的单位矢量,$E_x(x,y,z)$、$E_y(x,y,z)$、$E_z(x,y,z)$ 分别是大气电场在 x、y、z 方向上的分量。

同理,由电位表示的分量形式为:

$$E(x,y,z) = -\frac{\partial V}{\partial x}\vec{i} - \frac{\partial V}{\partial y}\vec{j} - \frac{\partial V}{\partial z}\vec{k}$$ (4.4)

大气电场的单位为 V/m。

4.2.2　大气电场的测量

大气电场是大气电学的一个最基本的参数,它存在于地球表面与高空电离层之间。集多方位的研究成果得出大气电场的测量主要有平板天线测量法、旋转(场磨)式大气静电场仪及大气电场探空仪三种。现将主要性能和结构介绍如下:

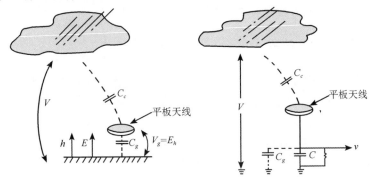

图 4.2　(a)未接到电子线路上的平板天线;(b)与电子线路相连的平板天线[5]

4.2.2.1　大气静电场的平板天线测量法

地面静大气电场强度可以利用测量天线与大地之间的电压来确定[5]。感应大气电场的天线可以是平板、或像其他球或垂直的金属导线,如图 4.2 中一平板天线,天线方向垂直于电场矢量,平行于地面,即沿着一等位面。假定电场分布均匀,天线离地面距离为 h。在天线没有负载情况下天线附近的电场为 E,而大地和天线之间的电位差是 $V_g = Eh$,天线与云电荷中心之间的杂散电容为 C_c,天线与地之间的杂散电容为 C_g,且 $C_g \gg C_c$,云电荷中心与地之间的电位差为 V。云地电位差沿 C_c、C_g 被分压。C_g 上的电位差是

$$V_g = V \cdot C_c/(C_g + C_c)$$ (4.5)

由于 $V_g = Eh$,

$$V = Eh \cdot (C_g + C_C)/C \tag{4.6}$$

如图 4.2b 所示,测量电路接上天线,测得电位 V,它小于 V_g,这时 RC 电路为天线的负载,假如 R 远比 C 大,则在确定 V 时,只需考虑 C 的作用。C 和 C_g 构成并联电路,电压为

$$v = V \cdot C_C/(C_g + C_C + C) \tag{4.7}$$

将(4.6)式代入(4.7)式,消去 V 就得

$$v = Eh \cdot (C_g + C_C)/(C_g + C_C + C) \tag{4.8}$$

由于 $C_g \gg C_C$,所以上式近似为

$$v = Eh \cdot C_g/(C_g + C) \tag{4.9}$$

由公式(4.7)正比于地面电场 E。而其比例系数 $hC_C/(C_g+C)$ 可以通过计算或测量确定。实际上,$C > C_g$,故 C 用来控制测量电压大小。R 的作用是使电压 V 有一时间常数 $R(C+C_g)$,如当 $C \gg C_g$ 时,时间常数为 RC。如果 RC 大于所要测量的时间,则 R 对测量的影响即可忽略。

根据与天线相联的测量电路的 RC 取值,把对大气电场的测量分为两种情况[6]:

(1)静电场计(慢天线):时间常数 $RC = 4$ s,频率响应从直流到 20 kHz 以上,有 5 个不同的 C 值使电压增益变化范围为 80 dB,而 R 值从 10^7 s 变到 10^{11} s。由示波器显示输出电压。示波器作非同步扫描,每一次扫描较前一次偏离一点,每次扫描时间为 50 ms,时间分辨率为几分之一毫秒。

(2)静电场变化计(快天线):取时间常数 $RC = 70$ μm,频率上限超过 1 MHz,可以得到 10 μm 的时间分辨率。

图 4.3 静电场平板天线系统,对于平板天线的电子积分所提供的积分电压正比于平板上荷电量,由此与环境电场成比例。在图 4.3 中,电子积分是通过积分电路实现的。在下面图中积分是通过天线底部处的电容到地进行的。图中 C_G 是天线与地面之间的电容,R_0 是电缆终端的电容,相对大电阻 R 是对于放电积分电容 C,这样具有时间常数 RC 输出电压趋向于 0。图 4.3a 和图 4.3b 两系统的上限频率为 1 MHz,最低频率为 0.1 Hz。

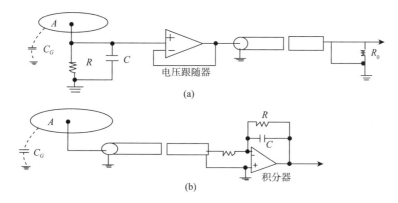

图 4.3　静电场测量天线系统[6]

图 4.4 为固定地球周围地面结构的具有平板天线电场测量仪,因大气电场在天线上感应的电荷 $Q(t)$ 与一电子线路相接,在图中无论是相对地面的电容或电子积分器对平板天线的电流 dQ/dt。由于垂直于平板的电通量密度分量为 $E_n = Q/e_0$,而积分后的电压为 $V = Q/C$,由此得出 $V = (e_0 A/C)E_n$,这里 E_n 是垂直于天线的实际法向电场。图 4.5 为带有一个有效阻抗的

电阻反馈网电子积分器,图中反馈网的有效阻抗为 $R=(R_1R_2+R_1R_3+R_2R_3)/R_3$;如果 $R_3 \ll R_1$、R_2,则有 $R \cong R_1R_2/R_3$,且得到衰减时间常数为 $RC=10$ s。例如,$R_1=R_2=10^6$ Ω,$R_3=100$ Ω,可得 $R \cong 10^{10}$ Ω,$C=10^{-9}$ F。如果在图中的积分电容由阻抗器替代,则流过阻抗器的电流为 $\varepsilon_0 A(dE_n/dt)$,则阻抗器的电压正比于电场的导数。

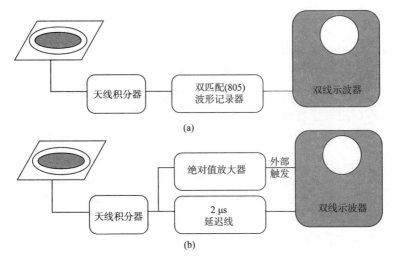

(a)

(b)

图 4.4　场波记录器方框图(Krider 等[6])

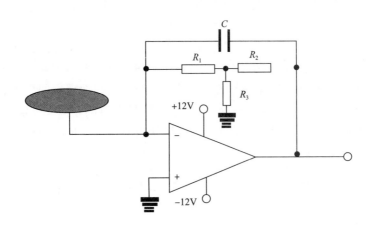

图 4.5　有效阻抗的电阻反馈网电子积分器

　　根据测量要求,测量电场的感应器有平板型、球形和鞭状等,在地面主要测量大气电场的垂直分量,感应器采用平板状;为同时测量大气电场的三个分量,感应器做成球型天线。如果与天线相联的 RC 等效电路如图 4.6 所示,图中 C_a 是具有有效高度 h 的天线电容,当电场变化为 e 伏时,输出电压为

$$\frac{dV}{dt}+\frac{V}{RC}=\frac{C_ah}{C} \cdot \frac{de}{dt} \qquad (4.10)$$

式中 $C=C_a+C_0$。如果电场强度的变化具有指数形式为

$$e=E_c[1-\exp(-t/\tau)] \qquad (4.11)$$

式中是整个电场变化,是电场变化的指数衰减时间常数。取测量电路的时间常数 $\tau_0=RC$
(4.10)式得到

$$V = \left(\frac{C_a}{C}\right) \cdot hE_c \left[\exp\left(\frac{-t}{\tau_0}\right) - \exp\left(\frac{-t}{\tau}\right)\right]\left(1 - \frac{\tau}{\tau_0}\right)^{-1} \tag{4.12}$$

对最大输出电压 V_m 求解，总电场变化 E_c 为

$$E_c = \left(\frac{C}{C_a}\right) \cdot \left(\frac{V_m}{h}\right)\{(1 - \tau_r)[\exp(a\tau_r - \exp(a))]^{-1}\} \tag{4.13}$$

式中 τ_r 是电场变化的时间常数与测量电路时间常数之比，为

$$\tau_r = \tau/\tau_0, \quad a = \ln\left[\frac{\tau_r}{1 - \tau_r}\right] \tag{4.14}$$

当 $\tau_r \to 0$，对于(4.14)式中的大括号项 $\to 1$，而当 $\tau_r = 0.01$ 时，其值为 1.05。这就是如果要使测量误差不超过 5%，测量电路的时间常数至少必须为电场变化的时间常数的 100 倍。因此要达到指数电场变化最大值的上升时间为其时间常数的 5 倍，那么 RC 测量电路就必须具有至少为上升时间 20 倍的时间常数。

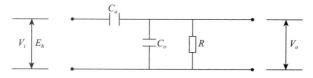

图 4.6　与天线相连的 RC 等效电路

对于垂直天线长度为 L 和半径为 r 的天线电容 C_a 和它的有效高度 h 表示为

$$C_a = 2\pi\varepsilon_0\varepsilon_r L\left[\ln\left(\frac{2L}{r}\right) - \frac{3}{2}\right]^{-1} \tag{4.15}$$

其中 $h = L/2$。如果天线依底部安装在地面上还有一段距离，则有效高度取天线中点离地面的高度。

对于地面上高度为 H 点处有点电荷 Q，与测站的距离为 $D(D \gg H)$，电荷 Q 是时间 t 的函数。当电荷随时间的改变产生电流 $i(t)$ 时，则观测点的总电场可依下述形式表达为

$$E = \frac{H}{2\pi\varepsilon_0\varepsilon_r} \cdot \left[\frac{Q(t)}{D^3} + \frac{i(t)}{CD^2} + \frac{\mathrm{d}i/\mathrm{d}t}{C^2 D}\right]/V \tag{4.16}$$

从上式可见如果能测量出总电场的一种分量就能求出另两种分量。对此假定回击时，雷电通道取决于所假定的电流波形和电荷向上运动，若 $D \gg H$，则电场强度的三个分量为

$$E_s(t) = -\frac{QH}{4\pi D^3} \cdot F^2(Q, t) \tag{4.17}$$

$$E_i(t) = -\frac{H}{2\pi CD^2} \cdot F(Q, t) \cdot i(t) \tag{4.18}$$

$$E_r(t) = -\frac{H}{2\pi C^2 D} \cdot \left[F(Q, t)\mathrm{d}i/\mathrm{d}t + i^2(t)/Q\right] \tag{4.19}$$

式中，E_s，E_i，E_r 分别为垂直分量、辐射分量、感应分量，$\varepsilon = \varepsilon_0\varepsilon r$；$F(Q, t) = \int t_0 [i(t)\mathrm{d}t/Q]$，当 $t \to \infty$ 时，$F(Q, t) \to 1$。因此，如果以足够的时间分辨率测量，即能推导出相应的放电电流 $i(t)$ 的时间变化，但是如果参数 Q、H、D 未知，就无法确定 $i(t)$ 的值。对此必须得到确定总电场变化的四个同时测量值才能计算 $i(t)$。

如若带宽足够大，则用一个屏蔽的、交叉的矩形天线能测量总的电磁场 E_m 变化。如果距离 D 不太大，约为 $20 \sim 30$ km，则辐射分量 E_r 和感应分量 E_i 相比，可以忽略，这时，不管电场

起始值的影响,时间变化近似为电流 $i(t)$ 的变化。

根据回击电流模式可以计算感应场,通过转达换为电学单位,可得上述 $D \gg H$ 同样结果。对于理想的垂直雷电通道,磁场是水平圆形的。应场强度随距离变化(忽略雷电通道中电流变化),可由(4.18)式对 D 的微商给出,当矩形天线框两垂直边长为 h,水平间距为 d,且与传播方向成 Q 角时,则输出电压差为

$$V(t) = \frac{H}{\pi \varepsilon C D^3} \cdot [F(Q,t) \cdot i(t)] \cdot h_d \cos\theta \qquad (4.20)$$

式中乘积 $h_d = A$ 是矩形天线框的面积,如果 N 是线圈的圈数,则上式化为

$$V(t) = \frac{H}{\pi \varepsilon C D^3} \cdot [F(Q,t) \cdot i(t)] \cdot nA \cos\theta \qquad (4.21)$$

如果 $H = 4\ \text{km}$,$D = 20\ \text{km}$,$nA\cos\theta = 100$,则有

$$V(t) = 6[F(Q,t) \cdot i(t)],\text{单位}:\mu\text{V/A} \qquad (4.22)$$

4.2.2.2　旋转(场磨)式大气静电场仪

旋转(场磨)式大气静电场仪,简称大气电场仪,主要用于晴天及雷暴天气条件下地面大气电场和雷电所引起地面大气电场与大气电导率参量的变化值。主要技术指标:测量范围 $530\ \text{V/m} \sim \pm 30\ \text{kV/m}$,测量灵敏度 $\pm 15\ \text{V/m}$,测量误差 $\sigma < \pm 3\%$。

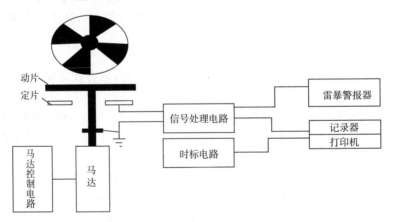

图 4.7　地面大气电场仪原理方框图

该仪器由感应器、信号处理电路、显示系统和雷暴警报器等四部分组成,如图 4.7 所示。由上、下两片相互平行的,有一定间距形状相似的 4 叶片连接在一起的对称扇形金属片组成。

如果定片与接地的电阻相接,则当定片完全屏蔽时,其上的电荷经电阻流向大地,这样在接地电阻上产生交变电流信号,这一电流极微弱,并进入信号处理电路,进而将交变电信号放大等处理为显示系统所需要的信号。显示系统可以用示波器,或用打字机、记录器等显示出大气电场信号;雷电警报器是根据测量出的电场大小和电导率变化,预测雷电出现的可能,并发布近距离雷暴警报。

(1)旋转式大气静电场仪测量原理

场磨式地面电场仪是利用置于电场中的导体,其上产生感应电荷的原理进行电场测量的,

下面主要根据电磁场和电场仪的基本原理,介绍场磨式电场仪电场信号测量的主要原理及公式。图 4.8 为场磨式电场仪传感器磨盘工作原理。

场磨式传感器磨盘由两组形状相似的各为 4 片相互连接在一起的导电片组成,并分别称之为定子(感应片)和转子(动片)。当转子旋转时,使定子交替地暴露在电场中或被接地屏蔽片所遮挡,使两个测量回路中的信号发生方向相反(大小相等)的变化,导致一个回路的感应电流增加,另一个回路的感应电流减小,从而产生交变的差动输出信号。定子上的感应电荷 $Q(t)$ 为时间的函数,其值与外界电场强度 E 成正比:

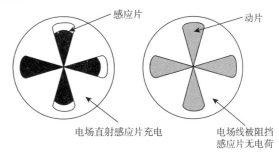

图 4.8　传感器磨盘工作原理

$$Q(t) = -\varepsilon_0 EA(t) \tag{4.23}$$

式中:ε_0 为自由空间介电常数,一般取 $\varepsilon_0 = 8.754 \text{ pF/m}$;$A(t)$ 为定子的表面积;E 的方向指向转子时为正,电场的极性是采用同步检波的方法来区别的。根据分析计算,电场传感器在周期为 $2T$ 期间内,即动片完全屏蔽定片的那一瞬间开始旋转到定片完全暴露,再旋转到动片完全屏蔽定片的那一瞬间为止,输出电压为

$$V_{01} = IR\left[(K+1) - 2\exp\left(-\frac{t}{RC}\right) - 1\right], 0 < t < T \tag{4.24}$$

$$V_{02} = IR\left\{\left[(K+1) - 2\exp\left(\frac{t}{RC}\right)\right]\exp\left(\frac{t}{RC}\right) + 1\right\}, T < t < 2T \tag{4.25}$$

在定子完全暴露的一瞬间(即 $t=T$ 时),电场传感器输出等效电压幅度 V_n 为:

$$V_n = IR\left[1 - 2\exp\left(-\frac{t}{RC}\right) + \exp\left(\frac{-2T}{RC}\right)\right] \bigg/ \left\{\left[1 - \exp\left(\frac{-2T}{RC}\right)\right]\right\} = IRK \tag{4.26}$$

式中 I 为电场传感器输出的电流幅度;K 为无量纲常数;R、C 可视为电流放大器的反馈电阻和电容。

$$I = 4\pi f_0 \varepsilon_0 (r_2^2 - r_1^2) E \tag{4.27}$$

$$K = \left[1 - 2\exp\left(-\frac{T}{RC}\right) + \exp\left(\frac{-2T}{RC}\right)\right] \bigg/ \left[1 - \exp\left(\frac{-2T}{RC}\right)\right] \tag{4.28}$$

式中 r_1、r_2 分别为定子和转子的内、外半径;f_0 和 $T=1/f_0$ 分别为电机的旋转频率和旋转周期。在上述传感器设计参数下,信号经过进一步放大和处理后,在 1 V/m 的电场下定片完全暴露的瞬间,传感器输出的电流仅有 pA 的数量级,流过 10 MΩ 等效电阻时产生的等效电压也不过只有 μV 数量级。因此在这种小电流和小电压情况下,防止干扰和减少噪声是该种电场仪传感器设计中的重要问题。

(2)旋转式电场仪信号处理流程图

由于电场仪采用场磨式的结构,定子和转子交替产生差动式的电场测量信号。这就决定了电场仪电路输入部分是采用差分式结构的,并且这样的电路结构有利于减小电路噪声。因为两组感应片彼此独立,即使有因外界带电粒子打到电极上引起的噪声叠加到信号中,干扰噪声也不能直接进入信号处理电路,而是由两路差分输入信号抵消掉。使进入信号处理电路的信号噪声小且有节制。因此,由外界带电粒子影响引起的噪声明显减小,并使电场仪灵敏度提高 1 倍。

　　电场仪信号输入电路后先将两组交变信号首先进行滤波,将不需要的交流信号例如噪声等去掉,然后分别进入各自的选频放大电路,先进行选频,选择一确定的频率,然后将其电信号放大,再将经过滤波与选频放大的两组电信号经过运算放大器进行差分输出。而后给具有量程自动控制的二级放大器进行二级放大,再经过同步整流电路判断出电场的正负极性,最后经过低通滤波后将电场仪信号输出。图 4.9 是完整电路信号流程图。

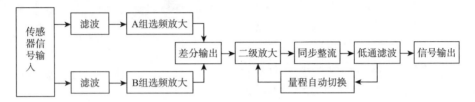

图 4.9　完整电路信号流程图

（3）观测实例

　　下面主要根据 2010 年 6 月份在大兴安岭地区松岭林业局所辖林场的实验数据,来具体验证和检验场磨式电场仪对大气电场检验的可靠性和灵敏度以及在雷电预警中的作用。场磨式电场仪的设置位于大兴安岭松岭林业局所辖地区。

　　如图 4.10 所示,晴天无云天气时,电场值始终围绕 0 坐标上下微动,可以看出,当时所在地地面电场值变化不大,基本没有带电云层的电荷扰动[7]。

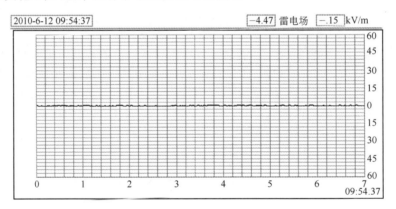

图 4.10　晴天地面电场值变化[7]

　　2010 年 6 月 15 日 14 时左右,松岭地区出现了一次大范围的雷暴天气,整个雷暴过程持续了两个多小时。下面根据雷电预警系统的探测数据,进行具体的分析解读。如图 4.11 所示。

　　根据已知理论,当云层内有雷电发生时大气电场会发生急剧变化,相应地诱导地面电场也随之变化,这就是场磨式电场仪监测带电云层电场活动的主要理论依据。从图 4.11 中电场值变化的过程来看可以分为三个阶段:

　　1）电场曲线急剧上升到 20 kV/m 附近,并一度达到 30 kV/m。这说明地面电场强度向正向不断增加,云中正电荷量大量积累,一旦达到起电条件便会发生云地雷电。

　　2）云层底端和地面之间电势差达到一定强度后,便会发生雷电,而随着雷电的发生在电场图形上便形成一个快变的尖峰,当一次放电结束后,电荷量会减少,而后又会慢慢重新聚集电荷继续下一次放电过程。经观察,第一次出现尖峰后 5 min 左右听到了雷声。而在随后的测试中,预警时间也在 5～8 min 左右。

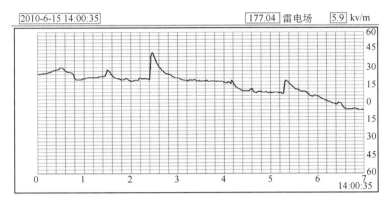

图 4.11　雷暴天气电场值变化[7]

3)经过多次雷电的放电电荷量急剧减小,并接近于 0 点,说明带电云层已经开始飘离或散开。

4.2.2.3　大气电场探空仪

(1)概述

大气电场探空仪用于研究积雨云或其他云中大气电场分布和云中电荷分布。它由双球式大气电场感应器、发射机和在地面接收系统三部分组成,双球式大气电场感应器由两个相隔一定距离、绕水平轴旋转的金属球体组成。在强大气电场中,两金属球分别感应大小相等、极性相反的交变电荷,其幅值与平行于两旋转所形成平面的大气电场分量成正比,双球式大气电场感应器输出信号,经发射机传送到地面。地面接收系统由天线、接收机、数据处理系统和显示装置组成。天线接收的大气电场和温湿信号,通过接收机和数据处理系统,最后输出探测结果。此外探空仪还携带有温度、湿度和测风应答仪。

大气电场探空仪的主要特性见表 4.1。

表 4.1　大气电场探空仪的主要特性

	测定范围	测量精度	灵敏度
大气电场	±1～±200 kV/m	±15%	±0.5 kV/m
大气温度	−60～50 ℃	±0.5 ℃	
大气湿度	10%～100%	±5%	

(2)气球荷载仪器部分

如图 4.12a 所示,气球与电场计用尼龙线相连接,探空仪和降落伞牢固地固定于尼龙线上,电场计放置于整个组成的最低部。1200 g 橡皮气球内充有约 8 m³ 的氦,提供约 90 N 的浮力,由于气球和仪器的重量约为 5 kg,这大约需 40 N 的自由抬举力。在气球放出后仪器离地,将电场计上方的卷线下放,无缠绕涂层处理过的尼龙单金属刚性丝 15 m,以降低对水的吸收和刚性线的电导率。这无缠绕约为 10 s,使在气球下 20 m 处的电场计离气球足够远,从而可以略去可能在气球上建立的电荷对电场 E 的影响,紧挨电场计上方为一转环,可使电场计在无刚性线缠绕下绕垂直轴转动,转环也与腊染尼龙丝相连接,用于悬挂和为使电场计对于单金属刚性丝保持平衡。

（3）电场计

图4.12b中为气球荷载的电场计，电场计的主要部件是直径为15 cm的铝制球，两球以相对的方式安装于玻璃纤维管上，两球之一是感应器和含有电子设备；相反方向的铝球包含有一锂电池组，为电路提供＋12 V和－9 V电压。在玻璃纤维管的一端安装有一马达，使玻璃纤维管和球以大约2.5 Hz绕水平轴旋转，在两球之间管内侧是一汞开关，控制旋转速率和感应球的相对位置。由于球是电接触和旋转的，因此大气电场在感应球上感应的电荷由一个正极到负极的振荡。如果电场E是正的，当感应球在上，则它感应的正电荷；否则感应的是负电荷。感应的电量与电场的强度成正比。通过线性放大将感应电荷转换为电压，在发送至地面之前对电讯号进行数字化，数据以20 Hz的取样速率12 bit向地面发送。铅球起到频率约为400 MHz的无线电发射天线的作用。

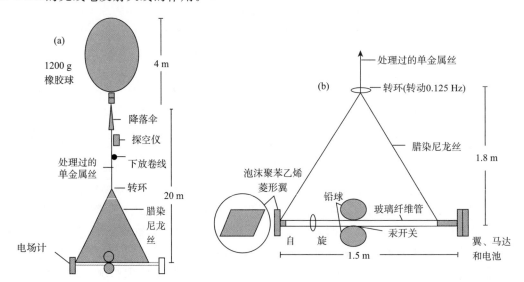

图4.12　大气电场探空仪[8]

（4）电场计数据

图4.13是电场计输出原始电压（电场E）的一个例子[9]，原始电压讯号为正弦波，每一完整的电压波相应于仪器（铅球）环绕水平轴旋转整个360°，这电压正弦波振幅正比于电场的大小，而且在后处理中计算出。电场E的垂直平分量极性也在后处理中通过比较具有汞开关讯号相位（开关讯号为方波，高值表示开关是合上的和感应球处于下方）的电压正弦波相位确定。在计算电场E时，在原始数据内通过软件滤波出多数噪声。对于电场计每次旋转（约2.5 Hz，但在马达电池使用期间是变化的）可得到E的测量，但所用的是固定速率1 Hz的E资料，这一固定速率容易将电场E与高度数据（由无线探空得到，以0.1 Hz记录）结合起来。在很短的时间内用高时间分辨率电场数据，使有关雷电场的变化更精确。电场计数据的另一个特征是可作电场E的水平分量E_h估算。如在图4.12中，由于在玻璃纤维管一端泡沫聚苯乙烯菱形翼气动力阻力，电场计绕垂直平分线轴（约以0.125 Hz）旋转（在仪器内侧的磁场感应器提供关于方位取向和旋转速率的信息）。当仪器绕垂直轴旋转，通过仪器的改变感应E_h的量值：E_h值的感应仅当电场计的球沿E_h方向的垂直平面内自旋（就是每转两次或以约

0.25 Hz)。另一个方位是感应部分或无 E_h 的方向。由于 $E(E_z)$ 垂直分量与方位无关,每次自旋测量整个大小。图 4.13 给出了通过两个旋转仪器感应 E_h 的大小的变化。当 E_h 不是可忽略的小量时,处理的 $E(E=E_z{}^2+E_h{}^2)$ 值表明在大小上相对高频变化的重叠在变化较慢的变化上,这噪声表现为当电场计绕垂直轴旋转时感应的电场 E_h 变化量的结果。图 4.15 为非 0 值电场 E_h 廓线,E 廓线的内部包络相应 E_z,而外部包络相应于 E。

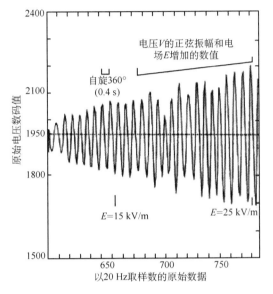

图 4.13　来自电场计的原始数据[9]

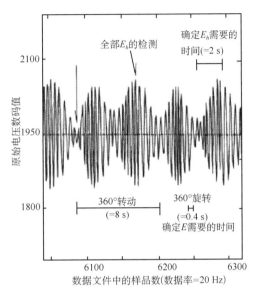

图 4.14　电场计水平电场[9]
（E_h)的原始数据

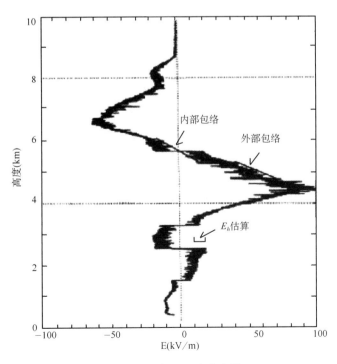

图 4.15　电场的垂直分布[9]

4.2.3　大气电场分布

晴天大气电场因时因地而异,其中与气溶胶的浓度有密切关系,它表现为:

(1)海洋:由于下垫面条件相近,晴天电场间的差异很小。就全球而言,海面晴天电场约为130 V/m。

(2)陆地:局地条件相差很大,各处电场的差异也很大。如我国伊宁的平均电场为56 V/m,美国斯坦福为76 V/m,俄罗斯巴甫洛夫斯克为171 V/m。对于人口密集地区的大城市、工业区,地面晴天大气电场为130 V/m以上;而在乡村地区,离气溶胶源地较远,一般小于130 V/m。

表 4.2　地面和海洋晴天大气电场的平均值、典型值和变化范围

	平均值	常见值	变化范围
陆地	115	80～150	19～310
海洋	130	90～150	50～250
全球	130	100～150	19～310

(3)纬度变化:陆地上由于各处局地条件的差异,因此地面晴天大气电场随纬度的变化不十分明显;而海上由于局地条件相近,晴天大气电场随纬度的变化较为明显。在纬度 0°—20°N 处,晴天大气电场约为 120 V/m,纬度 20°—40°N 范围内,晴天大气电场约为 125 V/m。

4.3　基于频响范围的雷电监测方法

20 世纪 70 年代开始研究雷电定位技术,确定雷电放电的参数和空间位置。这已成为雷电最重要的观测手段。目前用来进行雷电定位和探测的信号主要有声、光和电磁场三类。雷电放电辐射出很宽频的电磁脉冲,频率范围从极低频到超高频(VLF-UHF)。云地闪里有许多单独的物理过程,每一个过程都具有电磁场的特征。雷电辐射的有效电磁能量频率在 1 Hz 以下到近 300 MHz。甚至有更高的频率,如 300 MHz～300 GHz 的微波,还有 $10^{14} \sim 10^{15}$ Hz 的可见光。一般认为甚高频的辐射来源于空气被击穿的过程,而甚低频的信号决定于已存在的雷电通道中的电流流动。

4.3.1　地基雷电定位技术

4.3.1.1　甚低频(VLF/LF)定位技术

(1)VLF/LF 的 MDF 定位技术

20 世纪初,VLF/LF 无线电(磁)测向 MDF(磁定向法)技术用于远程(上千千米以外)雷电活动的监测获得成功。当雷电与测站距离小到 300～500 km 时,雷电通道的非垂直性(雷电电流同时具有垂直分量和水平分量,而水平分量所产生的磁场并不是严格地与传播方向垂直)开始影响测向精度,因此无法使用监测的信号来定向,导致 MDF 法一度在雷电定位方法上的应用进展缓慢。10 km 内的雷电,假设闪道相对地面呈 45°,测向误差可能达到 10°以上,100 km 以外的雷电,小于等于 1°左右。20 世纪 70 年代,一项研究的成果使这一技术获得了新生。研究表明:地闪回击的瞬间,十分靠近地面的通道垂直于地面。如果能探测地闪过程仅在这段时间的辐射,用 MDF 法进行雷电定位的缺陷基本被消除。这部分辐射波形特征明显,便于捕捉。由此,出现了新一代有波形鉴别技术并加有时间门限的 VLF/LF 频段 MDF 技术及其多站网络,使实时雷电定位技术变成现实。

1)技术原理

采用一对南北方向和东西方向垂直放置的正交环磁场天线测定雷电发生的方位角,并与水平放置的电场天线组合鉴别地闪波形特征。利用两个或两个以上探测子站测量的雷电方位角进行交汇,比较两个环天线上感应的信号的幅度和极性即可求出磁场的水平方向。并与水平放置的电场天线组合鉴别地闪波形特征。如图 4.16 所示。

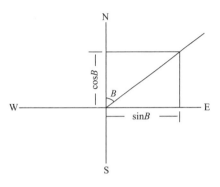

图 4.16　MDF 定位技术

2)工作流程

单站 MDF 探测仪实时测出雷电到达本站的时间、方向、极性、强度、回击数等参数,实时将所测数据发往中心数据处理站进行方向交汇定位处理,将处理结果(位置、强度等参量)实时发给各图形显示终端。单站可提供雷电方位信息,强度信号可给出雷电的大致距离,两个或两个以上探测子站测量的方位角进行交汇,可确定雷电击地点。如图 4.17、图 4.18 所示。

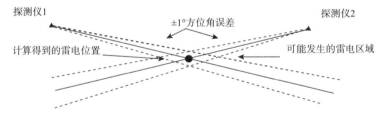

图 4.17　二站磁方向雷电定位交汇点示意图[10]

实线:雷击点的测量方位角;虚线:方位角测量中的随机误差;

实心圆:雷击点的估计位置;阴影部分:不确定的雷击点位置。

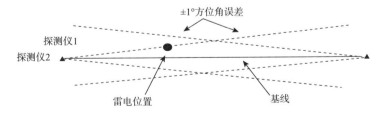

图 4.18　二站磁方向雷电定位交汇点示意图[10]

实线:雷击点的测量方位角;虚线:方位角测量中的随机误差;

实心圆:雷击点的估计位置

3)定位误差及缺点

一般，为了校正定位误差，要记录和分析一个监测网中至少三个测站数据的一致性，由此来确定每个测站的角度函数的定位校正曲线。此后这些定位误差校正还会通过软件处理。一旦这些数据被校正，已被指出，通常余下的误差将会小于 $2°\sim3°$。其主要缺点是测向精度受测站附近地形地物的影响较大，对天线安装的环境要求高，因此实际探测精度不是很高。

20 世纪 80 年代初，中科院兰州高原大气物理研究所作为国内首家从美国引进了三站雷电定位系统。理想的条件下单站测向精度可达 $\pm0.5°$，多站定位精度在数百米及数公里之内，但场地误差可大大降低定位精度。对场地误差进行分析研究并修正是学者关注的问题。经理论分析，提出偶极辐射是产生场地误差及场地增益主要原因，推导出了场地误差、场地增益以及探测效率的函数形式。由多站实测资料，经 Orville 的本征值技术处理，将问题化为一个非线性无约束极值问题，可由对目标物函数求极值点来确定场地误差。订正后 95% 以上雷电的方位与实测方位的残余偏差在 $\pm1°$ 以内，定位精度提高。

(2)VLF/LF 的 TOA(到达时差)定位技术

1)定位原理

设雷电信号在空气中的传播速度为常数 C(光速)，第 i 和第 j 个探头收到雷电信号的时间分别为 t_i 和 t_j，雷电击地点距两站的距离差为 $\Delta d=(t_i-t_j)C$，即：击地点位于以 i,j 两站为焦点、到两站距离差恒为 Δd 的双曲面上，由于闪击点在地球面上，所以闪击点在该双曲面与地球表面相交得到的空间曲线上。若第 k 个探头也接收到信号，则第 i 与第 k 个探头可确定出另一条空间曲线，2 条空间曲线的交点即为雷击点。多站可确定多条双曲线，由于地形、噪声和干扰等的存在，多于 2 条的双曲线不可能相交于一点，需采用优化算法计算出雷击点最可能发生的位置。如图 4.19 所示，a 为二站定位示意图，b 为三站定位示意图。

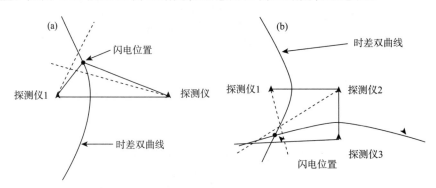

图 4.19　TOA 定位原理图(a 为二站定位示意图，b 为三站定位示意图)

2)分类

用于雷电定位的时间到达系统可分为三个类型：(i)超短基线(几十至几百米)；(ii)短基线(几十千米)；(iii)长基线(几百至几千千米)。超短基线和短基线系统通常工作在甚高频，即频率为 $30\sim3000\ \text{MHz}$；长基线系统通常工作在甚低频，即 $3\sim300\ \text{kHz}$。短基线系统可以模拟雷电通道，用来研究放电的时空发展过程。长基线系统常用于确定地闪的雷击点或者雷电的"平均"位置。

3)优缺点

优点:采用的天线简单,且通过测定雷电回击辐射场到达不同测站的时间差,从而避免了 MDF 固有的随雷电离测站距离误差线性增大的缺点。

局限:①对测时精度要求较高;②且至少要 3 站才有可能定位;③回击波形峰值点随传播路径和距离的不同可能发生漂移和畸变,或者受到环境的干扰,易导致时间测量误差,使实际探测误差有时达几百米或几千米;④如不借助波形鉴别,会将个别强云闪误记为地闪。

(3)VLF/LF 的 MDF 和 TOA 综合定位技术 IMPACT

为改进定位精度,将 MDF 和 TOA 两种技术结合在一起发展成了联合雷电定位法,形成了第二代地闪定位系统 IMPACT。每个探测站既探测回击发生的方位角,又测定回击电磁脉冲到达的精确时间。中心站将根据每个雷电探测子站测到雷电的方位和到达时间差数据,进行不同组合的联合定位。在不增加探测子站数目的前提下,保证了较高的定位精度,是目前比较实用的雷电定位技术。

若两个探测仪接收到电磁波信号,采用一条时差双曲线和两个方位角的混合算法计算回击位置;若有三个探测仪接收到电磁波,在非双解区域,采用时差法,在双解区域,先采用时差法得出双解,然后利用测向法去除假解;若有四个或四个以上探测仪接收到数据时,先取三个探测仪的数据用三站算法进行定位,然后根据最小二乘法,利用其他探测仪的数据校正误差,从而提高三站探测的定位精度。

(4)观测结果

图 4.20 是 1999 年 9 月 14 日 18:38 由 VLF/VHF 信号大容量采集系统观测到的一次多回击地闪过程(以下简称地闪 1838)[11]。该地闪发生于合肥东偏南 10°、距离合肥 45 km 处;此图是由所有 VLF/VHF 数字幅度>8 的资料点抽取而成。整个地闪持续约 600 ms,包括四次可以辨别的地闪回击过程,相邻地闪回击间隔分别为 38、60 和 55 nls。第一至第四回击主峰上升时间(持续时间)分别为 8.0(20)、7.2(14.8)、4.0(11.2)、5.6(16)ps。这里主峰上升时间定义为上升沿从 0 至峰值经历的时间,而主峰持续时间定义为主峰从 0 上升到峰值再下降至半峰值所经历的时间;除了第三次回击未饱和、峰值场强为 6.9 V/m 外,其他三次回击信号出现饱和,峰值场强均>7.3 V/m。

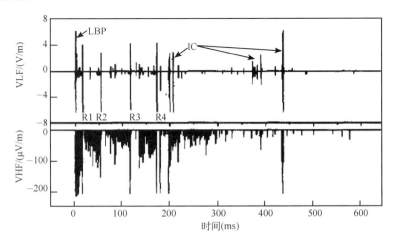

图 4.20　地闪 1838VLF/LF 辐射以及同步 VHF 辐射全景图[11]

图 4.21a 展示了首次回击之前持续约 16 ms 的初始击穿和梯级先导的概况,该放电过程由一个双极性大脉冲列(LBPs)启动。图 4.21c 给出了 LBPs 与 VHF 爆发之间的对应关系,图中 VLF 辐射信号波形有以下特征:①组成这个脉冲列的大双极性脉冲的初始峰极性为负(对应负电荷向下输送或者正电荷向上输送),与首次回击主峰极性一致,大双极性脉冲初始峰平均半宽约 4.0 μs。②该 LBPs 持续时间约为 3.9 ms,脉冲出现速率约为 1.5×10^4 个·s^{-1},前 2 ms 内大脉冲彼此间隔约 110 μs,随着脉冲幅度减小,脉冲间隔也变小,即双极性脉冲变得更加密集。③在头 400 μs 内,VHF 辐射表现为间歇性爆发特征,并与 VLF 大脉冲相对应,此后 VHF 辐射迅速达到极强并表现为准连续辐射特征,之后 VHF 辐射强度略有下降。由此来看,云地雷电的初始击穿过程是另外一个最强的 VHF 辐射源。

另外,由图 4.21a、b 可见,在初始击穿开始 3.9 ms 以后,首次回击启动之前,VLF 波形上面除了偶尔出现个别的孤立的正极性或者负极性双极性脉冲外,仍然可以发现许多大于系统噪声水平的波形起伏,其是由于幅度太小不便于分辨它们的精细波形结构。在此期间 VHF 辐射则一直保持着较强的准连续辐射,靠近首次回击的 4~5 ms 显然对应梯级先导过程,相应的 VHF 辐射强度较云中初始击穿过程辐射强度要弱一些。

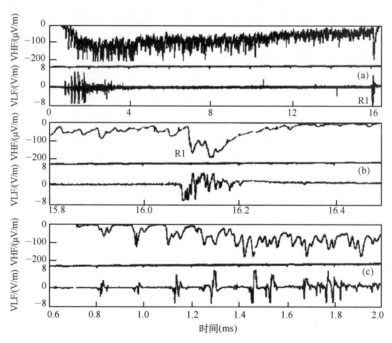

图 4.21　地闪 1838(a)始击穿以及首次回击 VLF/VHF 辐射波形,
(b)首次回击 VLF/VHF 辐射扩展波形,(c)初始击穿过程大双极性脉冲辐射扩展波形[11]

4.3.1.2　地基甚高频(VHF)定位技术

由于 VLF/LF 来电探测技术难以提供雷电通道快速发展过程的信息,20 世纪 70 年代后半期,科学家们又提出并实践了 VHF/TOA(时差技术)和 VHF/IFT(干涉技术)。

(1) VHF/TOA 技术

VHF/TOA 技术是低频 TOA 定位法在 VHF 雷电辐射源三维空间定位上的扩展,特别是随着 GPS 技术的发展和成熟,这种定位技术得到了进一步发展。基本原理是通过确定雷电辐射到达两个或几个相距很远的接收机的时间差来确定辐射源的位置。首先要得到这个辐射源到达不同测站的时间差,根据时间差计算出信号源的坐标并且检查该计算结果与所有多余的时间差计算结果的一致性。不同测站的每一个时间差定义出一个双曲面,VHF 辐射源就在这个曲面上。计算辐射源的位置就等于是找出三个双曲面的交点。

1）长基线时差法

第一种:Proctor 首先利用长基线时差法发展了三维雷电通道 VHF 辐射源测量系统,得到的资料最详细,由此产生的雷电通道重建提供了非常有价值的关于雷电通道形成的相关信息,特别是云内雷电通道的形成,但是分析工作非常繁琐。

它的辐射信号的接收是通过安置在两相交基线上的五个宽带垂直极化天线来完成的。它的工作频率为 253 MHz 或 355 MHz,带宽为 5 MHz(中间站带宽为 10 MHz),空间分辨率规定为 100 m。按辐射波形,Proctor 把辐射源分成两种:一种是脉冲:持续时间小于等于 3 μs 的辐射波形;另一种是 Q 噪音:持续时间较长的辐射波形被称为 Q 噪音,它一般持续几十至几百微秒或更长。这种技术对脉冲波形定位效果最好,而对 Q 噪音则比较困难。

第二种:LDAR(Lighting Detection and Ranging System)是肯尼迪航天中心用于发射火箭发展起来的,由两个同步、相互独立的天线网组成。若系统得到一个有效的辐射源位置,则两个网测到的信号必须完全一致,且定位精度必须在一定范围内一致;两个网得到的多余的数据对于排除背景噪声非常重要。各测站测得的雷电信号可以实时处理,由于传输速度的限制,也可以分别存储下来,以后再做分析处理。随后一种新型的 LDAR 代替了上面的系统并被用于一些研究工作,由七个组成部分:6 个天线大致安装在六边形的顶点,中心是第 7 个天线,信号通过微波与处理器连接。

它的带宽为 6 M,工作频段可选 60~66 MHz 或 222~228 MHz 两个频段。当中心天线来的信号超过触发阈值时,系统开放一个 80 微秒的窗口,且把来自每一个天线辐射脉冲的峰值及其发生时间存储进窗口,将数据传送到计算机工作站计算出信号源的位置。每秒钟最多可处理 10000 个脉冲。计算一个信号源位置必须得到该信号到达四个天线(必须包含中心站的天线,其他天线用以减少误差)的时间;七个天线提供了 20 种可用于求解的组合。最初,系统将两个基线联合起来计算,得到最能区分定位结果的误差,并检查两个联合的基线中每一个所给出的相应坐标误差是否保持在 5% 内或小于 350 m,如满足,则这两个解的平均值为计算结果;如不满足,则利用所有 20 种组合来求解,并检查每一种组合计算出的坐标,看有多少种组合满足上述条件,拥有最多数目的组合求得的解作为系统的解。

每一个天线的随机误差为 ±50 ns,定位结果的误差随信号源的范围和高度不同而不同,对于范围在网络周长内、海拔高度在 3 km 以上的信号源,误差的典型值为 50~100 m,误差在低海拔有细微的增大,并且在 40 km 内误差为 1 km,在 40 km 处的定位误差大部分都是由于从中心天线到信号源的水平辐射信号造成的。

第三种:肯尼迪航天中心发展的,这套系统有 5 个站,中心一个测站,其他四个站分布在距中心测站大约 10 km 的不同方向上,任意四个测站得到的信号都足以用来决定随机出现的信号源的位置,在这套系统上空发生的信号,定位的误差在 100 m 以内,这一系在美国肯尼迪航天中心的雷电监测和预警中发挥了重要作用。美国新墨西哥矿业技术学院(New Mexico Institude of Mining and Technology)最近发展的最完善的一种新型的雷电观测系统

LMA(Lighting Mapping Array,闪电映射阵),原理是利用 GPS 系统和时差技术定位雷电的 VHF 辐射源。是长基线辐射源定位方面的最新进展。该系统仍是利用多个测站(一般为 6 个或更多),每个测站均在 60～66 MHz 频带内利用一个 20 MHz 数字转换器锁相到每秒输出一个脉冲的 GPS 接收机上的方法,精确的测量雷电辐射到达测站的时间,时间精度为 50 ns。LMA 系统可探测几百到几千个辐射事件,所以在直径为 100 km 的范围内可以精确地描绘雷电的三维结构。由于系统具有高速记录存储功能,所以不仅可对单个雷电进行描述,也可以对雷暴中的雷电活动进行监测。该系统在 2000 年夏季 STEPS(Severe Thunderstorm Electrification and Precipitation Study,强雷暴起电和降水研究)实验中是雷电观测的主要手段。实验在美国 Kansas 州西部和 Colorado 州东部地区共立了 13 个测站,探测范围达 300 km,进行了三个月的观测,取得了大量的观测资料,揭示了许多有意义的新结果。

　　长基线的局限性:虽然长基线的 TOA 辐射源定位系统有较高的定位精度,但由于需要多站同步观测势必增加 GPS 等许多观测设备,在某些多山地区观测时,地形也会造成非常不利的影响。

　　2)短基线时差法

　　与长基线时间到达法的区别:一是基线短;二是设备相对简单,对地形的要求低得多;三是相对容易判别对应同一事件的脉冲;四是定位精度相对低,只适用于近雷电的定位。相对于干涉仪来讲,不存在定位结果的唯一性问题,而且比干涉仪更能连贯地描述雷电发展过程。

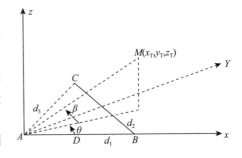

图 4.22　三维空间测向原理

　　测量原理:两个天线一条基线可完成一维角度测向。三个不共线布置的天线可完成方位和俯仰二维角度测向。如图 4.22 所示。天线 A、B、C 布置在一个平面上,设目标位置为 $M(x_T,y_T,z_T)$,其中 θ 是方位角,β 是俯仰角。

　　设 AB、BC、CA 的基线长度分别为 d_1、d_2、d_3,C 到 AB 间(垂线 CD)的距离为 h,AD 的距离为 l,如果满足远场条件,经推导有:

$$\begin{cases} \text{tg}\theta = \dfrac{-h\Delta t_{AB}}{(d_1-l)\Delta t_{AC}+l\Delta t_{BC}} \\[2mm] \cos\beta = \dfrac{c \cdot \Delta t_{AB}}{d_1\sin\theta} \end{cases} \tag{4.29}$$

式中 c 是光速,Δt_{AB}、Δt_{AC}、Δt_{BC} 分别是辐射源信号到达天线 A 和天线 B、天线 A 和天线 C、天线 B 和天线 C 之间的时间差。为简化(4.29)式,考虑两种特别情况:

　　① 如果三天线 A、B、C 布置在边长为 d 的等边三角形顶点上,则有:

$$\begin{cases} \text{tg}\theta = \dfrac{-\sqrt{3}\Delta t_{AB}}{\Delta t_{AC}+l\Delta t_{BC}} \\[2mm] \cos\beta = \dfrac{c \cdot \Delta t_{AB}}{d\sin\theta} \end{cases} \tag{4.30}$$

　　② 如果三天线 A、B、C 布置在腰长为 d 的等腰直角三角形顶点上,则有:

$$\begin{cases} \mathrm{tg}\theta = \dfrac{-\Delta t_{AB}}{\Delta t_{AC}} \\ \cos\beta = \dfrac{c \cdot \Delta t_{AB}}{d\sin\theta} \end{cases} \tag{4.31}$$

从式(4.30)和式(4.31)可以看出,在天线基线长度 d 已知的情况下,只要能测得到达时间差,即能得出目标的方位角和俯仰角。

Taylor[12]发展了第一个雷电 VHF 辐射源短基线时差定位系统,可对频段在 20～80MHz 内的辐射源进行定位。覆盖的区域被分成了七个象限,根据信号的时间、方位角、仰角进行编号。六个象限中的每一个以 60°仰角在方位角上旋转 60°,第七个象限以大于 30°的仰角覆盖整个方位角。辐射信号大于系统阈值时,被天线接收并归到适当的象限。同一信号到达两个天线的时间差决定了 VHF 辐射源的方位角和仰角。时间差精度 0.5 纳秒,足以给出误差在 0.5°以内的方位角和仰角。利用相距 15～20 km 的两套 VHF 系统,能得到 VHF 信号的三维图像。五个天线有三个安装在边长为 13.7 m 的等边三角形的三个顶点,三角形中心由两个天线构成长度为 13.7 m 的垂直基线。

该系统首先要证明一个天线接收的 VHF 信号与其他天线接收的信号是相同的信号,这一点不容易做到,且需要两个测站的时间同步性大致在 10 μs 以内。Taylor[12]分析了同步的两个天线阵的数据,发现其同步性比信号本身的时间精度要更精确,现在利用 GPS 时钟同步很容易实现两套系统的同步。一旦两个天线阵接收到同一个信号,信号源的三维坐标就可以通过计算得到。这一系统不可能得到绝对的一维或三维位置,因为在一定的时间窗内相一致的信号实际上并不是来自同一个源。然而大量的定位结果也是很可靠的,因为定位结果中不可能有很多脉冲是错误的雷电信息。而且,通过对比天线阵的时间差和计算得到的时间差可以得到信号源的细节。该系统采用硬件直接读取时间差技术,对设备各通道的一致性要求极高,而且只适合处理规则的孤立脉冲信号,对复杂电场波形难以有效处理;为了消除干扰信号的影响和减小误差,需要增加许多复杂的设备,数据处理十分繁琐,这大大降低了系统的实用性,因此之后一直没有得到应用和发展。

系统的主要性能指标:中心频率为 280 MHz,带宽为 10 MHz,采样频率为 2 G/s,辐射源定位的最小时间间隔:1 μs,有效探测距离≤10 km,定位误差:方位角:<1°,仰角<3°。对近距离地闪先导过程和云闪能够较好定位,许多观测结果也表明这两种情况下雷电产生大量适合辐射源定位的 VHF 辐射。由于系统只能确定辐射源的二维坐标,所以无法确切地描绘雷电云内变化的情形。定位点有一定的弥散性,主要原因可能是:由于目前探测距离还相对较近,只能探测高度较低的雷电,相对于测站视角本身就比较大。天线本身与基线长度可以比拟,以及没有竖直方向的基线,定位得到的仰角误差相对较大,有效探测距离还比较近等使系统存在一些不足。

(2) VHF/IFT 干涉技术

VHF 干涉仪雷电定位技术,是指用干涉法测定雷电放电辐射源位置的方法,包括窄带和宽带两种方法。VHF/IFT 技术一般采用有足够波程差的若干个接收天线振子,当来波从不同的方位到达天线阵时,各个振子上接收到的信号将产生不同的相位差,测定这些相位差原则上即能确定来波相对于天线阵的方位。此后,大部分时间里,它们仅作为研究手段被使用,而法国科技人员进一步发展了 VHF/IFT 技术并使其变为商业产品。该产品已在一些国家组网,提供雷电通道的二维图像并通过与低频雷电定位技术的结合,具备同时探测云闪和地闪的能力。

　　VHF 干涉仪的辐射源定位本质上是一个确定入射信号到达不同天线的相位差的问题。相位差计算的典型方法是取一到几十微秒内的平均值以减少随机噪声。由于干涉仪输出的是一个关于相位差的三角函数,计算 α 时,对于任何 $D>0.5\lambda$ 时 θ 是不确定的。

　　我们可改写 $\theta=\arccos\left(\dfrac{\alpha\lambda}{2\pi D}\right)$ 为:

$$\theta = \arccos\left[1-(\alpha_0-\alpha)\frac{\lambda}{2\pi D}\right] \tag{4.32}$$

α_0 是 $2\pi D/\lambda$ 在 $\theta=0°$ 时的值。因为 θ 是从 $0°$ 增加,α 从 $\alpha_0-\alpha$ 可变化到 2π 的整数倍,在 $\theta=0°$ 时系统测得相同的相位差。因此对干涉仪给出相同的输出值时所有的相位差可写成:

$$\theta = \arccos\left(1-\frac{n\lambda}{D}\right) \tag{4.33}$$

1) 窄带干涉仪

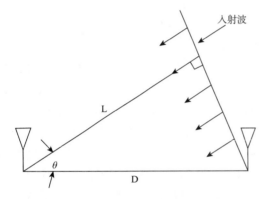

图 4.23　干涉仪辐射源信号入射图

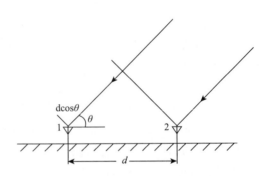

图 4.24　干涉仪原理的几何示意图

　　窄带干涉仪采用光学干涉的原理,最基本的干涉仪是由相距一定距离为 d 的一对天线构成的,如图 4.24 所示. 天线 1,2 相距为 d,一束平面波电磁波信号由于到达两天线的时间不同而存在相位差,设信号在天线 1,2 上引起的电压输出分别为:

$$V_1 = A\cos(\omega t) \tag{4.34}$$
$$V_2 = A\cos(\omega t + \phi) \tag{4.35}$$

A 为信号的振幅,ϕ 为两天线由于基线长度不同和平面波的传播方位不同而产生的相位差,这两信号经由乘法器后输出信号为:

$$V_{out} = A^2\cos(\omega t)\cos(\omega t + \phi) = \frac{A^2}{2}(\cos\phi + \cos(\omega t + \phi)) \tag{4.36}$$

　　采用低通滤波器滤掉高频后(4.36)式为:

$$V_{out} = \frac{A^2}{2}\cos\phi \tag{4.37}$$

　　上式表明,输出电压是随相位差 ϕ 余弦变化的信号,ϕ 角的值决定于到达信号与水平面方向的夹角 θ,由图 4.23 所示几何关系很容易得到 ϕ 值:

$$\phi = 2\pi\left(\frac{d\cos\theta}{\lambda}\right) \tag{4.38}$$

这里 λ 为一确定的入射平面电磁波的波长,因此只要测出 φ 值便可得 θ 或 $\cos\theta$ 值。为了得到 φ 值,可将 V_{out} 分成相同的两路信号,在其中一路信号上加 90° 的相移,输出分别为:

$$I = \frac{A^2}{2}\cos\phi \qquad\qquad (4.39)$$

$$Q = \frac{A^2}{2}\sin\phi \qquad\qquad (4.40)$$

将 $\phi = \text{tg}^{-1}(Q/I)$ 代入式(4.36)中则 θ 亦可求。这样就确定了平面电磁波发生位置的仰角 θ 化为雷电发生的方位角,从而就确定了辐射源的和相位差 φ,从后面介绍的显示方法知道雷电通道投影在相平面上后,相位差 φ 就可以转位置。

窄带观测即是在所感兴趣的频率附近一个较小的带宽内(一般为几百赫兹至几兆赫兹),直接测量雷电发出的电磁辐射变化数据,典型的窄带电磁辐射观测系统结构如图 4.25 所示。

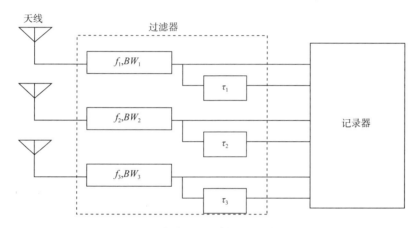

图 4.25 窄带电磁辐射观测系统结构图

一般情况下,由窄带观测得到的电磁辐射能量数据,都直接等效于该(中心)频率上的电磁辐射能量信息,即可以进行特定频率上辐射波形的时域分析,也可以近似获得该频率上的雷电能量谱密度(ESD)或功率谱密度(PSD)等频域谱数据。

窄带观测在许多方面有其明显的优势,例如可针对所感兴趣的频段进行直接观测,不需要很复杂的后期矫正和时、频域转换计算;由于其本身观测带宽很窄,因此具有较高的频率分辨率,而相对于需要进行离散傅里叶变换的宽带法,在时间分辨率上也有明显的优势;其探测和记录对设备性能要求较低易于实现。另外在观测过程中,通常可以用多套设备对不同频段上的电磁能量变化进行同时观测,也可以在一次雷暴系统过程中,通过实时改变前端带通滤波器中心频率来得到不同频率上的频谱数据,具有很高的灵活性。

但窄带观测法得到的数据在研究中也呈现出很多的不足。虽然前人利用窄带法对雷电辐射能量进行了大量的观测工作,但由于各自试验时所使用的观测带宽以及仪器设备不同,其所带来的差异是不可忽略的,导致在总体归纳时很难严格将不同试验者的研究数据进行标准的归一化处理,而且窄带法其试验的手段本身决定了每次观测所得到的都是特定频率点上的散点频谱数据,因此无法得到普遍适用的雷电全频段连续频谱特征曲线。

2) 宽带干涉仪

宽带观测是指先采用宽带探测系统在较广的带宽(几十至数百兆赫兹范围)上获取电场 E(图 4.26a)、快电场变化 dE/dt(图 4.24b)的时域数据,观察在观测带宽内各频率上的电磁辐射变化引起的总体效应,对指定频段内总体的雷电辐射能量特征进行分析。而当数据进一步经数字化之后进行离散傅立叶变换,将时域信息转变为频域信息,计算可以得到全频带下的雷电电磁辐射频谱分析结果。获取这种连续的辐射频谱无论对了解雷电过程中的物理机制特征或是对于雷电电磁辐射的预警防护等许多方面,都是至关重要的信息。宽带观测的其基本系统组成如图 4.26a、b 所示。

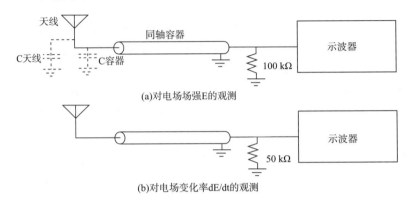

(a)对电场场强E的观测

(b)对电场变化率dE/dt的观测

图 4.26　雷电电磁信号宽带观测系统

宽带观测分析所获得的信息并不简单是多个窄带观测的总和,通过傅立叶变换分析宽频段的时域信息,可对单次雷电过程在各个频率上辐射出的电磁能量进行全面观测,获得更多的频谱信息,绘制连续的电磁辐射频谱特征曲线。相对于窄带观测法,宽带法能得到精确的脉冲时间信息,可分辨雷电事件发展过程中各时间段上的独立过程(首次、继后回击,先导过程,云内放电过程等),开展对雷电子物理过程的针对性研究。

宽带数据的不足在于,在采样结束后需利用多个采样样点进行 FFT 计算,其过程必然带来时间分辨率的降低,例如用 1024 个采样点进行 FFT 计算,那么时间分辨率就降低了约 1000 倍。同时宽带法通常使用几十至上百兆赫兹的带宽进行观测,经过数字化和 FFT 时频域转换计算后,其频率分辨率也很难保证,精确度一般只能在数十万赫兹的量级。

宽带观测法的理论虽已趋于成熟,但在实际运用中还面临着诸多问题。例如由于雷电辐射能量随着频率的增加会急剧下降,高频段和低频段的电磁辐射能量差异达到几个数量级,因此需要宽带记录设备具有较大的动态范围和记录精度。根据内奎斯特定律,为了采集上百兆赫兹的辐射能量信息,宽带观测方法要求很高的采样率,因此需要较大,另外电磁辐射在传输过程中的衰减效应也是不能忽略的。由于地面并非一个理想无限导体,电磁波在一个有限导体的下垫面上传播过程中,其能量会有所衰减,特别是对于高频段,传输衰减效应更加明显。研究表明建立在地面的试验站所探测到的雷电辐射数据会明显受到传输中的衰减效应的影响。人们在窄带干涉仪的基础上,提出的利用宽带信号定位雷电辐射源的设想,硬件集成相对简单,可以得到较宽频段内雷电辐射频谱特征。

2001 年,中国科学院寒区旱区环境与工程研究所董万胜博士集中了一套用于雷电研究的宽带干涉仪系统,实现了雷电辐射源定位、辐射频谱、电场变化等与雷电放电过程有关的多个参数的同步观测记录。在工作频段较窄情况下,可以实现精确的辐射源定位(二维),并能在多个辐射源同时出现的情况下,对部分辐射源进行定位,至少能识别干扰信号和多路辐射同时到达的情况。

3) 观测结果

图 4.27 为董万胜等[13] 利用宽带干涉仪观测到的地闪放电过程,图中 s 表示雷电的起始位置,箭头表示雷电通道发展方向。宽带干涉仪对基线精度要求较低,这也是宽带干涉仪系统的一个优点。窄带干涉仪由于基线长度对相位接收信号影响较大,需要精确测量。宽带干涉仪系统以很高的采样率记录来自天线的宽带辐射信号,对这些信号作快速傅立叶变换后可得到一系列不同频率的窄带信号,相当于具有多个不同长度基线的窄带干涉仪系统。该系统在工作频段较窄的情况下,可以实现较精确的辐射源定位,且能够探测到雷电通道的分叉现象,即能观测到同时到达的不同方位的辐射源,这是宽带干涉仪的一个明显优势。宽带干涉仪频段很宽,对仅有 8 bit 分辨率的系统来说,很难保证在整个频段内都做到有效定位。另外,在这个较宽的工作频段内,各种干扰源的存在也是宽带干涉系统不能得到较好定位结果的一个重要原因。因此工作频段宽既是它的优势,也是它的劣势。

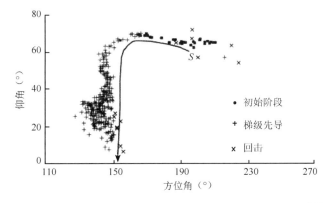

图 4.27　利用宽带干涉仪观测到的广东一次地闪放电过程[13]

图 4.28 为 Shao[14] 利用窄带干涉仪观测到的雷电放电过程,图中箭头表示雷电发展方向,圆圈位置表示雷电发生的起始位置。通过对窄带干涉仪观测资料的分析发现,初始先导的辐射由缓慢移动的间歇脉冲簇构成,直窜先导通常沿确定的路径迅速到地,回击引起的正击穿有时超过先导通道的源区,通常在地闪中也能观测到企图先导,这种先导除不到地外,与直窜先导相似。这些结果不仅进一步证实了前人的结果,也丰富了人们对雷电特性的认识。

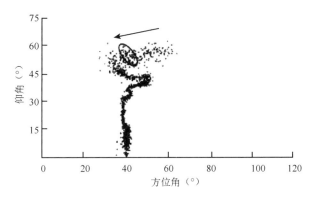

图 4.28　Shao 等利用窄带干涉仪观测到的地闪放电过程[14]

4.3.2　雷电定位系统

4.3.2.1　全球雷电定位系统(WWLLN)

WWLLN(World-Wide Lightning Location Network)全球雷电定位系统由美国华盛顿大学地球与空间科学中心研究和开发,建设该系统的目的是为了更好地对全球的雷电活动进行实时探测[13]。WWLLN系统使用雷电发生时产生的甚低频(VLF)波段(3～30 kHz)电磁波信号进行工作,由于VLF信号可在地—电离层波导(EIWG)中稳定传播并且衰减较小,因而这种传播特性使得雷电可以在数千千米外被仪器所探测到。但由于信号传播的距离较长,在传播过程中受到干涉和色散效应的影响,雷电流波形会产生不同程度的变形失真,原先的波形会被拉长变为一系列的波列,持续数毫秒或更长时间,同时接收到的信号波形变化缓慢,波形中的峰值特征不明显。对此WWLLN系统采用了经过改进的TOGA(Time of Group Arrival,波群到达时间)方法进行定位,通过测量波列信号中的相位变化率来确定各探测站点间的时间差。但是由于电离层的影响,接收到的波形畸变失真,所以WWLLN系统无法直接得到雷电的电流强度以及极性等参数信息。

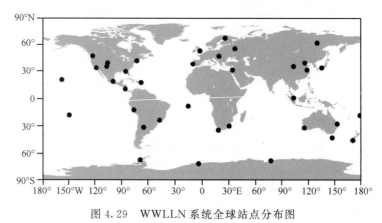

图4.29　WWLLN系统全球站点分布图

图4.29给出了截至2009年WWLLN系统在全球范围内的37个探测站点分布位置,每个探测站点都以小黑点标注于地图上。经过了一段时间的发展,WWLLN系统探测站点数目增长速度显著加快。从2002年建设初期仅有的六个探测站点开始逐渐增加,虽然有些站点只是间断地进行工作,但是每年总体上都保持着一定程度的增长。具体的站点数目变化情况如下表4.3所示。

表4.3　WWLLN系统站点数目变化情况

年份	2002	2004	2005	2006	2007	2008	2009	至今
站点数目	6	11	18	28	30	32	38	48

4.3.2.2　雷电通道三维定位系统

(1)雷声声源定位方法

1)麦克风阵列

单站雷电通道三维定位系统的主要组成部分是采集雷声信号的麦克风阵列[14]。如图

4.30 所示,阵列由四个麦克风组成,mic$_2$,mic$_3$ 和 mic$_4$ 组成等边直角三角形,mic$_1$ 位于 mic$_2$ 的正上方,mic$_1$ 的高度与等边直角三角形的边长相等。

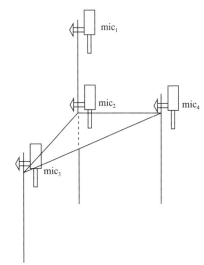

2)定位方法

麦克风阵列中各麦克风间的距离为 1 m,而雷声声源点与阵列的距离一般在千米数量级上,前者比后者小很多。因此,相对于麦克风阵列而言,雷声信号可以被近似地看成是一系列的平面波。根据同一个声源点发出的雷声信号到达阵列中不同麦克风的时间差,并利用阵列的几何结构,能得出雷声信号平面波的方向射线。

图 4.31 是到达时间差法(DTOA)中的几何示意图,以 mic$_2$ 和 mic$_3$ 为例,两者距离记为 L_2。假设麦克风 mic$_2$ 和 mic$_3$ 采集到来自同一声源点发出的雷声信号,分别记为 s_2,s_3,信号到达 mic$_2$ 和 mic$_3$ 的时间分别为 t_2 和 t_3。信号的到

图 4.30　麦克风阵列示意图

达时间差为 $\Delta t = |t_2 - t_3|$,则图 4.31 中线段 DH 的长度可由到达时间差计算得出,即:

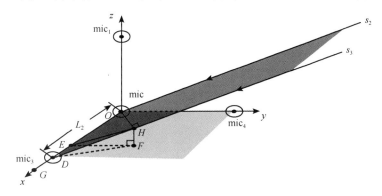

图 4.31　到达时间差法中的几何示意图[16]

$$|DH| = v \cdot \Delta t \tag{4.41}$$

式中 v 为雷声传播速度,计算公式为 $v = 332 + 0.6T$ $\tag{4.42}$

式中 T 为环境温度,本研究的当天环境温度为 35 ℃,通过公式得到 $V = 353$ m/s。结合麦克风阵列与雷声方向射线的几何关系,得出相应的方程式。如图 4.31 所示,过 O 点做 S_3 的垂线交于 H 点,过 H 点做 xoy 面的垂线交于 F 点,且过 H 点做 ox 轴垂线交于 E 点,连接 DF、EF,可知 EF、EH 都垂直于 ox 轴。$\angle HDF$ 是声源点所在位置的仰角,记为 α,$\angle GDF$ 为方位角,记为 β。

在直角 $\triangle ODH$ 中:

$$\cos(\angle ODH) = \left|\frac{DH}{OD}\right| = \frac{v \times \Delta t}{L_2} \tag{4.43}$$

在直角 $\triangle DHE$ 中:

$$\cos(\angle EDH) = \left|\frac{DE}{DH}\right|, \tag{4.44}$$

而 $|DE| = |DE| \cdot \cos(\angle GOF) = |DH| \cdot \cos(\angle HDF)\cos(\angle GDF)$ $\tag{4.45}$

由于∠ODH 与∠EDH 是同一个角,则:

$$\frac{v \times \Delta t}{L_2} = \frac{|DH| \times \cos(\angle HDF)\cos(\angle GDF)}{|DH|} = \cos\alpha\sin\beta \qquad (4.46)$$

化简上式,得:

$$L_2 \cdot \cos\alpha\cos\beta = v \cdot \Delta t = v \cdot |t_2 - t_3| \qquad (4.47)$$

同理,阵列中每两个麦克风都能得出对应的方程式,麦克风阵列中共有 4 个麦克风,最终得到如下六个方程式,记为 E_{ij},其中 i、j 代表麦克风的序号。

$$\begin{cases} E_{21}: L_1 \times \sin\alpha = v \times |t_2 - t_1| \\ E_{23}: L_2 \times \cos\alpha\sin\beta = v \times |t_2 - t_3| \\ E_{24}: L_3 \times \cos\alpha\sin\beta = v \times |t_2 - t_4| \\ E_{31}: L_1 \times \sin\alpha - L_2 \times \cos\alpha\cos\beta = v \times |t_3 - t_1| \\ E_{41}: L_1 \times \sin\alpha - L_3 \times \cos\alpha\sin\beta = v \times |t_4 - t_1| \\ E_{34}: L_2 \times \cos\alpha\cos\beta - L_3 \times \cos\alpha\sin\beta = v \times |t_3 - t_4| \end{cases} \qquad (4.48)$$

其中 L_1,L_2,L_3 是麦克风 mic_1,mic_3,mic_4 到 mic_2 的距离,均为 1 m;α、β 分别代表雷声信号平面波方向射线的仰角和方位角;t_1,t_2,t_3,t_4 分别为雷声脉冲信号到达 mic_1,mic_2,mic_3,mic_4 的时间。

在这六个方程式中,每个方程式对应一组到达时间差,但只有三个方程式是相互独立的,因此,可选取其中三个方程式来构建方程组。同时,由分析比较可知,当选取到达时间差较大的对应方程式时,方程组的解更精确。所以,挑选出较大的到达时间差所对应的 3 个方程式来组建方程组,该方程组中仅有两个未知数即雷声声源点的方位角和仰角,利用最小二乘法就可以得出最优解。

雷电通道在产生声波的同时伴随有电磁信号,电磁信号在空气中以光速(3×10^8 m/s)传播,而声波在 20℃ 的标准大气压的大气中以 340 m/s 传播。通过两者传播到麦克风的时间差,可以确定声源点与麦克风阵列的距离。若假定大气是均质的,则声音在空气中沿直线传播。这时,由雷声信号的方向射线以及声源点的距离可以反演得到声源点的三维信息,通道不同位置的声源点即可刻画出雷电通道。[15,16]

(2)LMA 雷电定位阵列

美国新墨西哥矿业技术学院最近发展的最完善的一种新型的雷电观测系统 LMA(Lighting Mapping Array),原理是利用 GPS 系统和时差技术定位雷电的 VHF 辐射源,是长基线辐射源定位方面的最新进展。该系统仍是利用多个测站(一般为六个或更多),每个测站均在 60~66 MHz 频带内利用一个 20 MHz 数字转换器锁相到每秒输出一个脉冲的 GPS 接收机上的方法,精确的测量雷电辐射到达测站的时间,时间精度为 50 ns。LMA 系统可探测几百到几千个辐射事件,所以在直径为 100 km 的范围内可以精确地描绘雷电的三维结构(以 50 m 的精度)。这一系统的中心频率为 63 MHz,带宽为 6 MHz,由于系统具有高速记录存储功能,所以不仅可对单个雷电进行描述,也可以对雷暴中的雷电活动进行监测。该系统在 2000 年夏季 STEPS(强雷暴起电和降水研究)实验中是雷电观测的主要手段。实验在美国堪萨斯州西部和科罗拉多州东部地区共立了 13 个测站,探测范围达 300 km,并在测站网中心设有雷电电场变化测量仪,进行了三个月的观测,取得了大量的观测资料,揭示了许多有意义的新结果。

图 4.32 是 STEPS 实验中 2000 年 6 月 12 日 0:03(UTC)一次典型的正常极性的云内放

电[17]。图 4.32a、b、c、d、和 4.32e 分别表示雷电 VHF 辐射源高度随时间的变化、在东西方向立面投影、数目随高度的直方图分布、平面投影和南北方向立面上的投影。整个雷电持续时间约 1 s,雷电呈双层结构,分别处于 9～11 km 和 6～8 km,对应于上部正电荷区和中部负电荷区。

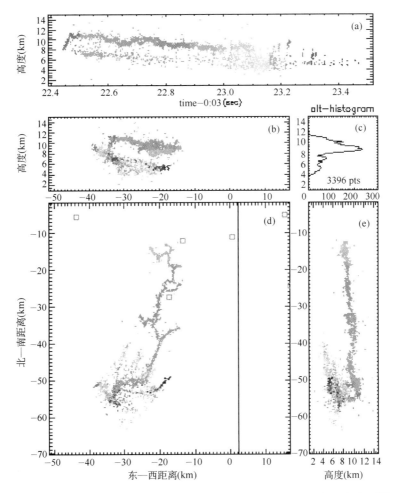

图 4.32　2000 年 6 月 12 日 0:03(UTC)一次典型的正常极性的云内放电[17]

　　图 4.33 是一次反极性的云内放电过程,它发生在 2000 年 6 月 11 日 22:55。雷电持续时间为 1300 ms,同样呈双层结构,分别处于 6～7 km 和 10 km 高度,它起始于 9.5 km 高度,并垂直向下发展,其传输速度约为 2×10m/s,到 7 km 高度后开始水平延伸。在这一高度上雷电通道结构清晰,随着放电的发展在 7 km 高度由 K 型击穿在不同方向触发了多个分叉,最长的雷电通道可达 20 km。而在 10 km 高度辐射点较少,尽管雷电通道通过 K 型击穿不断向前发展,但可以看出这些辐射点是由远处向雷电的起始点发展,且基本局限在这一高度上,这一高度上的电荷层可能比下面的电荷层要薄。此时雷暴的中部(6～7 km)分布着正电荷,而上部(10 km)为负电荷区,雷电发生在上部负电荷区与中部正电荷区之间。这与以前普遍接受的正偶极电荷结构不同,这一雷暴此时的电荷结构是反极性的。而 K 击穿不仅发生在雷电的最后阶段,而是在整个雷电过程中都出现,并在下部正电荷区触发新的雷电分叉,这与 Krehbiel

利用地面多点电场变化的观测结果是一致的。

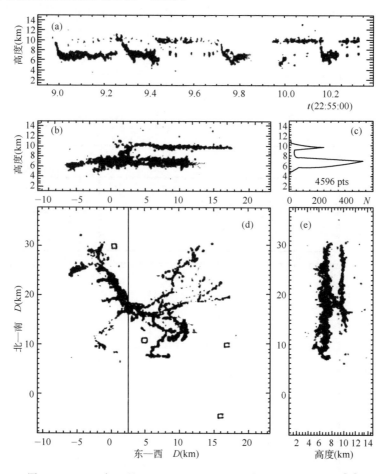

图 4.33　2000 年 6 月 11 日 22:55(UTC)一次反极性云内雷电[17]

图 4.34 是一次负地闪,发生于 2000 年 7 月 10 日 09:36 左右,持续时间长达 2400 ms。由 NLDN 资料可知雷电共发生两次回击,其电流分别为 13.9 kA 和 27.4 kA。雷电起始于 5.8 km高度并向下传输到地发生了第一次回击。回击之后雷电在云内 6 km 高度附近继续发展,大约 1.6 s 之后,第二次回击过程发生,两次回击在地面相距约 5 km 的距离。比较两次回击过程可见,首次回击前梯级先导过程中辐射很强,而第二次回击过程前的直窜先导基本没有辐射。但在两次回击之间有多次没有到地的企图先导发生,同时在云内 8 km 高度上雷电通道继续向东南方向延伸,基本是水平发展,总长度 40 多千米,且分叉明显。从图中辐射点的不同颜色可知,在雷电通道在云中发展传输过程中,辐射点是由雷电通道的前部向后传输。特别是在最后有一次先导过程,从雷电通道的最前段沿前几次先导通道一直传输到了地面,但 NLDN 资料没有探测到回击的发生。一方面可能由于这次先导过程的确没有到地面而产生回击,因为 LMA 对接近地面辐射点的探测有一定的不确定性;另一方面 NLDN 系统也存在一定的探测效率问题,并不是对每次雷电回击过程都能探测到。但这次先导过程很清楚地显示出雷电先导过程的传输特征。

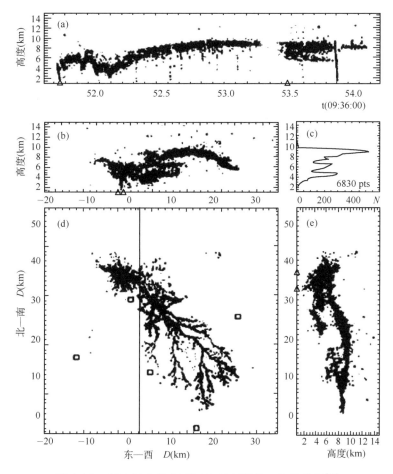

图 4.34　2000 年 7 月 10 日 09:36(UTC)—次负地闪[17]

4.4　卫星监测雷电

卫星为进行大范围探测雷电提供了理想平台,多年来,已有多颗静止气象卫星装载有记录雷电信号的观测仪器,美国国防气象卫星上载有各种光学探测雷电的探测器。由极轨卫星星载雷电探测仪器,只能提供风暴的瞬间图像,由于时间分辨率低,不能提供全天时的雷暴云系。1980 年 Walfe 和 Nagler 首次提出在静止卫星上获取高空间分辨率、高探测效率、昼夜探测雷电放电图像。其主要是根据 U-2 飞机获取的大量雷电光谱探测结果,于 1990 年代开发出一种新的 LMS 雷电探测仪。

4.4.1　DMSP 扫描仪

DMSP 卫星是 1970 年美国空军发射的一颗用于军事目的的气象卫星[18]。如图 4.35,它采用太阳同步轨道,卫星运行高度为 830 km,周期 10156 min,倾角为 98.7°。卫星携带的基本仪器是高分辨率扫描仪,可以获取可见光和红外图片。1973 年 DMSP 卫星 5C 发射后不久发现高分辨率可见光扫描仪在轨道的夜间部分具有探测雷电的功能。为此,下面先描述一下探测器的特征。该仪器的具有 4.56 mrad 视场,卫星于 830 km 高度相应地面的直径为 3.8 km。以 1.8 Hz 的频率将来自扫描区的光反射进入探测器,构成图片的扫描线是依靠卫星在轨道上的运动实现的。扫描镜每旋转一周(360°),大约有 111°朝向地球。因此,探测器以 31% 的时间扫描地球,每条扫描线覆盖范围约为 3000 km。图 4.36 为 DMSP 卫星对地球扫描观测的图形。DMSP 的时间分辨率(就是扫描地面一点的时间长度)和地表面的视场是扫描角的函数,扫

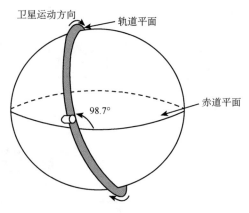

图 4.35　DMSP 卫星轨道[19]

描角的角频率为 11.2 rad/s,所以在天底地面的扫描速度为 9.3×10^3 km/s,对于地面距离为 3.8 km 相应的时间分辨率为 4×10^{-4} s。高分辨率的探测器是一硅光敏二极管,它光谱响应如图 4.37 所给出。

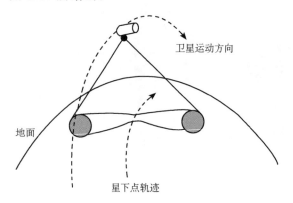

图 4.36　DMSP 卫星扫描观测[19]

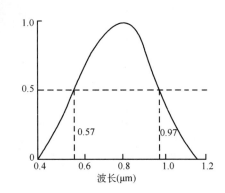

图 4.37　DMSP 卫星探测器的光谱响应[19]

4.4.2　LMS 成图探测器

该仪器能连续地探测大范围区域内雷电发生的时间、雷电的辐射能、日夜监测云内和云地雷电,其空间探测分辨率为 10 km。表 4.4 给出了 LMS 仪器的视场、光学口径、主要探测参数及性能。图 4.38 给出了 LMS 雷电探测仪的功能方框图。

表 4.4　LMS 仪器主要探测参数及性能

观测方向	视场	地面成像范围	焦平面象点数	光学系统口径(mm)	焦距(mm)	数传码率(kbps)	空间分辨率(km)	帧时(ms)
星下点	8°×5°	5031×3132 km	700×560	110	132	80	8	2
中心波长(nm)	带宽(nm)	定位精度	测量精度	信噪比	探测效率	虚警率	重量(kg)	功耗(w)
777.4	1	1 个象点	10%	>6	>90%	<5%	35	100

LMS雷电探测仪的部件及功能

LMS仪器由四部分组成。

（1）光学系统

LMS的光学系统由两个折射元件的快镜头组成,每一个镜头都有一个窄带干涉滤波器。由于在静止卫星高度上接收的信号极微弱,镜头必须使信号能高通量快速通过。在保持聚焦平面与探测器尺寸适当匹配的同时,镜头口径尽可能与实用一样大。同时窄带滤波器要与望远镜之间的适当匹配。采用防反射层减少内部损耗。设计的窄带过滤器的缓冲带通随入射角为函数而变。包括探测器前面的窄带干涉滤光片。该组件接收探测区域内相应波段范围内的雷电图像光信号,并经望远镜聚合,通过窄带干涉滤光片后在焦平面上成像。

（2）焦平面组件

它采用 1024×1024 的低噪声、高可靠性的两个大马赛克充电偶合器件CCD阵(可见光),每一阵同时有 640×640 个感应单元和存储单元,对感应到的雷电信号积分,光敏区积分完毕后,经帧转移将光敏区的电荷整帧移入存储区,移位区的移位寄存器分两路将存储区的信号(电荷)一行行地移出,经 A/D 转换送入数据总线。接着光敏区开始下一帧的光积分。为了满足快速读出率和大动态范围及低噪声要求,用帧移动和同时读数完成。由于聚焦平面组件以充电积分方式工作,每个单独象元必须有足够大的存储背景和雷电信号产生的电荷。此外实际象元要大,以便得到一个满意的信噪比。对于快速读出和高通量效率就要使用帧移动技术,要求每个CCD阵的一半面积被屏蔽用来临时存储,缓冲从聚焦平面组件传送到实时信号处理器的资料。

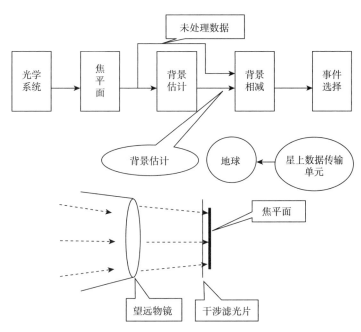

图 4.38　LMS雷电探测仪

（3）高速 A/D 转换及接口电路

对于由 CCD 构成的焦平面阵的光敏区对光进行积分的同时,水平移位区的移位寄存器将存储区的信号一行行移出,经 A/D 转换送入数据总线。光敏区积分完后,经帧转移将光敏区的电荷整帧移入存储区,光敏区开始下一帧的光积分。水平移位寄存器分两路将电荷移入A/D,以提高输出速度。

(4)实时信号处理系统

它的主要功能是将雷电信号从背景信号中分离出来,这是因为在白天云顶对阳光的反射而形成的背景与雷电信号之比常常大于100:1(在一帧图像中,背景在CCD像点上积累的光子超过900000,而雷电信号积累的光子还不到6000个),所以如何在从聚焦平面上以每秒2.5×10^8个速率采样,帧积分时间为2 ms(即800×640×500)。

事实上,聚焦平面上只有一小部分是雷电信号数据,大部分是背景信号。实时处理器从背景噪声中检测雷电信号将数据率降低到百万分之一。

实时处理器组件包括一个背景信号P333、一个背景消除器、一个雷电事件阈值器、一个雷电事件选择器和一个信号鉴别器。由于高数据率和LMS上的功率有限,用模拟/数字混合处理器代替所有技术设备。背景估测与去除、确定阈值和事件选取等信号处理功能由并联分离电路完成。分离电路连接每个聚焦平面输出线。共有16个分离处理电路,每个电路由运算放大器、模数转换器、比较器及数字逻辑电路、存储电路等组成。背景信号测定器基本上是时间范围滤波器,逐个地对每一个象元进行背景信号测定。在完成的过程中,多路信号聚焦平面先将信号馈入缓冲器和限幅器,以确保强雷电信号不污染背景信号测定。然后信号由一部分增益<B>增大,对于同一象元增大到以前背景测定的(1-B)倍。选择部分增益与常规频率节奏滤波器中调整截止频率类似。部分增益太高会使雷电信号污染低背景测定,还会增加处理噪音。而部分增益太低,背景测定器则不能迅速响应背景强度变化。设计基准线规定1/B为8。保证测定器正常工作,通过测定器的背景数据与离开焦平面的数据同步,且存储单元的离散存储电子数与聚焦平面阵的每个子阵的象元数要正好相等。当数据同步时,在给定时钟周期内延迟线输出与定量离开聚焦平面的信号空间一致。则用一个差分信号放大器将这两个信号相减以产生一个差分信号。由于原始信号只包含背景加雷电或只有背景信号,则相减后信号是雷电信号或几乎是一个零信号。这个差分信号与阈值相比较,如果信号超过阈值电平,比较器触发,接通开关让雷电信号通过,对信号进一步处理。为此用一个数字多路调制器将比较器输出进行编码,以产生一条地址,这样可以识别检测过的雷电事件的具体象元。数据处理器的输出表示雷电事件的强度及雷电发生的位置。然后把这些数据送到编码电子设备,格式化为一连续的数据流,再发送至地面,其数据率达每秒几百万比特量级。图4.39为DMSP卫星观测到美国东部地区夜间照片,图中一些城市的灯光、犹如天然气油田发出的光,雷电出现在佛罗里达半岛的东部沿海岸线一带。

图4.39　DMSP卫星观测到美国东部
地区的夜间照片[19]

4.5　雷电的光学记录方法

4.5.1　闪电的照相观测方法

利用照相机对闪电观测是研究闪电的重要工具之一。由照相观测可以测量闪电的时间、闪电的速度和闪电的结构。早在 18 世纪后期，Hoffert（霍费尔特）就利用照相摄影方法观测闪击，他将照相机作水平快速移动，获取闪电照片，观测闪电变化情况，发现闪击是有分枝的，并且闪击之间有连续发光存在。并测量两闪击的时间间隔为 1/5～1/10 s，这个时间显然是过大了。

（1）闪电的高速旋转照相法

直至 1926 年 Boys（博伊斯）设计的一种旋转式相机，后来称之 Boys 相机，如图 4.40a 所示，其结构是将两个照相机的镜头分别安装在一旋转圆盘的一条直径的两端，镜头随圆盘高速旋转。当观测闪电时，闪电成像于两镜头后面的静止底片上，由于圆盘快速旋转，两镜头各向相反的方向移动，由于镜头的高速移动，闪电光不是同时到达底片上，使得照相底片上感光的闪光发生畸变，但是这畸变方向是以直径为对称的，镜头的旋转速度是已知的，所以通过将两幅图的比较分析，及一系列处理后，就可以推断出闪电的方向和速度；并且可以判断闪电发展的连续相位，从而得到闪电的结构和发展过程。如图 4.40c 所示，假定一个镜头垂直地位于另一个之上静止观测，则得到一个向下伸展的闪电放电图像；而当两镜头以相反方向快速移动时，就会形成如图所示的两幅图，对于止方镜头，其闪光成像向右移，对于下方镜头的闪光成像向左移。为精确测量这些位移，在图中画直线 q－S－p，然后将照片的两部分画成如图那样的排列，并使通过直线的 q－S－p 相应部分彼此平行，测出位移 a－b（图 4.40b）和 p－q，并将 p－q 减去 a－b，得它们之差，然后除以镜头运动的速度的 2 倍，就得闪光由 a 到 p 的实际时间。由此可以画一张闪电发展的时间表。博伊斯相的时间分辨率可以达到微秒量级，利用该相机成功地获取了大量地闪结构的照片。由于该相机获取的闪电照片结构呈波纹状，所以时常将这种相机称为波纹状相机。

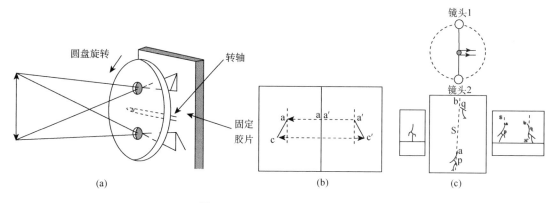

图 4.40　Boys 相机观测原理图

（2）高速线扫描照相机

为观测回击闪电通道径向（侧向）变化，Takagi 等制作了一高速扫描照相机，它是对一般线扫描照相机改进。图 4.41 显示了这种相机的结构，它由一物镜、图像辅助（放大）装置、一维荷电耦合器件（CCD）图像感应器、一个探测器驱动器和一视频放大器。CCD 图像感应器是由 1024 个高灵敏度的硅光敏二极管组成的一线性阵列，每一光敏二极管的宽度为 13 mm、长为 26 mm，所有的光敏二极管与 CDD 移位寄存器相连接。以约 10 MHz 右旋速率驱动感应器，帧速率以约每秒 7800 扫描，图像放大器对波长由低于 350 nm 到 950 nm 敏感，并且具有 600 nm 的辐射光到物镜后。图像感应器充足的曝光，调节图像放大器将入射光放大 30 倍，并且选择光纤窗的图像器以减小光的透射。

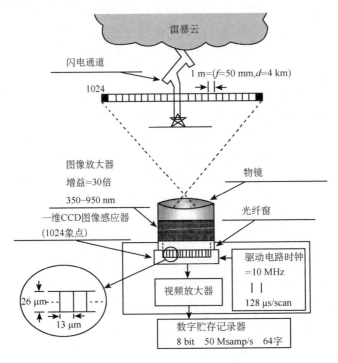

图 4.41 高速成线扫描照相机原理图

4.5.2 光谱分析

（1）U-2 飞机的探测光谱仪

早在 1979 年一架配有导航仪的 NASA U-2 飞机在白天飞越过一雷暴云获取了位于 20 km 高度的高时间分辨率的雷电记录。U-2 飞机探测光谱仪是采用一对焦距为 1/8 m 的 Ebert 光谱仪，中心波长 656 nm，时间分辨率为 5 ms，观测的波长间隔为 320 nm，且可以调节至 380～390 nm。

（2）U-2 飞机探测的雷电光谱

由 U-2 飞机探测的数据发现，雷电从云顶发出的辐射能量主要集中于近红外谱段的中性氧和中性氮范围内，图 4.42 表示雷电在近红外波段辐射能量分布图，从图中可见，雷电光谱表现有一系列狭窄的谱线，其中在中性氧 OI(1)777.4 nm 和中性氮 NI(1)868.3 nm 辐射最强，

777.4 nm 的带宽为 1 nm，辐射能量约为 6.5 mJ/(m^2 • sr)；868.3 nm 辐射能量约为 4.7 mJ/(m^2 • sr)。

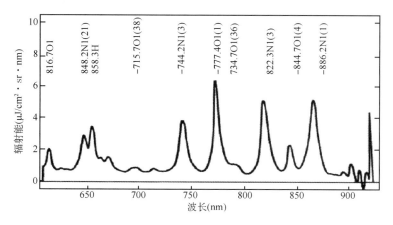

图 4.42　雷电在近红外端的辐射能量图

复习与思考

(1)了解大气电场的基本概念。

(2)了解晴天大气电场测量的几种主要测量仪器。

(3)了解甚低频和甚高频雷电定位技术原理以及各自的优缺点。

(4)了解卫星监测雷电的几种仪器。

(5)了解雷电的光学记录方法。

参考文献

[1] 黄苗青,孙胜利.闪电探测技术.红外,2000.(9):1-6.

[2] 周扬,伍瑞林,范昊澄.论闪电探测技术在雷电防护上应用.科技资讯.2009,(25):50.

[3] Grosh T. Lightning and precipitation—The life history of *isllated* thunderstorms,paper presented at the Conference on Cloud Physics and Atmospheric Electricity,Am. Meteor. Soc. Issaquali,Wash. ,1978.

[4] 张义军,孟青,马明,董万胜,吕伟涛.闪电探测技术发展和资料应用.应用气象学报,2006,(5):611-620.

[5] 李振武.大气电场的几种测量方法.光盘技术,2009,(9):24-26.

[6] Krider H M,Blake J A. Effect of bromodeoxyuridine on redundancy of ribosomal RNA cistrons of Drosophila virilis. *Nature*. 1975,**256**(5516):pp. 436-438.

[7] 宋欣,王克奇,李迪飞.场磨式电场仪在雷电预警中的研究与应用.自动化与仪表,2011,(2):8-11.

[8] Marshall Thomas C,Stolzenburg Maribeth. Transient currents in the global electric circuit due to cloud-to-ground and intracloud lightning. *Atmospheric Research*. 2009,**91**(2-4):178-183.

[9] Stolzenburg M,David Rust W,Bradly F Smull,*et al*. Electrical Structure in Thunderstorm Convective Regions 2. Isolated Storms. *J Geophys Res*,1998,**103**(D12):14097-14108.

[10] Holle R L,and Lo′pez R E,1993. Overview of real-time lightning detection systems and their meteorological uses. *NOAA Tech. Memo*. ERL NSSL-102,68 pp. [NTIS PB 94120953.]

[11] 刘亦风,祝宝友,陶善昌.闪电 VLF/VHF 信号大容量采集系统及其现场实验.高原气象,2002.(2):175-185.

[12] Taylor W L. A VHF technique for space-time mapping of lightning discharge progresses. *J. Geophys*.

Res. 1978,**83**:3575-3583.

[13] 董万胜,刘欣生,郄秀书,等.甚高频闪电辐射源的定位与同步观测.自然科学进展,2001,**11**(9):954-959.

[14] Shao X M. The development and structure of lightning discharges observed by VHF radio interferometer. Dissertation for the Doctoral Degree. Socorro: New Mexico Institute of Mining and Technology,1993. 19-109.

[15] 崔逊.全球闪电定位系统(WWLLN)探测效率和探测精度评估[D].南京信息工程大学,2013.

[16] 章涵,王道洪,吕伟涛,等.基于雷声到达时间差的单站闪电通道三维定位系统.高原气象,2012,**31**(1):209-217.

[17] 张义军,Paul R Krehbiel,刘欣生,张广庶.闪电放电通道的三维结构特征.高原气象,2003,(3):217-220.

[18] 陈渭民.雷电学原理,第二版.北京:气象出版社,2006.

[19] Richard E. Orville, Robert A. Weisman, Richard B. Pyle, Ronald W. Henderson, Richard E, Orville Jr. Cloud-to-ground lightning flash characteristics from June 1984 through May 1985. *Journal of Geophysical Research: Atmospheres.* 1987,**92**(5):5640-5644.

第 5 章　雷电的预警预报方法

5.1　引言

　　雷电伴随着瞬态大电流、高电压和强电磁辐射等特征,常会引起重大的灾害事故。近年来,随着国民经济的快速发展,建筑物及电子、通信设备的大量增加,因雷电灾害引起的火灾及电子、通信设备遭到破坏的事故逐年增加。长期以来,雷电灾害带来了严重的人员伤亡和经济损失。据《金史·五行志》记载,公元 1232 年 10 月 9 日,我国金代"天兴元年九月辛丑,大雷,工部尚书蒲乃速震死"。1767 年雷电击中了威尼斯一个储放了几百吨炸药的教堂拱顶,引起大爆炸,3000 人丧生,威尼斯城大半被毁。北京天坛在明朝至少遭受过 9 次雷击,在 1889 年因雷击祈年殿引起大火导致焚毁,直到 1896 年才修复完工。当今全世界每年有几千人死于雷击,全球每年的雷击受伤人数可能是雷击死亡人数的 5～10 倍。据中国气象局不完全统计,我国平均每年因雷电灾害造成的死亡人数超过 1000 人,伤数千人,直接和间接经济损失达几十亿元,广东省、云南省损失最为惨重。

表 5.1　我国多年雷电灾害概况(摘自中国气象局网站 www. cma. gov. cn)

年份	雷电灾害事故	人员伤亡雷灾数	人员死亡数	人员受伤数	人员死伤数	雷灾损失上百万元事故数
2004	5753	753	710	817	1527	46
2005	5322	598	579	573	1152	45
2006	6265	760	712	610	1322	59
2007	12967	833	827	718	1545	30
平均值	7577	735	707	680	1387	45

　　雷电灾害具有较大的社会影响,经常引起社会的震动和关注,例如,1989 年 8 月 12 日,山东黄岛油库遭雷击发生火灾,造成 19 人死亡,100 余家企业停产,直接经济损失超过亿元。2004 年 6 月 26 日,浙江省台州市临海市杜桥镇杜前村有 30 人在 5 棵大树下避雨,遭雷击,造成 17 人死 13 人伤。2007 年 5 月 23 日,重庆开县义和镇兴业村小学 46 名学生被雷电击中,导致 7 死 39 伤,其中 19 人为重伤。

　　目前,计算机系统已经成为信息资源的重要载体,各行各业对计算机信息系统的依赖程度越来越高,高科技、国防军工、国民经济建设等重要数据信息的安全,依赖于计算机系统工作的可靠性。但是,雷电电磁辐射对计算机系统及其数据存储所产生的干扰、破坏有致命的危害,对计算机系统的稳定性、可靠性和安全性形成威胁。航空航天是汇集了人类最新高科技的尖端领域,液氢燃料的加注过程、火箭的发射升空都不能在有雷电的情况下执行。雷电除对航天飞行器、发射塔等造成直接破坏外,还可引爆火箭的点火装置,使火箭自行升空,或使发射过程中的火箭爆炸。例如,1987 年 3 月 26 日美国国家航天局在卡纳维拉角基地利用大力神/半人马座火箭发射海军通信卫星时,雷击导致星箭俱毁,损失高达 1.7 亿美元。另外,雷电电磁辐射和静电效应的干扰也对火箭上的主要电子仪器造成威胁。正因为雷击灾害对人民生命财产和社会各部门和各行业的危害程度如此之大,范围如此之广,联合国有关部门把它列为"最严重的十种自然灾害之一"。因此,防雷减灾是社会公众和各行业及各部门必须切实重视的一项经常性议题。

为了适应经济社会发展需要,2005 年 9 月 15 日,中国气象局业务技术体制改革领导小组办公室编写的《中国气象局业务技术体制改革总体方案》中,已经将雷电业务作为一条独立的业务轨道写入改革方案,而且将"雷电监测、预警预报、检测与防护技术服务、研究开发等"确定为雷电业务的内涵。由此可见,进行雷电灾害的监测、预警预报已经是近期各级气象部门必须开展的一项业务工作,其重要性与紧迫性显而易见。

20 世纪初期,由于通讯和电力事业的发展受到雷电灾害的影响,避雷和防雷工程引起人们重视。20 世纪 70 年代以来伴随着尖端技术的发展,特别是航天、计算机部门频遭雷害,损失惊人,促使雷电的监测、预报和防护在技术及理论上都取得了很大的发展,出现了大量新的研究成果。本章将介绍雷电的临近预报,目前主要的雷电潜势预报方法、雷电的综合预报及数值预报。

5.2　雷电预警预报

5.2.1　雷电预警预报现状

雷电灾害是强对流性天气造成的主要灾害之一,由于雷电形成迅速而给其预警预报带来了极大的困难。在雷电天气短时预报方面,国内外都做了大量研究和业务工作,主要利用中尺度观测系统、雷达、卫星和雷电定位系统等观测资料以及数值预报模式产品,开展了雷电天气的临近预报技术开发和业务运行,例如美国目前可以给出 3 小时后的雷电发生概率产品。但雷电的预警预报由于受到对雷电发生的天气和雷电的物理过程认识不足,到目前为止还没有非常成熟的业务系统。

长期以来,国内外的研究和业务人员在利用雷达和卫星等探测资料进行雷电临近预报方面做了大量深入的研究工作。例如:美国空军第 45 天气中队给出了以雷达为工具的雷电临近预报经验规则,特别是选用了云顶高度参数作为预报因子,并在 1996 年亚特兰大奥运会的气象保障预警业务中得到应用;另外还采用空间分辨率为 4 km×4 km、时间分辨率为 5 min 的同步卫星红外云图和美国国家闪电监测网的地闪定位结果,对比了云顶冷却率超过 0.5 ℃/min 的时间和首次地闪出现的时间,指出利用云顶温度的快速冷却的监测结果有可能开发出一种提前了半个小时或更长时间临近预报雷电的客观方法,但许多认识还处于初级阶段,目前还要进一步深化对机理的认识,在雷电临近预报方面仍然需要大量的研究。20 世纪 80 年代美国曾经开展了对流降水试验计划 CAPE,近期美国 NWS 和 NOAA 实施的 STEPS 试验项目,其主要目的是研究雷暴电荷结构与天气过程的关系,STEPS 试验项目在探测试验中采用了三维 VHF 闪电探测系统 LMA 和多普勒天气雷达等探测设备。这些研究为雷电的预警预报技术开发提供了重要的科学依据。

随着探测技术的发展、实验室结果的增多以及高性能计算机的快速发展,数值模式成为研究雷暴云发展过程中动力、微物理和电过程三者间相互作用机制的重要手段之一。从 Takahashi(高桥)[1]建立的二维轴对称模式讨论雷暴内电荷分离机制,讨论了雷暴内电荷分离机制,以及言穆弘[2,3]等建立的中国第一个二维轴对称模式(该模式包含相对较为完善的微物理过程和起电过程),研究环境参量、动力及微物理对电活动的影响,讨论了尖端放电对空间电荷层形成的作用及其时空演变特征,再到孙安平[4-5]等在冰雹云模式基础上引入较成熟的起电机制以及云内放电参数化方案,建立了三维强风暴动力—电耦合模式,较好地描述了风暴中动力、微物理和电结构的发展演变过程。雷电模式经历了二维、三维发展过程,起电放电参数化方案也越来越复杂越来越精确。近年来,气象模式的分辨率逐渐提高,如近年来日益成熟的中尺度模式 WRF,考虑的物理过程越来越复杂。相信可以用气象模式驱动雷电模式,模拟出较为真实环境背景场下的雷暴电特征,使得雷电数值预报应用到实际雷电预报中。

我国雷电预警预报技术和方法的研发刚刚起步,目前还没有成熟的可供预报服务实际使用的业务产品,因此,我国在雷电预警预报方面的工作相当薄弱,目前基本没有开展有针对性的雷电预警预报业务。随着部分省市局域雷电定位网的建立,个别省市进行了一些定性的雷电预警发布方面的研究工作。中国气象科学研究院近期开展了雷电预警预报技术和方法研究,并开发了雷电预警预报系统,目前正在试运行。中国气象科学研究院雷电物理和防护工程实验室承担科技部奥运攻关课题"奥运会雷电监测预警和预报关键技术研究"和气象新技术推广项目"雷电预警和预报技术在气象业务中的应用"以及业务建设项目等,针对北京地区强对流活动的特点,结合闪电定位系统和地面大气电场仪网对雷电活动的监测,以及卫星和雷达资料,提出典型区域强对流天气的雷电特征诊断和短时预报方案,建立了综合的雷电预警预报方法,开发了雷电监测分析和临近预警系统。该系统采用了多资料、多参数和多算法集成的雷电临近预警方法,能够综合利用雷达、卫星、闪电监测系统、地面电场仪和探空仪等的观测资料以及天气形势预报产品和雷暴云起电、放电模式,结合区域识别、跟踪和外推算法与决策树算法。雷电临近预警系统 CAMS LNWS(Lightning Nowcasting and Warning System)实现了雷电发生概率、重点区域预警、移动趋势等预警产品的自动生成。并在雷电预警系统业务运行和应用的基础上,提出雷电预警系统平台的业务化开发和试验的总体技术方案,对区域化雷电预警预报模拟和算法进行了完善和修改,实现了雷电临近预警预报服务产品的应用服务。

国内外的研究人员在利用探空、雷达和卫星等观测资料,结合雷电探测资料在雷暴的潜势预报、雷暴临近预报、雷电活动的观测信息在雷暴天气预警中的指示作用及雷暴云的数值模拟方面做了大量而深入的研究工作。如应用高时空分辨率、长时间尺度的气象资料深入研究大气层结及不稳定参数与雷暴天气的关系,发展可用于业务的诊断和预报技术,建立不同地域的雷暴潜势预报方程是值得进行的基础性研究。结合利用卫星、多参数气象雷达和雷电探测系统等手段,对不同地域范围内雷电放电特征及其活动规律开展系统性研究,加深对雷暴中雷电的发生发展特征的认识和理解,建立区域化雷暴数值预报模式,提高雷暴临近预报水平,也是今后研究工作的一个重要方向。雷暴研究的突破性进展依赖于对雷暴内动力、微物理和起电放电过程以及它们之间的相关性的充分认识,因此,对其进一步深入研究将为雷电预警预报以及雷电监测资料在强对流天气过程的监测预警中发挥更重要的作用提供理论基础。

目前的雷电预报思路为:首先依据观测资料的时空尺度,分别给出不同时空尺度上的预报结果;其次利用天气形势预报产品、探空资料和雷暴云起电、放电模式(代表区域约 200 km×200 km,预报时效为 0～12 h 或 0～24 h,非格点化资料),在大的时空尺度上给出雷电活动潜势预报;然后利用卫星、雷达和闪电定位仪等(大范围卫星定时观测,小范围闪电定位仪和雷达实时或准实时观测,均为格点化资料)对强对流天气系统进行监测,对有可能发生闪电的区域进行识别、跟踪和外推,给出雷电活动发展和移动的趋势预报;最后结合地面电场仪的实时观测,提供局部地区的雷电临近预报(图 5.1)。

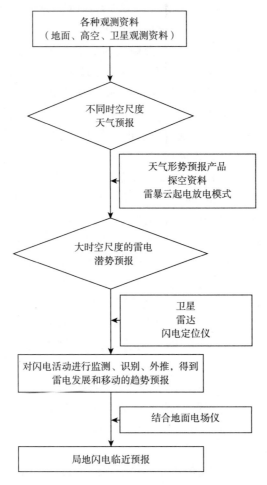

图 5.1　雷电预报思路流程图

5.2.2　雷电的临近预报简介

临近预报(Nowcasting)是指 0～2 h 的天气预报,实时观测资料是其主要的决策依据。长期以来,国内外的研究人员在利用雷达和卫星等探测资料进行雷电临近预报方面做了大量深入的研究工作。例如:美国空军第 45 天气中队给出了以雷达为工具的雷电临近预报经验规则,主要用到了最大回波强度及其出现高度、强回波体积、顶高等参数,对单体雷暴、砧状云、碎云等的云闪、地闪的预报提供了不同的规则;采用同步卫星红外云图和美国国家闪电监测网的地闪定位结果,对两次雷暴过程进行了分析,对比了云顶冷却率超过 0.5 ℃/min 的时间和首次地闪出现的时间,结果表明前者比后者提前了半小时或更长时间;美国气象工作者通过分析佛罗里达中部地区雷暴过程中多普勒天气雷达回波的演变,发现在冻结层附近首先探测到 10 dBZ 回波可以作为雷暴的初生特征,比首次地闪提前 5～45 min,中值为 15 min;王飞[6] 等对北京地区多个单体过程的分析表明,40 dBZ 是比较适合该地区雷电预警的一个雷达回波特征参量。研究人员之所以采用上述的各种指标来预报闪电,是因为它们与雷暴起电过程有关,如云顶温度及其变化率与云顶高度以及对流发展的过程密切相关等。

雷电的临近预报一般在雷达、雷电数据等实况观测和外推预报的基础上预报出雷电最可能出现的位置和时间。目前,将雷达跟地面和大气稳定度资料、卫星图像一起,已经研究出了一些孕育雷电的雷暴天气初生特征的预报,同时,自动化雷暴预报技术也正在得到应用和发展,如 NCAR 开发的 AN 雷暴自动—临近预报系统利用多种数据(雷达、卫星、探空、中尺度网)、多种算法和数值模式输出,能提供相当于本地雷达所覆盖的 200 m×200 m 区域的临近(0～60 min)预报,应用结果表明,其 POD(预报概率)为 68%,FAR(虚警率)为 53%,效果要比普通的外推方法更为理想。

中国的临近预报业务起步较晚,随着多普勒天气雷达的布网,雷暴、强对流和降水的临近预报成为省级和地市级气象台的重要业务内容,临近预报业务水平通过借鉴美国等国的先进技术和经验已取得了明显进步。今后工作的重点是将雷暴云起电、放电模式与中尺度区域预报模式相耦合,弥补外推算法的缺陷,提升雷暴的临近预报的效果。另外,雷暴寿命的研究方面,气象工作者研究了 16 种繁衍的雷达反射率因子与雷暴持续时间之间的相关关系,试图筛选出反映雷暴持续时间的最有力的因子。但研究表明这些雷暴特性不能很好地预报雷暴持续时间。因此,应将雷达资料与相应时段的卫星、大气电场仪、雷电定位资料相结合,针对近年来的典型个例,深入研究它们与雷暴持续时间之间的相互关系,引入一些较新的物理量来进行诊断分析是非常必要的。

在对雷电的防护中,除了采用避雷针等装置对特定目标进行直接防护以外,利用多种仪器的观测资料对雷电活动进行预警和预报,进而在雷暴天气系统过境期间采取必要的措施以尽量减小损失也是当前主要采取的防护手段之一。然而雷电是一个极其复杂的天气现象,对其进行短时预报的难度很大,成功率也往往不是很高。单靠地面电场仪进行雷电预报的错报率很高,而如果将闪电探测数据引进来,就可以排除很多因为小团带电云层对电场仪干扰而引发的虚假预警的机会。

从图 5.1 雷电预报思路流程图中可以看出目前的雷电预报首先依据观测资料的时空尺度以及天气形势预报产品和雷暴云起电、放电模式在大的时空尺度上给出雷电活动潜势预报;然后利用卫星、雷达和闪电定位仪等对强对流天气系统进行监测,给出雷电活动发展和移动的趋势预报;最后结合地面电场仪的实时观测,提供局部地区的雷电临近预报。目前对雷电的预报大体上可划分为两个部分:雷电潜势预报和雷电的数值预报。

5.3　雷电的潜势预报方法

雷电可以直接造成人员伤亡,对航空、电力工业、计算机网络以及建筑物等的危害都是十分明显的。掌握雷电活动规律可以为防雷保护工作提供相应的参考,而对雷电活动做出准确的预报则可以趋利避害,将雷电造成的灾害尽量减小。但是由于雷电活动在一定时间尺度上发生、发展具有瞬时性、随机性与非线性的特点,属于小概率事件,很难对其规律进行准确地把握,并对其做出预报。

雷电是雷暴天气最基本的特征,雷电的活动规律及大气物理机制,在一定程度上反映了雷暴的活动规律和物理成因。由于雷电预报涉及雷电物理、雷暴云起电、放电微物理等方面和领域,雷电落点预报具有相当的难度。为了准确把握雷电天气的出现与否、强度和时间,综合应用闪电、雷达、卫星以及中尺度模式、对流参数等资料,做好各行各业的雷电天气服务,值得我们去深入分析研究雷电天气的预报服务要点。

由于每一种天气现象都是综合多种因素才形成的,雷电也不例外,因此对雷电的预警,可以进一步再综合天气雷达回波图、温度、湿度、气压、风向等资料,将会使得雷电预报的准确度得到进一步提高,这些具体的方法与模式有待研究,而且这种综合多种气象观测因素对一种天气现象进行预报的方法也更加科学。在雷电的业务应用方面国外已进行了一些研究,认为要做雷电的预测,一般都是从雷电的潜势预报做起,然后才是短时临近的雷电监测、跟踪和发布雷电警报. 国内外雷电潜势预报是在筛选出与雷电发生相关性高的大气不稳定参数作为预报因子的基础上,构建雷电发生的概率预报方程。

雷电潜势预报一直是气象预报的难点之一,为了确定哪些气象参数与雷电活动起主要影响,使用线性逐步回归法和模式输出统计法分析雷电资料与套网格模式预报得出的统计关系用于雷电的客观预报,并指出形成雷电的基本先决条件是:要求存在大范围的层结不稳定以及由局地风场和湿度提供的辐合,并从 274 个潜势预报因子中进行逐步筛选,筛选出 9 个重要因子建立一个多元回归方程进行概率预报。目前我国用于雷电潜势预报的主要方法有:①基于对流参数的雷电潜势预报;②基于相似预报法的雷电潜势预报;③基于决策树法的雷电潜势预报等。接下来对这些主要的预报方法进行介绍。

表 5.2　主要雷电潜势预报方法及其原理

雷电潜势预报	预报原理
基于对流参数的雷电潜势预报	各种对流参数可以指示大气不稳定的强弱、水汽及动力热力条件,从而可以指示雷电活动发生的潜在趋势
基于相似预报法的雷电潜势预报	找出历史上与现在最相似的一个或几个大气状况和过程,按照相似原因产生相似结果的原则,就可按历史上出现的最相似个例来类推预报今后将要出现的天气过程和现象
基于决策树法的雷电潜势预报	经过不断修剪和选择雷电潜势预报决策树,树中各节点的属性值为产生雷电天气的属性门槛值,根据各节点的门槛属性值预报雷电天气

基于对流参数的雷电潜势预报的预报原理是依据可以指示大气不稳定的强弱、水汽及动力热力条件的各种对流参数,获得雷电活动发生的潜在趋势。而基于相似预报法的雷电潜势

预报即依照历史上与现在最相似的一个或几个大气状况和过程,按照相似原因产生相似结果的原则,就可按历史上出现的最相似个例来类推预报今后将要出现的天气过程和现象。基于决策树法的雷电潜势预报则经过不断修剪和选择雷电潜势预报决策树,树中各节点的属性值为产生雷电天气的属性门槛值,根据各节点的门槛属性值预报雷电天气。这些思路已贯穿在下文中。

5.3.1　基于对流参数的雷电潜势预报

雷暴是伴有雷击和闪电的局地对流性天气。它必定产生在强烈的积雨云中,因此常伴有强烈的阵雨或暴雨,有时伴有冰雹和龙卷风,属强对流天气系统。雷暴会在大气不稳定时发生,并且会制造大量的雨水或冰晶。产生雷暴的积雨云称作雷暴云。一个雷暴云称作一个雷暴单体,其水平尺度约十几千米。多个雷暴单体成群成带地聚集在一起称作雷暴群或雷暴带。雷暴云是闪电的主要产生源,探空结果发现,当云中局部电场超过约 400 kV/m 时,就能发生闪电放电。国外研究认为,下述三个条件有利于孕育闪电的雷暴云的发生、发展和维持。

表 5.3　雷暴发生的有利条件

有利条件	有利原因
层结不稳定	对流风暴是在较强的热力不稳定和适宜的动力环境中发展起来的,到一定阶段时,其进一步的发展主要依赖于风暴云底附近能够进入云内空气的热力、动力特征
较好的低空水汽条件	湿度的垂直分布影响到层结稳定度,低层湿空气的存在是闪电产生的一个有利条件
有适当的触发因子	当高空环流形势、水汽条件、对流稳定度 3 个条件适合的情况下,一旦有切变、冷锋、强对流天气区等触发因子入侵启动,则非常有利于雷暴天气的发生

几乎所有的局地强风暴事件(包括雷暴)都与深对流有关。而要达到深对流必须具备下列三个条件:在对流层的下部有足够的潮湿层;有足够强的温度直减率;潮湿层的气块能充分抬升以达到自由对流高度。

在雷电形成和发展的同时,伴随的最典型的大气宏观现象是大气中的气流活动。强烈的上升气流是雷电形成和发展的最基本的气候条件,只有在存在强上升气流时雷云中的电场能量和电场强度才可能不断地增加,其增加速度和气体上升速度成指数规律增加。雷暴云中气流的水平运动对雷电形成和发展是不利的,因为它会加速电场中能量的扩散,所以雷暴云中不应存在有大范围的水平气流。对流风暴是在一较强的热力不稳定和适宜的动力环境中发展起来的,到一定阶段时,其进一步的发展主要依赖于风暴云底附近能够进入云内空气的热力、动力特征。说明除云体自身发展外,云底附近空气的热、动力特性的传输变化是云内起电的关键,这种变化取决于层结的温、湿特征和上升运动的强弱。很多国内外的学者们已达成共识,上升速度和水汽条件是影响雷暴动力、微物理过程和闪电活动的最重要因子。上升速度的大小决定了雷暴发展到成熟的时间和雷暴的强弱,较强的上升气流有利于雷暴云在较短时间内达到较大的高度。而持续的上升气流和充足的水汽有利于雷暴的成熟期延长从而增强闪电活动。较强的上升速度和充足的水汽可以产生更多的对闪电起电、放电有直接影响的冰相物并能使其持续生成,从而形成较大的电荷浓度。

闪电在大气中云与云之间、云与地之间和云体内各部位之间的强烈放电。闪电的放电作用通常会产生电光。闪电多半在强雷雨的恶劣天气里,对人类活动影响很大,雷击过程产生的高电压、大电流和强电磁辐射常常造成严重的灾害尤其使建筑物、输电线网等遭其袭击,可能造成严重损失。大气稳定度参数是对雷电产生基本条件的定量表达和进一步诠释,闪电是伴随雷暴的一种剧烈的天气活动,而雷暴云的发展与热气团在不稳定环境中的对流抬升有关。所以闪电活动与大气的不稳定因子之间必然有一定关系。雷电是雷暴天气最基本的特征,雷电的活动规律在一定程度上反映了雷暴等强对流天气的活动规律,研究大气环境层结及中尺度强风暴系统发生发展的大气基本环流形势等雷电活动的天气背景及气候特征不论对于与雷暴活动密切相关的许多实际问题,还是对于与雷暴发生宏观条件及微物理过程等有关的研究问题都是有重要的指示意义的,因此合理利用不稳定参数制作雷电的潜势预报是十分必要的。

目前主要用于雷电预报的对流参数主要有 K 指数 KI(K index)、强天气威胁指数($Sweat$ $index$)、抬升指数 LI(Lifted index)、沙氏指数 SI(Showalter index)、对流有效位能 $CAPE$ (Convective Available Potential Energy)、对流稳定度指数(CI)\粗里查森数 BRN(Bulk Richardson Number)、抬升凝结高度层温度 $TOTCL$(Temperature of the Lifted Condensation Level)、平均混合层潜热 $MMLPT$(Mean mixed layer potential temperature)、平均混合层混合比 $MMLMR$(Mean mixed layer mixing ratio)、累积可降水量 $PWFES$(Precipitable water for entire sounding)等 10 余个对流参数做分析。其中,SI、$Sweat$ $index$、LI、$CAPE$ 属于稳定度指标,$MMLPR$ 和 $PWFES$ 代表水汽指标,KI 属于热力指标,BRN、$MMLPT$、$TOTLC$ 属于热力动力综合指标即触发因子指标。经过大量的预报实践和分析研究表明,KI、SI、$CAPE$、BRN、$PWFES$ 五个因子对闪电活动有较好的预报意义。SI 表示气层的不稳定程度,负值越大,气层越不稳定。$CAPE$ 为在自由对流高度之上,气块可从正浮力做功而获得的能量,表示大气浮力不稳定能量的大小,和 SI 反映单层的浮力不同,$CAPE$ 是气块浮力能的垂直积分量,更能反映大气整体结构特征。$PWFES$ 代表了一定时间一定体积大气内的含水量。KI 在反映气层不稳定程度的同时考虑了中低层的水汽条件,大量的数据试验表明,强对流可以发生在弱的垂直风切变结合强的位势不稳定或相反环境中,即垂直风切变和位势不稳定存在着某种平衡关系。BRN 包含了动力和热力参数,反映了强风暴发生时动能和热力能量之间的平衡关系,其对强对流发展趋势的预测是一个较好的物理量。

(1)层结不稳定参数

理论和实践都证明不稳定的层结有利于强对流性天气的发生。条件性对称不稳定(CSI)在闪电的产生中起了重要作用。早在 20 世纪 50 年代,人们提出大量表示条件性不稳定的指数,例如:沙氏指数 SI 和抬升指数 LI,20 世纪 70 年代又引入对流有效位能 $CAPE$。层结稳定度是表示某一空气层处于何种平衡状态的指标。近地面大气层中气温随高度的分布形成了近地面大气层的不同稳定度特性,并影响其中的各种物理属性。如在某一空气层中的一块气团受外力产生向上或向下运动,其结果可能出现三种情况:

表 5.4 大气层结稳定性判断

气块在空气层活动情况	大气层的稳定性
气块受外力作用离开原来位置,当外力消除后气块运动逐渐减弱,并有返回原来高度的趋势。	稳定层结
气块一旦离开原来位置,仍加速运动。	不稳定层结
气块运动既不加速,也不减速,处于平衡状态。	中性层结

　　在研究近地面大气的湍流运动中,一般用理查森数(Richardson number)判别大气层结的稳定度。理查森数的物理意义是,在某一气层中流体微团作垂直运动时为抵抗阿基米德浮力所消耗的脉动能量与因湍流黏滞性的存在而使平均运动转化为脉动动能之比值。理查森数的优点是既考虑了热力因子,又考虑了动力因子,是一个很重要的判别层结稳定度的参数。

　　层结不稳定参数体现了大气不稳定的强弱,抬升指数,沙氏指数,K 指数,修正 K 指数与闪电具有较好的相关性,并且被用来制作雷电潜势预报方程的因子。

　　(2)水汽参数

　　孕育闪电活动的雷暴系统得以发生发展和维持,必须有丰富的水汽供应,这是闪电活动产生的主要能量来源。因而与水汽有关的参数成为预报雷电的一个重要参数,地面相对湿度、中层平均相对湿度是影响闪电强弱的重要因子,模式分析也证明了这一点。对于伴有强降水的雷暴天气来说,大气可降水量是非常好的指示参数。

　　(3)不稳定能量参数

　　在强对流可能发生的环境中,对流有效位能是一个与环境联系最为密切的热力学变量,因此被广泛地应用于强对流天气的诊断分析中。

　　对流有效位能(CAPE)与闪电具有密切关系,当对流有效位能(CAPE)较大时,雷电活动也较强。精确计算雷暴天气发生的不稳定能量参数,使得预报闪电的发生将成为可能。对于高海拔地区,闪电产生的大气层结具有与平原闪电活动完全不同的特征,表现为强闪电活动和弱闪电活动的对流有效位能(CAPE)值分布比较均匀,没有出现能量特别大的不稳定层结,因此对于高原地区雷电活动的预警预报应选用适合于高原地区的不稳定参数作为预报因子。

　　(4)风切变参数

　　与风切变有关的参数主要反映了雷暴云的旋转性和上升运动,国内外研究发现,螺旋度、风暴相对螺旋度等与风切变有关的物理量对局地强对流天气的发生具有一定的指示意义。在雷电发生前的 3 小时,风切变急剧增加,结合风暴相对螺旋度和垂直风切变可用来预报雷电活动的发生和发展。

表 5.5　雷电预报对流参数及其分类

指标类型	对流参数
稳定度指标	沙氏指数 SI
	强天气威胁指数(Sweat index)
	抬升指数 LI
	对流有效位能 CAPE
水汽指标	平均混合层混合比 MMLPR
	累积可降水量 PWFES
热力指标	K 指数 KI
热力动力综合指标(触发因子指标)	粗里查森数 BRN
	平均混合层潜热 MMLPT
	抬升凝结高度层温度 TOTCL

　　(5)能量指标

　　1)对流有效位能(CAPE)

　　对流有效位能(CAPE)是一个与环境联系最为密切的热力学变量,广泛应用于国内外强对流天气诊断分析。

当气块的重力与浮力不相等且浮力大于重力时,一部分位能可以释放,由于这部分能量对大气对流有着积极的作用,并可转化成大气动能,故称其为对流有效位能。其表达式为:

$$CAPE = g \int_{Z_f}^{Z_e} \frac{1}{T_{ve}} (T_{va} - T_{ve}) dz \tag{5.1}$$

式中 T_v 为虚温,下标 a 为地面上升量,下标 e 为环境相关量在平衡高度处,环境对气块的浮力加速度为 0,在此高度之上,对流将因为环境的负浮力作用而受到削弱。

CAPE 为在自由对流高度之上,气块可从正浮力做功而获得的能量。它从理论上反映出上升运动受环境浮力做功而能达到垂直运动的强度,这种能量对大气对流发展有积极意义。与传统的不稳定指数相比,对流有效位能更能反映出大气的整体结构特征,因此也经常被直接和间接地用于预报业务。

2)对流抑制能量 CIN

$$CIN = g \int_{Z_i}^{Z_{lfc}} \left(\frac{T_e - T_p}{T_e} \right) dz \tag{5.2}$$

式中 Z_{lfc} 为自由对流高度,Z_i 为气块起始抬升高度,T_p 为气块温度,T_e 为环境温度。对于强对流发生的情况往往是 CIN 有一较为合适的值:太大,抑制对流程度大,对流不容易发生;太小,能量不容易在低层积聚,对流调整易发生,从而使对流不能发展到较强的程度。

(6)对流不稳定指标

1)抬升指数 LI

抬升指数 LI 是气块从自由对流高度沿湿绝热线抬升到 500 hPa 的温度 T_L 与 500 hPa 环境温度 T 的差值

$$LI = T_L - T_{500} \tag{5.3}$$

它表示自由对流高度以上正面积的大小,选取最有利抬升指数来进行分析。最有利抬升指数(BLI)是指利用 700 hPa 以下的 1000、925、850 和 700 hPa 各层,分别沿干绝热抬升到凝结高度,然后沿绝热抬升到 500 hPa,得出各点的抬升温度 T_L,选其中最高者再计算其与 500 hPa 环境温度 T 的差值,就得到最有利抬升指数。

2)沙瓦特指数(SI)

沙瓦特指数也称沙氏指数,其值为 850 hPa 等压面上的湿空气团沿干绝热线上升,到达凝结高度后再沿湿绝热线上升至 500 hPa 时所具有的气团温度与 500 hPa 等压面上的环境温度的差值,即:

$$SI = (T_{500} - T_{800}) \tag{5.4}$$

式中 T_{500}、T_{800} 分别为 500 hPa 等压面上的环境温度和 850 hPa 等压面上的湿空气团抬升至 500 hPa 所具有的气团温度。沙氏指数也是一种反映大气稳定程度的参数,常与 K 指数一起使用。一般 SI<0 时,大气层结不稳定,且负值越大,不稳定程度越大,反之,则表示气层是稳定的。

3)气团指数 K

$$K = [T_{850} - T_{500}] + T_{d850} - [T - T_d]_{700} \tag{5.5}$$

$[T_{850} - T_{500}]$ 为 850 hPa 与 500 hPa 的实际温度差。T_{d850} 为 850 hPa 的露点,$[T - T_d]_{700}$ 为 700 hPa的温度露点差。K 值大,表示底层暖湿,中层湿度层厚,高层冷。

4)A 指数

$$A = (T_{850} - T_{500}) - [(T - T_d)_{850} + (T - T_d)_{700} + (T - T_d)_{500}] \tag{5.6}$$

K 指数可反映出大气的层结稳定情况,但不能明显地表示出整层大气层结不稳定程度。A 指数不仅包括各层之间的温度直递减率,也包括低层、中低层和中层的温湿度条件。A 指数和 K 指数越大,大气越不稳定,也越潮湿。

5)对流稳定度指数

对流稳定度指数,又称位势稳定度指数。表达式为:

$$CI = \theta_{se500} - \theta_{se850} \tag{5.7}$$

CI 是 500 hPa 假相当位温与 850 hPa 假相当位温之差,和气块法稳定度参数不同的是,它向上抬升的不是气块,而是整层空气。气块理论考虑的气块浮升时气层本身是静止的,然而实际大气中常常发生的是整层空气被抬升的情况。当 $CI>0$,表示对流性稳定;$CI=0$,表示对流层中下层呈中性状态;当 $CI<0$,表示对流性不稳定。

(7)综合指标

1)强天气威胁指数(SWEAT)

强天气威胁指数(SWEAT)主要用于监测强烈的对流性天气,它反映了不稳定能量与风速垂直切变及风向垂直切变对风暴强度的综合作用,是一个无量纲值。其公式为:

$$SWEAT = 12TD_{850} + 20(T - 49) + 2F_{850} + F_{850} + 125WS \tag{5.8}$$

上式中 $T = T_{850} + TD_{850} - 2T_{500}$;$WS = \sin(D_{500} - D_{850})$,其中 D_{500}、D_{850}、F_{500}、F_{850} 分别是 500 hPa 和 850 hPa 的风向、风速。SWEAT 的值愈高,发生龙卷和强雷电的可能性愈大。

2)风暴强度指数 SSI

$$SSI = 100[2 + (0.276\ln(Shr)) + (2.011 \times 10^{-4}CAPE)] \tag{5.9}$$

Shr 为对流层中低层的风切变,由 3657.6 m 以下的平均风切变和浮力能量组合而成,反映垂直风切变和对流有效位能大小的综合效应,是国际上比较通用的一个参数,其阈值由历史资料确定,如在澳大利亚,将 $SSI \geqslant 120$ 确定为强雷暴。

3)风暴相对螺旋度 SREH

$$H_{s-r}(c) = \int_0^z (V - C) \cdot \Omega_{xy} \mathrm{d}z \tag{5.10}$$

式中 $V = (u(z), v(z))$ 为环境风,$C = (cx, cy)$ 为风暴移动速度,$\Omega_{xy} = -\dfrac{\partial v}{\partial z}\vec{i} + \dfrac{\partial u}{\partial z}\vec{j}$ 为水平涡度矢量,Z 为风暴入流厚度,通常取 $Z = 3$ km。在对流层低层几千米范围内,相对于风暴的风向随高度顺转是风暴旋转发展的一个关键因子。引入相对螺旋度用于定量估计沿风暴入流方向上的水平涡度大小及入流强弱对风暴旋转的结合效应。试验结果表明,对于弱龙卷,中等强度龙卷和强龙卷,螺旋度大小分别为 $150 \sim 299, 300 \sim 499$ 和大于 450。当大于 150 时发生强对流的可能性极大。

4)能量螺旋度指数 EHI

$$EHI = (H_{s-r} \cdot CAPE)/160000 \tag{5.11}$$

式中 H_{s-r} 为低空 0 至 2 km 的风暴相对螺旋度。

强对流天气既可以发生在低螺旋度($SREH < 150$ m^2/s^2)结合高对流有效位能($CAPA > 2500$ J/kg)的环境中,也可以发生在相反的环境中($SREH > 300$ m^2/s^2 结合 $CAPA > 1000$ J/kg)。将对流有效位能和螺旋度结合形成能量螺旋度指数,反映了在强对流天气出现时,对流有效位能与螺旋度之间的相互平衡特征。研究表明：当 $EHI>2$ 时，预示着发生强对流的可能性极大。EHI 数值越大，强对流天气的潜在强度越大。

5）粗里查森数 BRN

$$R_{Bn} = \frac{E_{CAPE}}{(u^2+v^2)/2} = \frac{E_{CAPE}}{s^2/2} \tag{5.12}$$

(5.12)式中分母为上下气层切变动能。

该指数由对流有效位能和对流层中低层垂直风切变组合而成，可反映强对流发生时垂直风切变与位势不稳定之间的平衡关系。有分析认为中等强度的超级单体往往发生在 $5 \leqslant BRN \leqslant 50$ 的情况下，多单体风暴一般发生在 $BRN>35$ 时。

在运用这些参数进行雷电活动预报时，需要搞清楚预报对象的特点以及应用参数的物理意义和局限性，根据不同地域和季节气候特点综合考虑。具体问题具体分析，参数变化性要考虑，比如日变化导致的参数变化，天气系统移动及天气过程带来的参数变化等。所有强对流天气必有关键影响系统，所以在预报过程中，各尺度天气系统分析是根本，分析参数参考参数必须结合具体的天气形势、地理背景、季节背景，才能做出准确的预报。

5.3.2　基于对流参数逐步消空法的雷电潜势预报

在小概率天气事件的研究上，国内外专家都提出了许多方法：他们认为中尺度天气现象，如飓风、强雷暴以及雹暴等都不是随机发生的现象，而是强烈地取决于大尺度环流系统以及有关的热力场与水汽场；并提出了提高小概率事件预报成功率的方法，即"变小概率事件为条件概率下的大概率事件"。但将天气形势作为条件概率，结合对流参数，使用逐步消空法，将雷电这个小概率事件变为大概率事件。同时逐步消空法在其他强对流天气——雹云和暴雨的识别效果明显，可为雷电短时预报提供参考并提高预报时效。

5.3.2.1　逐步消空法的数学表述

根据目前我国天气预报质量检验和评估的规定，引入临界成功指数 CSI、探测概率 POD 与虚假报警率 FAR。根据表 5.6，有

$$CSI = \frac{x}{x+y+z} \tag{5.13}$$

$$POD = \frac{x}{x+y} \tag{5.14}$$

$$FAR = \frac{z}{x+z} \tag{5.15}$$

表 5.6　定义 CSI、POD、FAR 用表

预报（雷电）	观测（雷电）		总计
	有	无	
有	x	z	$x+z$
无	y	w	$y+w$
总计	$x+y$	$z+w$	N

表中 x,y,z,w 表示出现天气过程的次数,如预报有雷电并且也观测到雷电的天气过程次数为 x,预报有雷电但是没有观测到雷电的天气过程次数为 y,以此类推。表 5.6 中引入的 CSI、POD、FAR 是衡量预报质量、预报指标或预报方法优劣很有用的参数。提高预报准确率,就是使 CSI 的数值加大;寻找预报指标,就是寻找使表 5.6 中 y 和 z 减小、CSI 变大的条件。而所谓的逐步消空法就是一种寻找预报指标集的数学方法,就是使 $y=0$、使 z 逐步变小的方法,用探测概率 POD 与虚假报警率 FAR 来表示就是

$$POD = 100.0\% \tag{5.16}$$
$$100.0\% > FAR = m > 0 \tag{5.17}$$
$$[(FAR)_{i-1} - (FAR)_i] > m_i\% > 0 \tag{5.18}$$

式(5.18)中 $(FAR)_i$ 为第 i 个指标的虚假报警率。其中式(5.16)为"勿漏";式(5.17)、(5.18)为"宁空";式(5.16~5.18)共同"宁空勿漏",也就是"逐步消空法"的数学表述。

5.3.2.2　基于对流参数逐步消空法的预报流程

利用逐步消空法得出的指标集,在指标集中雷电天气最常出现的天气背景为天气类型指标,先从当天的 MICAPS 天气图资料(一般为早晚 8 时 500 hPa 和 850 hPa 形势场)判断天气类型是否属于满足雷暴发生的形势场,满足则用下一指标 K 指数来判别;不满足则判断为无雷暴。同样再判断第二个指标 K 指数,如果满足 K 指数的临界值则进入下一个指标 CAPE 的判别;不满足则判断为无雷暴。后面的指标判断同样如此,只到雷电预报指标集合中每一个的临界值都达到时,才预报未来有雷暴;否则,则预报无雷暴。具体的预报流程如图 5.2 所示。

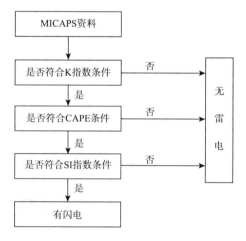

图 5.2　基于对流参数逐步消空法的预报流程图

该例子仅考虑了三个指标的雷电潜势预报,不同地区因地理位置、天气特征差异,影响因子可能略有不同,应结合实际情况加以考虑。利用逐步消空法将对流参数和天气形势相结合,共同作为雷电潜势预报的预报因子,增加潜势预报的准确率。一次明显的强对流天气过程的成功预报,一般为对相关的天气型并结合一些相关物理参数大小来进行预测。如果这些参数达到了一定的阈值范围,那么,将可以预测这一潜在的事件。

各地在运用逐步消空法时,应该总结该地区多年的探空资料、地面观测资料和历史天气图资料的分析,结合逐步消空法,得出适合本地区雷电潜势预报的指标集,并将雷电这类小概率

的灾害性天气逐步变为条件概率下的大概率事件,使雷电潜势预报变为可能。

5.3.3 基于相似预报法的雷电潜势预报

相似预报基本思路:把当前的大气状况和过程与历史上曾经出现的大气状况和过程相比较,从中找出历史上与现在最相似的一个或几个大气状况和过程,按照相似原因产生相似结果的原则,就可按历史上出现的最相似个例来类推预报今后将要出现的天气过程和现象。一般情况下,当环流形势分型相同、天气系统分布相似时,环流背景也就比较相似。

5.3.3.1 环流形势相似

环流形势相似使用环流形势客观分型和天气系统识别方法。对于我国天气形势背景来说,客观分型法将欧亚中高纬环流形势划分为经向环流与纬向环流两大类共 8 种环流型,即偏西气流型、东亚宽槽型、一脊一槽型、一槽一脊型、两脊一槽型、两槽一脊型、两脊两槽型、两槽两脊型。天气系统使用自动识别技术,识别出巴尔喀什湖低压槽、蒙古西部低压、贝加尔湖低压、乌拉尔山高压脊、新疆高压脊、中亚低压、西西伯利亚低压、东亚大槽等天气系统和位于我国中部的两高切变以及位于欧亚交界的北高南低形势等。通过客观分析对比选出与历史雷暴天气的天气系统和天气形势基本相似的个例。

表 5.7 欧亚中高纬环流形势分类

环流型	环流形势
经向环流	偏西气流型
	东亚宽槽型
纬向环流	一脊一槽型
	一槽一脊型
	两脊一槽型
	两槽一脊型
	两脊两槽型
	两槽两脊型

5.3.3.2 物理量相似

物理量相似采用相似离度法。相似离度不仅能够较准确地反映出两个样本之间的数值相似,而且还能够反映出其形态的相似,弥补了相似系数和各种距离法的不足,通过寻找预报时刻前期到未来时段的演变动态相似,找到最佳相似样本,是一种比较客观、合理地描述两个样本属性相似程度的分析方法。

对于两样本 i 与 j,用符号 C_{ij} 表示 i,j 两个样本的相似离度:

$$C_{ij} = (\alpha R_{ij} + \beta D_{ij})/\alpha + \beta \tag{5.19}$$

$$R_{ij} = \frac{1}{m}\sum_{k=1}^{m} \mid H_{ij}(k) - E_{ij} \mid \tag{5.20}$$

$$D_{ij} = \frac{1}{m}\sum_{k=1}^{m} H_{ij}(k) \tag{5.21}$$

$$H_{ij} = H_i(k) - H_j(k) \tag{5.22}$$

$$E_{ij} = \frac{1}{m} \sum_{k=1}^{m} H_{ij}(k) \tag{5.23}$$

其中 R_{ij} 描述的是形相似,能反映出两个样本中各个因子之间的差值,反映出它们的形相似程度,称为形系数。$H_i(k)$,$H_j(k)$ 表示两个样本的 k 因子值,D_{ij} 主要反映值相似,实际上就是表明距离对因子容量 m 求平均值,它能准确反映出两样本之间在总平均数值上的差异程度,称为值系数。E_{ij} 表示了 i 样本对 j 样本中所有因子的总平均差值。上式表明,相似离度由形系数 R_{ij} 和值系数 D_{ij} 两项共同决定,可综合反映样本间的值相似与形相似程度。计算出来的相似离度大小在 0~1 之间,即 $0 < C_{ij} \leqslant 1$,C_{ij} 越小,i,j 两个样本越相似。当两个样本完全重合时,R_{ij}、D_{ij} 和 C_{ij} 都达到最小值 0。

由于相似离度反映的是两样本间的相似程度,恰当地确定样本大小很关键,样本太大会减小预报关键区的敏感性,要求在能反映问题本质的基础上,样本越小越可以增大相似离度对因子关键区样本的敏感性;而雷电又是中小尺度系统影响下对流性天气的产物。因此做物理量相似分析时,首先确定一个能包含所有影响系统的区域为雷电预报相似关键区。然后,以 T213 提供的各类物理量场为基础,对关键区内的样本值进行标准化,而后计算与历史样本的相似离度,挑选相似离度最小值或小于一定阈值的过程作为最佳相似个例。

在相似预报法的实际业务应用中,研究者发现虽然环流形势相似判别拟合较好,但物理量相似方面存在一定的误差,主要是因为相似离度法本身存在的不足:即只要满足一定条件,就可以有一个结果,但具体能否出现雷电天气只有通过不断地应用,积累一定的样本,选择对雷电天气有明显物理意义的物理量,找出各物理量相似离度值的阈值,再重新进行修正才能确定。

根据相似预报基本思路和上述分析,可以建立适用于本地的雷电潜势预报业务流程系统如图 5.3 所示,主要由基于相似预报法的雷电潜势预报制作模块、雷电数据库及辅助模块组成。其中,雷电潜势预报制作模块以数值预报产品为基础,通过环流形势相似分析和物理量相似计算,确定相似离度最小的前 n 个最佳相似个例,选取其中一个客观相似预报结果作为预报蓝本,预报员可综合其他探测资料,通过人机交互的方式,完成雷电潜势预报的制作与分发。

系统可自动获取所需的实时数值预报产品资料,提供客观分型和 10 种天气系统识别结果,因子标准化处理、客观分型及天气系统识别均以后台运行为主。相似个例检索结果中,环流形势直接在 MICAPS 系统下显示。

系统建立时,根据 T213、ECMWF 数值产品可用预报时效与历史样本进行环流形势和物理量相似计算,可提供 0~168 h 环流形势和物理量相似预报结果,因此,各个时效的相似预报结果可用性与数值预报产品准确率有关。

所有强对流天气必有关键影响系统,所以在预报过程中,各尺度天气系统分析是根本,分析参数参考参数必须结合具体的天气形势、地理背景、季节背景,才能做出准确的预报。基于相似预报法的雷电潜势预报重点考虑了有利于本地雷电活动发生的天气环流背景,并分析了相关物理量场及数值预报产品,具体问题具体分析,其预报效果要好于仅考虑对流参数的雷电活动预报。

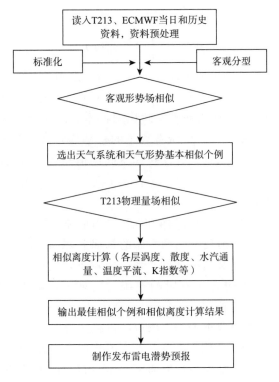

图 5.3 基于相似预报法的雷电潜势预报业务流程

5.3.4 基于决策树法的雷电潜势预报

5.3.4.1 决策树

所谓决策树是一个类似流程图的树结构,其中树的每个节点对应一个特征(属性)变量值的检验,每个分枝表示检验结果,树枝上的叶节点代表所关心的因变量的取值,最顶端的节点称为根节点,是整个决策树的开始。对此问题的不同回答产生了"是"和"否"两个分支。决策树的每个节点子节点的个数与决策树在用的算法有关。每个节点有两个分支,这种树称为二叉树。允许节点含有多于两个子节点的树称为多叉树。

每个分支要么是一个新的决策节点,要么是树的结尾,称为叶子。在沿着决策树从上到下遍历的过程中,在每个节点都会遇到一个问题,对每个节点上问题的不同回答导致不同的分支,最后会到达一个叶子节点。这个过程就是利用决策树进行分类的过程,利用几个变量(每个变量对应一个问题)来判断所属的类别(最后每个叶子会对应一个类别)。

从根节点到每个叶节点都有唯一的一条路径,这条路径就是一条决策"规则",如图 5.4 所示,如果每个内节点都恰好有两个分枝,则称为二叉树,类似可定义多叉树,在所有的决策树中,二叉树最为常用。

建立一棵决策树可能只要对数据库进行几遍扫描之后就能完成,这也意味着需要的计算资源较少,而且可以很容易地处理包含很多预测变量的情况,因此决策树模型可以建立得很快,并适合应用到大量的数据上。

在建立过程中让其生长得太"枝繁叶茂"是没有必要的,这样既降低了树的可理解性和可用性,同时也使决策树本身对历史数据的依赖性增大,也就是说这是这棵决策树对此历史数据可能非常准确,一旦应用到新的数据时准确性却急剧下降,我们称这种情况为训练过度。为了使得到的决策树所蕴含的规则具有普遍意义,必须防止训练过度,同时也减少了训练的时间。因此我们需要有一种方法能让我们在适当的时候停止树的生长。常用的方法是设定决策树的最大高度(层数)来限制树的生长。还有一种方法是设定每个节点必须包含的最少记录数,当节点中记录的个数小于这个数值时就停止分割。

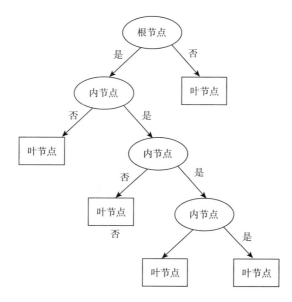

图 5.4　决策树示意图

目前决策树的算法主要有:由下而上建立法;由上而下建立法;混合法;成长—修剪法。决策树形成后,还需要进行修剪和选择。决策树归纳方法是一种从样本中学习的方法,其目标是从历史的经验归纳为决策树,而希望此决策树越精简越好,因此可利用决策树上各分枝节点的不纯度函数来简化决策树。建立决策树的过程,即树的生长过程是不断地把数据进行切分的过程,每次切分对应一个问题,也对应着一个节点。对每个切分都要求分成的组之间的"差异"最大。各种决策树算法之间的主要区别就是对这个"差异"衡量方式的区别。当决策树成长完成的时候,不能一般化地预测未观察到的样本。因此,需要牺牲一些训练样本描述的正确性,来换取未观察样本的一般化描述,便构成决策树修剪的原因。在一系列经修剪过的树中,想要选择最佳的决策树,准确率通常是最重要的标准,一般的做法是将训练样本随机区分成用以学习的学习样本(占全部样本的三分之二)和用以测试的测试样本(占全部样本的三分之一)两部分,因为样本是随机区分的,所以可将测试样本视为一独立的测试资料,其准确率的估计就是以此独立的测试资料为准则。

5.3.4.2　雷电潜势预报决策树

雷电潜势预报决策树是一棵二叉树,成长的算法采用"成长—修剪法"。最初建立的树包括的节点太多,预报效果不太理想,经过不断修剪和选择后的雷电潜势预报决策树见图 5.5。

图中各节点的属性值为产生雷电天气的属性门槛值,同一节点不同的大于门槛值的属性值对产生雷电天气的贡献是不同的。

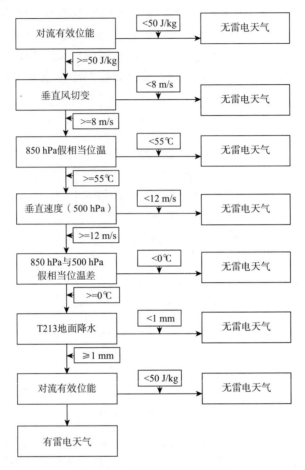

图 5.5　雷电潜势预报决策树

　　由雷电潜势预报决策树计算出某地区 1°×1°经纬网格点上的雷电潜势天气概率预报。雷电潜势天气概率预报是一种产生雷电天气可能性大小的预报,概率越大,表明未来 12 h 内产生雷电天气可能性越大;反之,概率越小,表明未来 12 h 内产生雷电天气可能性就越小。

5.3.4.3　雷电潜势预报决策树样本介绍

　　雷电潜势预报决策树实验样本包括闪电定位仪监测、对流有效位能(CAPE)、垂直风切变、850 hPa 假相当位温(θ_{se})、850 hPa 与 500 hPa θ_{se}差、300 hPa 24 h 变温,200 hPa 散度、500 hPa 24 h 变温、500 hPa 24 h 变高、急流、垂直速度、涡度,700 hPa 24 h 变温、850 hPa 24 h 变温、地面 24 h 变压、地面 3 h 变压、T213 模式 12 h 降水预报等资料。

　　(1)对流有效位能(CAPE)

　　对流有效位能是用来衡量热力不稳定大小的最佳参量,是气块在给定环境中绝热上升时的正浮力所产生的能量的垂直积分,是风暴潜在的一个重要指标。在温度对数压力图上,CAPE 正比于气块上升曲线和环境温度曲线从自由对流高度(LFC)至平衡高度(EL)所围成的区域的面积。CAPE 的数值越大,则 CAPE 能量释放后形成的上升气流强度就越强。

（2）位温与假相当位温

当空气块上升、下降时,其温度必随气压的不同而变化。气象学上为了比较不同高度(气压)处空气的温度,常采用位温这一概念。位温是将任意高度上的空气温度用干绝热递减率换算到 1000 hPa 处所应有的温度值,以 θ 表示。θ 的单位为绝对温度。位温具有一种很有用的特性,对于某定量空气来说,在干绝热过程中,位温是不变的,即位温对于干绝热过程是保守的。而假相当位温是为了考虑水汽凝结和水分蒸发对气块绝热升降时温度变化的影响,气象工作者引进的一个描述空气冷暖的物理量,用 θ_{se} 表示。空气块依次经历下列过程后具有的温度,称作开始上升处空气块的假相当位温,用符号 θ_{se} 表示。它可以反映出水汽含量同气压对气块温度的影响。假相当位温是湿空气通过假绝热过程把它包含的水汽全部凝结降落完后,所具有的位温。故在假相当位温中既包含了气压对温度的影响同时也包含了水汽对温度的影响。所以在任何绝热过程中,同一块空气的 θ_{se} 都保持不变。θ_{se} 的这个特性,常用来鉴别气团,因为气团在移动过程中,它的 θ_{se} 值等于常数。设有一气块,它的气压、温度、湿度分别为 p、t、q。在绝热图解上温度、气压对应于某一高度处。这时气块是未饱和的,让其沿干绝热上升到达凝结高度 Z_c 点,此时气块达到饱和,以后气块继续上升时,就不断有水汽凝结,它就沿湿绝热线上升,当气块到达另一高度,其内部水汽全部凝结并降落后,再让它沿干绝热线下降到 1000 hPa 处,此时气块的温度称为气块的假相当位温。

5.3.4.4　基于决策树法的雷电潜势预报效果

从表 5.8 和表 5.9 中可以看出雷电潜势概率预报运行效果还是不错的,当预报概率在 70% 的时候在 8 月份(雷暴日数较多的月份)在三个不同覆盖范围的正确性平均下来有 75% 的准确性。在 9 月份(雷暴日数较少的月份)在三个不同覆盖范围的准确性平均下来达到了 85% 以上。由此可见雷电天气潜势预报的效果还是好的。

表 5.8　2007 年 8 月四川地区雷电潜势预报正确率、空报率、漏报率统计表（单位：%）

（引自雷电预警预报技术研究与实现,沙跃龙,2009）

预报概率	8月份雷电潜势预报试验										
	40	45	50	55	60	65	70	75	80	85	90
概率统计 （10 km 范围空报概率）	47.38	39.71	36.08	29.47	29.47	25.03	17.46	9.59	9.59	2.30	0.29
概率统计 （10 km 范围漏报概率）	0.56	0.90	0.92	1.11	1.11	1.40	1.40	2.30	2.30	2.60	2.80
概率统计 （10 km 范围正确概率）	52.06	59.39	63.0	69.42	69.42	73.57	81.14	88.11	88.11	95.10	96.90
概率统计 （20 km 范围空报概率）	42.11	35.45	32.08	26.00	26.00	22.06	15.59	8.50	8.50	1.89	0.15
概率统计 （20 km 范围漏报概率）	2.25	3.75	3.87	4.75	4.75	5.76	5.76	8.31	8.31	9.27	9.76

续表

预报概率	8月份雷电潜势预报试验										
	40	45	50	55	60	65	70	75	80	85	90
概率统计 (20 km范围正确概率)	55.64	60.80	64.05	69.25	69.25	72.18	78.65	83.19	83.19	88.84	90.09
概率统计 (50 km范围空报概率)	30.56	25.79	23.24	18.81	18.81	16.68	11.91	6.44	6.44	1.19	0.07
概率统计 (50 km范围漏报概率)	8.40	11.94	12.40	15.42	15.42	17.94	17.94	24.12	24.12	26.44	27.55
概率统计 (50 km范围正确概率)	61.04	62.27	64.36	65.77	65.77	65.38	70.15	69.44	69.44	72.37	72.38

表 5.9　2007年9月四川地区雷电潜势预报正确率、空报率、漏报率统计表(单位:%)

(引自雷电预警预报技术研究与实现,沙跃龙,2009)

预报概率	9月份雷电潜势预报试验										
	40	45	50	55	60	65	70	75	80	85	90
概率统计 (10 km范围空报概率)	40.99	32.34	24.91	19.67	19.67	16.15	12.01	7.95	7.95	3.15	0.33
概率统计 (10 km范围漏报概率)	0.15	0.22	0.22	0.22	0.22	0.22	0.22	0.26	0.26	0.33	0.33
概率统计 (10 km范围正确概率)	55.86	67.44	76.87	80.11	80.11	83.63	87.77	91.79	91.79	96.52	99.34
概率统计 (20 km范围空报概率)	40.66	32.12	29.96	19.49	19.49	15.75	11.83	7.88	7.88	3.15	3.30
概率统计 (20 km范围漏报概率)	0.81	1.03	1.03	1.06	1.06	1.06	1.06	1.21	1.21	1.36	1.36
概率统计 (20 km范围正确概率)	58.53	66.85	69.01	79.45	79.45	83.19	87.11	90.91	90.91	95.49	95.34
概率统计 (50 km范围空报概率)	38.10	30.15	23.11	18.39	18.39	14.95	11.03	7.07	7.07	2.86	0.33
概率统计 (50 km范围漏报概率)	2.82	3.92	4.29	4.84	4.84	4.91	4.91	5.27	5.27	5.93	6.23
概率统计 (50 km范围正确概率)	59.08	65.93	72.60	76.83	76.83	81.14	84.14	87.66	87.66	91.21	93.44

　　从表5.8和表5.9中也可以看出,随着覆盖范围的扩大,雷电潜势概率预报的效果逐渐变差,初步估计是由于覆盖范围的扩大,使得决定雷电潜势概率预报的八个决策因子相对有误差,从而导致了雷电潜势预报的效果变差。

　　决策树方法是应用最广泛的归纳学习方法之一,速度快,很直观,在专家系统、工业控制过程、金融保险预测以及医疗诊断等领域有广泛的应用。图 5.5 中各节点的属性值为产生雷电天气的属性门槛值,同一节点不同的大于门槛值的属性值对产生雷电天气的贡献是不同的。在各地使用决策树法进行雷电潜势预报时可根据本地气候条件,地形及主要影响因子选取雷电潜势预报决策树实验样本,建立适合本地的决策树,逐一测试每一决策树的准确率,选择其准确率最大的树作为最后的决策树。成长的算法采用成长—修剪法。最初建立的树包括的节点可能太多,预报效果不太理想,经过不断修剪和选择后便可获得较好的预报效果。

5.3.5　雷电资料的运用

由于雷电常常和对流活动相联系,而很多灾害性天气,如冰雹、暴雨和飓风等又伴有强烈的对流活动。因此,通过对雷电活动的监测,可以了解这些灾害性天气发生、发展及移动的情况。与天气雷达资料的比较发现,雷电资料可以指示强对流的发展。由于雷电定位系统具有覆盖范围大、维持费用低及可连续长时间运行的优点。作为日常灾害性天气的监测手段更为有效。

雷电资料不仅受到广大气象学家的重视,而且已经用于森林防火、电力、航天等部门。20世纪 80 年代以来,美国、加拿大、法国和中国等国家已经广泛应用雷电定位网来进行雷击森林火灾的早期探测、电力系统的保护和雷击故障点监测,以及航空、航天的安全保障等,气象研究者也将雷电资料和雷达回波、卫星云图以及其他观测相结合试图找出各种天气系统不同发展阶段的地闪特征,以便将这一新的、有效的观测手段用于业务预报中去。郄秀书等(1989,1993)曾经利用雷电定位资料分别对兰州和北京的雷暴日、雷暴小时和落雷密度进行了分析,得到的雷暴日结果与气象台站得到的结果有很好的一致性,而且可以得到落雷密度的估计,这种方法较人工要可靠、方便。

国内外研究人员采用各种资料,对雷电的临近预报方法进行了研究,主要手段有:探空、雷达、卫星、雷电定位电场以及数值模式产品每种资料用于雷电预警都有其优势和不足,比如:

(1)雷电定位资料:实时性好,但预警提前时间有限,并且,地闪定位资料通常比较离散,可造成外推得到的可能发生雷电的区域的空间分辨率较粗;

(2)地面电场资料:实时性很好,但其单站的预警区域范围有限,对于移近的雷暴能够提前预警的时间也有限;

如果有地面电场资料可用,同样首先利用卫星资料对低亮温区域进行识别、跟踪和外推:由地面电场资料得到各个预测时次的预测结果。然后对所有预测时次的所有区域进行如下处理:搜索该时次该区域内所有格点由地面电场预测得到的雷电发生概率,该区域的雷电发生概率取所有格点中雷电发生概率的最大值。

(3)卫星资料:空间尺度很大,可达上千千米,但目前能够得到的卫星资料的时空分辨率较粗。如果时间分辨率足够高,可以作雷电临近预报。对云顶高度和云顶温度进行观测,计算云顶上升速度和冷却率,识别可能发生雷电的对流云。主要方法是统计和外推。虽然监测范围很广,但时空分辨率较低,并且云层的相互遮挡会影响观测。

(4)雷达资料:时空分辨率都比较好,但只有在降水粒子形成之后才会有较强的回波,提前预警时间同样有限;处理过程与卫星资料的处理过程相似,只是采用 AITEA 识别、跟踪和外推的是强回波区域。

　　因此,多种资料配合使用,取长补短,可提高雷电活动预警预报的准确性,增加提前预警时间。

　　从图5.6中可以看到,目前的雷电预警预报依据不同时空尺度以及天气形势预报产品和雷暴云起电、放电模式,卫星、雷达和闪电定位仪等对强对流天气系统进行监测,给出雷电活动发展和移动的趋势预报,并结合地面电场仪的实时观测,提供局部地区的雷电临近预报。

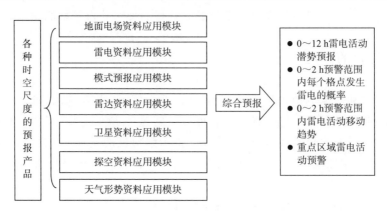

图5.6　雷电预警预报系统示意图

　　为了预防雷电引起的严重灾害,建立区域雷电监测预警业务,使用了雷达观测信息制作雷电短时预警。通过雷电监测网,实时获取雷电观测数据,结合雷达、卫星等其他观测资料和数值模式产品,将雷电区域内的雷达图像分解,结合闪电定位资料,追踪雷电的时空变化,最后将这一变化按指数趋势对未来状态进行描述。将描述性的指标按超前时间重新组合,形成特定区域的雷电预报。使用雷达、闪电定位资料估计雷电区域移动轨迹。并利用统计、外推、决策树等方法,综合利用闪电定位资料、新一代天气雷达资料和其他相关资料,建立关于闪电影响时间、强度、移向等的临近预报方程和模型,实现雷电临近预警的客观化、定量化。

5.3.6　小结

　　尽管在雷电潜势预报方面已做了大量的研究工作,但这些工作所使用的资料年代都比较短,且不稳定参数在时空上是高度变化的,在大范围环境中是不具有代表性的,因而应用高时空分辨率长时间尺度的气象资料来计算大气不稳定参数变得更加重要。并且,雷电发生的地域差异十分明显,单一的预报方程在不同的经纬度及环境条件下是不具备代表性的,闪电活动与气象要素之间的关系具有很大的可变性,因为不同的地理位置、气象条件、海拔高度都可能引起闪电活动特征的差异,因此,对于不同地区建立适合本地区的区域性雷电潜势预报方程仍值得进行基础性的研究预报。所以需要利用探测资料和本地的监测资料来研究雷电的有利环境场特征,综合考虑不同方法的适宜性和局限性,选取合适因子制作适合本地的雷电天气潜势预报。

　　而且目前对我国雷电活动规律的认识仍然是不全面的,雷电研究的突破性进展依赖于对雷暴内动力、微物理和起/放电过程之间的相关认识。因此,利用卫星、雷达和闪电探测系统等手段,对雷电放电特征及其活动规律开展系统研究,加深对雷电发生、发展特征的认识和理解,并通过建立雷电数值预报模式,提高雷电监测预警水平,这将是今后雷电研究的一个重要方向,也将使雷电气象学逐渐成熟起来。

5.4　雷电的数值预报方法

由于闪电活动发生发展时雷暴云内部结构十分复杂,使云内资料的观测受到很大限制,因此数值模拟成了雷暴云起电过程与机制研究的一个重要补充。近年来数值天气预报迅速发展,随着数值预报模式时空分辨率和预报准确率的提高,许多数值模型现在有能力运行足够高的分辨率来模拟对流风暴及其发展模式,天气数值模型的日益普及,使探索使用适当的动力学和微物理场模型模拟来预测闪电的威胁成为可能。

然而迄今为止,雷电天气预报还只停留在一些经验预报方法和概念模型方法水平。近年来,通过在云模式中耦合雷电起电、放电机制,雷电数值预报模式也得到了一定的发展,如二维轴对称模式以及后来发展的三维强风暴动力—电耦合模式,这些雷电数值模式在研究雷暴云动力、微物理及电过程的发展机制方面发挥了很大的作用,但由于云模式本身的限制以及人为水平均匀初始场给定的约束,难以在雷电天气的预报预警方面发挥较强的作用。而随着计算能力的不断提高,越来越可能运行极高分辨率的中尺度天气数值预报模式,这种模式本身已包含了复杂的微物理过程,目前已有气象学家们将雷电起电、放电机制直接耦合到高分辨中尺度非静力平衡模式中,建立中尺度天气—雷电一体化的数值预报模式,像其他天气要素(降雨、大风、温度、湿度、沙尘暴等)一样,提供业务雷电天气数值预报,同时为利用常规气象观测资料开展雷电研究开辟新的途径。

5.4.1　二维模式

雷暴云模式经历了从二维到三维,起电放电参数化方案也越来越复杂越来越精确的发展过程:许多人曾经对积雨云或雷暴的起电机制进行过数值模拟研究。雷暴的起电模式通常是在动力模式的基础上起电机制主要是感应起电。其中最具代表性的是 Takahashi[1] 的工作,他在动力模式的基础上引入电场力和各种起电过程,从而建立了一个一维轴对称云模式,以研究浅对流暖云的电荷结构特征。后来的科学家将这一工作延伸,模拟了深对流暖云中空间电荷的分布特性。这些模拟结果发现强的电活动依赖于云中的强降水率,模拟还得到了电荷偶极分布和云下部较弱的正电荷区。

20 世纪 80 年代以来,模拟更多地转向冷云,也更多地注意非感应起电机制的作用,在模式处理上也有了较大进展。在模式中引入了较为完整的非感应起电过程,由于该机制的很多参量尚未在实验室中得到证实,微物理过程处理得过于简单,模拟结果与实际测量结果不能很好吻合。Takahashi[1] 利用二维轴对称模式分别对暖云和冷云进行了模拟,且考虑了大陆性和海洋性环境影响,对于水成物粒子作了较为仔细的尺度分档处理,模拟得到了三极性电荷结构,并指出最大电荷区和最大降水区吻合,这和实际观测也有出入。此外,对非感应机制中一些参量例如冰晶浓度的选用也需要进一步商榷。此后进一步讨论了非感应机制在模式中的应用,为了计算稳定性,模式处理上采用运动学形式,即动力基本量值的选取采用成熟的动力模式结果,模式计算发现非感应起电率很依赖于液态含水量值和反转温度的选择。言穆弘等[2]

曾讨论过冰晶浓度对非感应起电过程的敏感性问题,对于通常观测到的冰晶浓度,该机制起电率是较弱的,如果在云下产生二次冰晶繁生效应,通过气流循环增大冰晶浓度和尺度,则起电率将大大增加。

言穆弘等[2,3]建立了中国第一个积云动力和电过程的二维轴对称模式,研究环境量、动力及微物理对电活动的影响。他建立了一个模拟积云动力和电力发展的二维时变轴对称模式,来讨论形成雷暴电结构的物理原因。模式中考虑了 10 种主要微物理过程,包括凝结(凝华)、蒸发、自动转换、粒子间的碰撞、冰晶核化以及次生冰晶等。在起电过程中除了考虑常规的扩散和电导起电外,重点引入了感应和非感应起电,以及次生冰晶起电的作用。模拟结果发现,软雹碰撞冰晶的感应和非感应起电机制是形成雷暴三极性电荷结构和局地产生足以导致空气被击穿的强电场的主要物理过程。雷暴下部的次正电荷区主要由非感应起电机制形成,计算得到的下部正电荷区和中部负电荷区最大电荷浓度约为 10^{-8} C/m^3,而上部正电荷区约低一个量级。

张义军等[7]在言穆弘发展的二维时变积云动力和电过程二维模式的基础上,引入了闪电放电过程,从而对雷暴中的放电过程进行了数值计算,结果表明随着雷暴动力和微物理结构的发展,雷暴的电活动逐渐增强,放电过程主要发生在模拟雷暴发展到 30~45 min 期间,且始发位置主要集中在温度约为 -10℃和 -25℃的两个高度上。在三极性电荷结构的雷暴中,90%的放电发生在雷暴云中部负电荷区与下部正电荷区之间。雷暴中放电活动主要依赖于上升气流,但也需要一定的云中降水粒子(对应于地面降雨率约≥5 mm/h)。由此看来,虽然云中起电依赖于大小水成物粒子的下落速度差,但依赖性不强,只需要一定的速度落差即可,但不同极性电荷的分离却对上升气流有很强的要求,否则云中强电场难以形成。

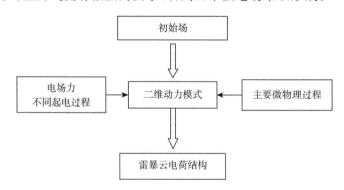

图 5.7　二维模式雷电模拟流程示意图

综上所述,二维模式模拟过程采用水平均匀的初始场,加上人为扰动来启动对流运动,引入非感应或感应起电机制并加入各种微物理过程,对于研究雷暴云动力、微物理以及电过程的发展机制发挥了很好的作用,但实际雷暴云发生发展的环境一般来说是水平不均匀的,它具有复杂的三维结构特征。

5.4.2　三维模式

孙安平等[4,5]在冰雹云模式基础上引入较成熟的起电机制以及云内放电参数化方案,建立了三维强风暴动力—电耦合模式,较好地描述了风暴中动力、微物理和电结构的发展演变过程,郭凤霞等[8]利用三维时变双参数动力电耦合模式研究了雷暴云空间电荷结构的时空演变特征和成因,Wilson(威尔逊)等[9]、Mansell(曼塞尔)等[10]开发的起电放电模式,其放电参数化采用随机放电模式,模拟的闪电通道与真实闪电的三维分叉结构非常相像。

以上研究工作,其模拟过程中大都采用了水平均匀的初始场,再加上一个人为扰动来启动对流运动,其初始场的时间地点及强度都是人为给定的。这种方法对于研究雷暴云动力、微物理以及电过程的发展机制发挥了很好的作用,但对实际雷暴云的预报研究来说是不够的。雷暴云发生发展的环境一般来说是水平不均匀的,它往往具有复杂的三维结构特征,依靠背景环境场提供发展的重力不稳定条件、水汽来源和对流启动条件,因此在较为真实的三维环境背景场下研究雷暴云的时空演变特征是必要的。黄丽萍等[11]在用 GRAPES_Meso 高分辨区域模式模拟出的三维非静力平衡环境背景场驱动加入起电和放电参数的三维雷电模式,从而模拟雷暴天气中积云动力和电过程发展,以常规观测资料作为输入的高分辨率(水平格距为 1 km)中尺度模式 GRAPES_Meso 预报场作为雷电模式的初始场,不做任何人为的扰动,可以成功地驱动传统的耦合在云模式中的雷电模式,给出比较接近实际的雷暴电过程的模拟结果。但由于电过程(包括电动力过程以及起电、放电参数化方案)是耦合在传统的云模式中,GRAPES_Meso 只为雷电模式提供初始场,其与雷电模式各自独立运行,同步性难以控制,同时由于云模式本身的一些局限性,如固定边界条件、缺少辐射陆面等物理过程参数化方案等处理在很大程度上限制了传统云模式较长时间积分的预报能力,所以,实现雷电模式预报还需将电过程从云模式中剥离出来,直接耦合到预报能力较强的高分辨中尺度模式中,同时在 GRAPES 高分辨率中尺度模式中添加各种水成物电荷密度预报方程组,实现与雷电模式"直接"耦合,建立高分辨率(水平格距小于 1 km)"中尺度天气—雷电"一体化的数值预报模式,而输入资料只是传统的常规气象观测资料。像运行一个"普通"的中尺度模式一样,运行这一"中尺度天气—雷电"一体化耦合模式,使得 GRAPES_Meso 具有对雷电天气电过程的实际数值预报能力,并利用观测试验的雷电观测资料,对模式的模拟能力作初步的验证。研究中发现,此 GRAPES 模式能更真实地体现实际雷暴云本身发展的复杂性,并模拟出合理的云闪及正负云地闪,且模拟的雷电频数随时间发展演变趋势与观测实况基本吻合,表现出了数值模拟对雷暴天气潜在的预报能力。

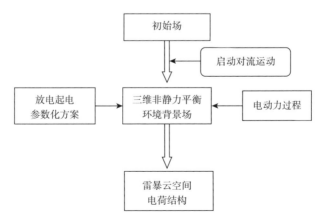

图 5.8　三维模式雷电模拟流程示意图

　　三维模式在三维非静力平衡环境背景场驱动下加入起电和放电参数以及电动力过程,能更真实地体现实际雷暴云本身发展的复杂性,并模拟出合理的云闪及正负云地闪,且模拟的雷电频数随时间发展演变趋势与观测实况基本吻合,表现出了数值模拟对雷暴天气潜在的预报能力。但仍局限于某个对流云单体,对较大范围的雷电预报仍有很多局限性。

5.4.3　中尺度预报模式 WRF

　　WRF(Weather Research Forecast)模式系统是由许多美国研究部门及大学的科学家共同参与进行开发研究的新一代中尺度预报模式和同化系统。WRF 模式系统的开发计划是在1997 年由 NCAR 中小尺度气象处、NCEP 的环境模拟中心、FSL 的预报研究处和俄克拉何马大学的风暴分析预报中心四部门联合发起建立的,并由国家自然科学基金和 NOAA 共同支持。现在,这项计划,得到了许多其他研究部门及大学的科学家共同参与进行开发研究。WRF 模式系统具有可移植、易维护、可扩充、高效率、方便的等诸多特性,将为新的科研成果运用于业务预报模式更为便捷,并使得科技人员在大学、科研单位及业务部门之间的交流变得更加容易。

　　WRF(天气研究和预报)系统的核心 NMM(非静力中尺度模式)由 NOAA/NCEP 发展而成。目前释放的版本为 V3。WRF-NMM 是灵活的、完美的大气模拟系统,具有易携带,高效,且可并行运算的特性。WRF-NMM 广泛应用于从米到数千公里,包括:实时数值天气预报、预报研究、参数化研究、耦合模式应用、教学。

　　目前,很多学者已尝试利用 WRF 模式对雷电进行预报,付伟基[12]等用 WRF 针对发生在洛阳市区的雷暴进行了模拟预报,模式输出的中尺度要素场可以确定雷暴发生的地点;模式探空的不同稳定度指数随时间演变曲线的拐点,能指示雷暴发生的时间,说明用 WRF 模式的物理量输出场来进行雷暴的分析预报是一条可行的途径。McCaul(麦克考尔)等[13]利用中尺度天气研究与预报(WRF)模型,分别通过模拟霰粒子的对流上升以及对卫星观测到的垂直混合和对流云冰相粒子的雷达反射率值的线性回归评估了 WRF 模式对发生在田纳西河谷地区闪电活动短期预报的时效性和空间性。模式较好地模拟出了强风暴的时间、地点以及影响范围。随后,McCaul 等[14]分别检验了两个有关闪电形成的微物理及动力条件来预测闪电的发生,分别是−15℃温度层对流上升的霰粒子通量以及垂直混合和对流云冰相粒子。这两个预报条件对闪电活动的预报效果不尽相同,霰粒子通量可以较好地预测闪电强度和发生时间的多变性,而垂直混合和对流云冰相粒子对闪电发生区域的预报效果较好。将这两个预报条件赋予一定的权重组成一个新的闪电预测算法并在与预报结果和观测事实的比较中进行经验校准,使其不仅在闪电的强度和发生时间的预报有较好的表现,还能较准确地预测闪电活动的区域覆盖面积,但由于考虑的微物理和动力过程比较简单,仍然有一定的局限性。

　　Zepka(热普卡)等[15]利用 WRF 模式对比了各种云的参数化方案并根据模式运行得到参数进行对于巴西东南部闪电活动的预报,发现利用不同的参数化方案的预报效果不同。Lynn(林恩)和 Yair(亚伊尔)[16~20]等利用前人对闪电预报的研究成果设计了有关雷暴云中起电的闪电潜在发生指数(LPI),该指数综合考虑了冻结高度到−40℃层之间的电荷分离区的对流上升气流以及云冰、霰粒子、雪晶过冷液态水的混合比,并将 WRF 模式中动力及微物理的输出场应用到该算法中对发生在地中海地区的闪电活动进行预报,发现 LPI 的闪电区域预报效果要好于传统用来预报闪电的 $CAPE,KI$ 等指数,不仅在闪电发生的时间上还在空间覆盖面的预报上取得了较好的效果。他们基于动态的算法实现了 WRF 对地闪(正地闪、负地闪)以及云间闪电的预报,利用 WRF 云解析模型中的动力和微物理场来计算雷暴云中的潜在电能量,从而得出某一地区闪电的预报。该方法对在美国中东部地区发生闪电的预报取得了较好的效果。

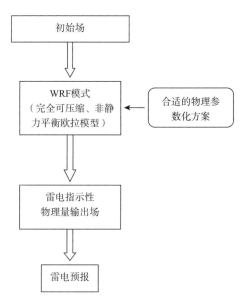

图 5.9　WRF 模式雷电预报流程示意图

中尺度模式 WRF 为完全可压缩非静力平衡欧拉模型,其中的物理过程也较为复杂,可以利用其输出的不同微物理和动力输出场做出雷电预报。WRF 模式系统将成为改进从云尺度到天气尺度等不同尺度重要天气特征预报精度的工具。重点考虑 $1\sim10$ km 的水平网格。模式将结合先进的数值方法和资料同化技术,采用经过改进的物理过程方案,同时具有多重嵌套及易于定位于不同地理位置的能力。它将很好地适应从理想化的研究到业务预报等应用的需要,并具有便于进一步加强完善的灵活性。新一代中尺度预报模式 WRF,给雷暴等强对流天气的预报提供了很好的预报工具。WRF 模式重点考虑从云尺度到天气尺度等重要天气的预报,水平分辨率重点考虑 $1\sim10$ km,可以直接清楚地模拟雷暴等对流天气事件。以上研究工作表明,基于雷暴云起电和放电的微物理和动力机制,利用数值模式的物理量输出场可以对闪电活动进行分析,表现出了数值模拟对雷暴天气潜在的预报能力,雷暴的数值模拟的实际应用离我们越来越近了。

5.4.4　小结

二维模式模拟过程中大都采用了水平均匀的初始场,再加上一个人为扰动来启动对流运动,其初始场的时间、地点及强度都是人为给定的。这种方法对于研究雷暴云动力、微物理以及电过程的发展机制发挥了很好的作用,但对实际雷暴云的预报研究来说是不够的。雷暴云发生发展的环境一般来说是水平不均匀的,它往往具有复杂的三维结构特征,依靠背景环境场提供发展的重力不稳定条件、水汽来源和对流启动条件,因此在较为真实的三维环境背景场下研究雷暴云的时空演变特征是必要的。

三维模式能更真实地体现实际雷暴云本身发展的复杂性,并模拟出合理的云闪及正负云地闪,且模拟的雷电频数随时间发展演变趋势与观测实况基本吻合,表现出了数值模拟对雷暴天气潜在的预报能力。但仍局限于某个对流云单体,对较大范围的雷电预报仍有很多局限性。

虽然研究者在不同的中尺度(多尺度)模式中引入了起电、放电的物理过程,但是在 WRF 模式中进行电参量的计算仍然没有实现。WRF 模式在实际业务和科研中有着广泛的应用,借由 WRF 模式发展闪电活动预警、预报的方法有望取得更好的效果,此外,WRF 模式包含了WRF-Chemistry 模块,而闪电本身就是氮氧化物的产生源,同时电活动又受到气溶胶粒子等因素的影响,WRF 中电活动模拟的实现有利于深入地讨论这种相互关系。但是 WRF 中没有有效的起电放电物理过程,因此,在 WRF 中引入起电、放电的物理过程是必要的。将中尺度数值预报模式和雷暴云起电、放电模式相耦合,可以对每个格点区域内发生闪电的可能性进行模拟,能够提高模拟结果的时空分辨率。随着探空技术的发展和加密探空的实施,雷暴云起电、放电模式在雷电预警中的作用也将越来越大。

高性能计算机的快速发展为中尺度模式系统的高时空分辨率提供了条件,而对强对流天气物理机制了解的逐渐深入促进了中尺度数值预报模式技术的逐步发展及其预报准确率的提高,所以基于高分辨中尺度数值模式发展而成的雷电数值预报模式,不仅可以和各种统计、经验模式相结合进行综合雷电预报,同时利用其雷电数值预报产品,还可以在落时、落区和雷电活动等级等方面提供服务。

未来还需更多对雷暴云电结构的时空变化特征的分析,以及进一步应用模拟结果及观测资料来研究动力、微物理及电结构的相互作用机制,雷暴的数值模拟的实际应用也会随着计算机的日益成熟和发展变得越来越举足轻重。随着探测技术以及高性能计算机的快速发展,数值模式成为研究雷暴云发展过程中动力、微物理和电过程三者间相互作用机制的重要手段之一,并且利用数值模拟预报雷暴显示出了很高的可靠性。

复习与思考

(1)简述我国雷电预警预报现状。

(2)什么是临近预报?

(3)简述目前我国雷电预报思路。

(4)简述闪电发生条件。

(5)主要用于闪电预报的对流参数及其物理意义。

(6)目前我国主要的雷电潜势预报方法并简要说明。

(7)简介目前国际上的各种雷电定位系统。

(8)雷电的数值预报方法有哪几种?并简要说明。

(9)简述三种雷电数值预报模式的优缺点。

(10)畅想未来雷电预警预报的发展方向。

参考文献

[1] Takahashi T. Thunderstorm electrification —A numerical study. *J. Atmos. Sci.*, 1984, **41**: 2541-2558.

[2] 言穆弘, 郭昌明, 葛正谟. 积云动力和电过程二维模式研究 I. 理论和模式. 地球物理学报, 1996, **39**(1): 52-64.

[3] 言穆弘, 郭昌明, 葛正谟. 积云动力和电过程二维模式研究 II. 结果分析. 地球物理学报, 1996, **39**(1): 65-74.

[4] 孙安平, 言穆弘, 张义军, 等. 三维强风暴动力—电耦合数值模拟研究 I: 模式及其电过程参数化方案. 气象学报, 2002, **60**(6): 722-731.

[5] 孙安平, 言穆弘, 张义军, 等. 三维强风暴动力—电耦合数值模拟研究 II: 电结构形成机制. 气象学报, 2002, **60**(6): 732-739.

[6] 王飞, 董万胜, 张义军, 马明. 云内大粒子对闪电活动影响的个例模拟. 应用气象学报, 2009, (5): 564-570.

[7] 张义军, 言穆弘, 刘欣生. 雷暴中放电过程的模式研究. 科学通报, 1999, **44**: 1322-1325.

[8] 郭凤霞, 张义军, 郄秀书, 等. 雷暴云不同空间电荷结构数值模拟研究. 高原气象, 2003, **22**(3): 268-274.

[9] Wilson J W, Mueller C K. Nowcast of thunderstorms initiation and evolution. *Wea. Forecasting*, 1993, **8**: 113-131.

[10] Mansell E R, MacGorman D R, Ziegler C L, *et al*. Simulated three-dimensional branched lightning in a numerical thunderstorm model. *J. Geophys. Res.*, 2002, **107**(D9): 4075, doi: 10.1029 / 2000JD000244.

[11] 黄丽萍, 管兆勇, 德辉明. 基于高分辨率中尺度气象模式的实际雷暴过程的数值模拟试验. 大气科学, 2008, **32**(6): 1341-1351.

[12] 付伟基, 陆汉城, 王亮, 张入财, 吕作俊: WRF 模式对弱强迫系统中雷暴预报个例研究. 气象科学. 2009, **29**(3).

[13] McCaul Jr E W, LaCasse K, Goodman S J, *et al*. Use of high resolution WRF simulations to forecast lightning threat. *Preprints of the 23rd Conference on Severe Local Storms*. 2006.

[14] McCaul E W, Jr S J Goodman, LaCasse K M, and Cecil D J, Forecasting lightning threat using cloud-resolving model simulations. *Wea. Forecasting*, 2009, **24**: 709-729.

[15] Zepka G S, O P into Jr, Saraiva A C V, Lightning Forecasting Using the High Resolution WRF Model, *Proceeding of XIV International Conference on Atmospheric Electricity*, Rio de Janeiro, Brazil, August 08-12, 2011.

[16] Lynn B H, Yair Y Y. Lightning power index: A new tool for predicting the lightning density and the potential for extreme rainfall. *Weather*, 2008, 972-977.

[17] Lynn B H and Yair Y. Prediction of lightning flash density with the WRF model. *Advances in Geosciences*. 2010, 365-371.

[18] Yair Y, Lynn B, Price C, *et al*., Predicting the potential for lightning activity in Mediterranean storms based on the WRF model dynamic and microphysical fields. *J. Geophysical Research*, 2010, **115**, num. D04205, p. 1-13.

[19] Lynn B H and Yair Y. A Dynamic Approach to the Prediction of Cloud-to-Ground and Intra-Cloud Lightning in Weather Forecast Models. *XIV International Conference on Atmospheric Electricity*, August 08-12, 2011, Rio de Janeiro, Brazil.

[20] Lynn Barry H, Yoav Yair, Colin Price, Guy Kelman, Adam J. Clark. Predicting cloud-to-ground and intra-cloud lightning in weather forecast models. *Wea. Forecasting*, 2012, **27**: 1470-1488.

第6章 雷电的防护方法

6.1 引言

雷电灾害被联合国有关部门列为最严重的十种自然灾害之一。全球每年因雷击造成人员、财产损失不计其数;雷电导致的火灾、爆炸、建筑物损毁等事故频繁发生;从卫星、通信、导航、计算机网络至每个家庭的家用电器都遭到雷电灾害的严重威胁。随着我国现代建设速度的加快,新建高大建筑物受雷电活动的影响不断加剧;建筑物内各种网络、通信、自动控制、楼宇智能系统等抗干扰能力较弱的现代电子设备使用越来越普及,易燃易爆场所、电力供电设备的迅速增加等客观因素使雷电灾害造成的损失也呈现愈来愈严重的趋势。

面对雷电灾害日趋严重,雷电防护日益重要的严峻形势,人们对雷电灾害的防范意识仍然十分薄弱,存在侥幸心理和麻痹思想,不能有效地贯彻国家的技术规范甚至是强制性的技术规范。加之,防雷工程不按规范建设,不少建筑物甚至标志性建筑物防雷措施不完善,私人住宅大多没有防雷装置,使得建筑物防雷能力差;导致严重雷击事故的发生;忽视了危害性越来越大的雷电电磁脉冲的防护,大量通信、计算机网络系统等弱电设备未能严格按照国家技术规范要求进行防雷设计,导致雷害事故频繁发生。雷击后采取补救措施不仅耗费了大量的人力、物力,而且很容易造成社会治安问题。

防雷的方法和技术在科学技术日益发展的今天,人类虽然不可能完全控制雷电,但是经过长期的摸索与实践,已积累起很多有关防雷的知识和经验,形成一系列对防雷行之有效的方法和技术。本章防雷部分分为建筑物防雷及非建筑物防雷(主要是人身防雷)。在建筑物防雷章节,我们按照国家标准 GB50057—2010 规范将建筑物分为三类,并对各类建筑物防雷措施进行说明。

6.2 雷电的物理过程及其危害

6.2.1 雷电的物理效应及危害

雷电产生强大的雷电电流、引起电磁场、光辐射、冲击波和雷声等物理效应。这些物理效应所产生的电、磁、光和声是用来探测雷电的有效信息,它对于雷电的防护和雷电形成的机制研究都有重要意义。

6.2.1.1　电动力效应及危害

在物理学中,电动力效应即短路电流通过平行导体产生的电磁效应。当两根平行导体中分别有电流通过时,根据左手定则,导体间将产生作用力,当三相短路电流通过在同一平面的三相导体时,中间所处的情况最严重。

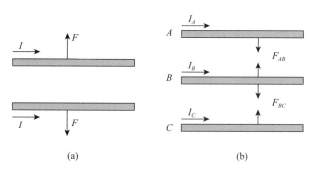

图 6.1　导体间的作用力
(a)两相平行导体;(b)三相平行导体

雷电流的峰值很大,作用时间短,产生的电动力具有冲力的特性。因此,在雷电防护工作中,首先要考虑二条平行导体流过同方向的雷电电流时相互的电动力问题。其次,要考虑避雷针引下线、避雷线、避雷带或建筑物高楼顶上各种金属物之间作等电位连结的导体弯曲部分的电动力分布情况。凡是雷电电流有可能流过的导体必须避免弯成直角或锐角,在弯曲处要用较牢固的机械固定法。

6.2.1.2　光辐射效应及危害

雷电活动中强电流使闪电通道内的气体分子和原子被激发到高能级,从而产生光辐射。20 世纪 60 年代开始陆续发现了实验室火花放电先导阶段产生的 χ 射线[1,2]。20 世纪 80 年代进行的飞机和气球穿云观测结果也证实了在雷暴云内和雷暴云顶存在高能辐射现象[3]。1994 年美国康普顿 γ 射线天文台卫星探测到了来自地球大气、能量达兆电子伏特的高能 γ 射线,并被归因于高能电子的韧致辐射[4]。之后地面和山顶的高能辐射观测发现了由雷电产生的 χ 射线和 γ 射线,越来越多的观测事实表明,雷暴或雷电是与高能辐射有关的自然现象。

基于飞机和气球的雷暴云探空虽然能够直接探测雷暴云内的高能辐射,但是探测时间有限,其结果有一定的不确定性。将探测仪器放在雷暴云经常经过穿过的山顶,高能辐射到达探测仪器的距离较短,可避免空气的吸收和散射,而容易被探测到。1996 年夏季 Brunetti(布鲁内蒂)等[5]在海拔 2005 m 的意大利 EAS-TOP 观测站,利用 NaI 探测器观测到了两次伴随雷暴过程而且能量超过 10 MeV 的高能辐射。这两次事件都包括快变化和慢变化两部分,慢变化持续时间达几小时,可能来源于被雨水带到地面的放射性气溶胶发出的高能辐射线;快变化叠加在慢变化上,持续时间为 2～3 min,超过平均的 20%。快变化发生时没有发现对应的雷电放电,所以快变化可能与雷电没有关系。由于没有电场资料,不能确定快变化是否与雷暴云中的电场有关,只能猜测快变化可能是由云中电场加速自由电子产生的。之后大量的地面探测实验都发现,伴随雷暴过程可以产生时间长达几十秒甚至几十分钟的高能辐射现象。这些长时间的高能辐射现象与雷电无关,而是与雷暴过程有关,但很难给出长时间的高能辐射所需的雷暴强度和空间尺度的阈值。郗秀书等利用 TRMM 卫星上装载的闪电成像仪获取的闪电光辐射特征,选取青藏高原、刚果盆地等九个区域进行分析,发现不同地区和不同的空间、时间尺度上闪电光辐射能都能很好地遵循对数正态分布,具有普遍存在性[6]。

6.2.1.3　冲击波效应及危害

地闪回击阶段,放电通道中既有强烈的空气游离,又有强烈的异性电荷中和作用。在闪电通道上瞬时释放高能量加热空气,在通道周围形成气压、介质密度、温度及速度的突变面,沿着通道的径向产生巨大的气压梯度,空气急剧膨胀,形成爆炸式的冲击波,以 5000 m/s 的超声波速度向四周扩散,在传播的过程中它的能量很快衰减,而波长则逐渐增长。李国庆等[7]计算了闪电冲击波的运动、冲击波内气象要素的分布以及闪电冲击波对云滴运动的影响,讨论了受闪电冲击波作用的云滴运动方程,对受冲击波作用的云滴运动做了个例计算。计算表明,闪电冲击波猛烈地"冲击"云滴,使它加速并在短暂的瞬间移动很长距离,使体积不同的云滴获得不同的速度。

冲击波向外传播的速度远大于声速,但很快就会衰减转化为声波即雷鸣声。冲击波的强度取决于回击电流的峰值和上升速率,其破坏作用与波阵面气压和环境大气压有关[8]。通道外围附近的冷空气被严重压缩,形成"激波"。被压缩空气层的外界被称为"激波波前",其到达的地方,空气密度、压力和温度都会骤然增加,使其附近的人及建筑物等受到伤害或破坏。"激波波前"过去后,该区压力下降,直到低于大气压力。冲击波的强度与回击时雷电流的大小有关,其破坏程度与"激波"波阵面的超压 $P_s - P_0$ 密切相关,其中 P_s 为"激波"波阵面的气压,P_0 为环境大气压。

表 6.1　"激波"波阵面超压与危害程度[8]

超压 $P_s - P_0$	危害程度
70 hPa	只会造成玻璃震碎等轻微破坏
140 hPa	可损坏木屋等
380 hPa	可使厚约 20 cm 的墙体遭到破坏

目前,由于有关闪电冲击波危害的观测研究极少,只有从理论上分析"激波"波阵面的超压。

6.2.1.4　热效应和机械效应及危害

雷电击中地面物,雷电电流产生焦耳—楞次热效应,虽然电流峰值很高,但作用时间很短,只能产生局部瞬时高温,使被击中物体内温度发生非常猛烈的上升,导致被击中物体的燃烧和熔化。假定瞬时值为 I 的雷电流脉冲流经某物体,该物体表现出的电阻为 R,则整个电流脉冲在该物体上产生的热量可表示为

$$W = RI^2 \mathrm{d}t \tag{6.1}$$

由于雷电流持续时间很短,这些热量来不及扩散,几乎全部作用于提升温度,温升幅度与其成正比。设计防护系统时,所有可能承载雷电流的被保护物体应具有足够大的截面积以减少温升,使温度远低于某一阈值,如燃点或熔点。设计时还要考虑到雷电流的趋肤效应,雷电流通过时趋肤效应使物体表面所达到的最大温度比直流均匀,流过截面时所达到的温度要高

得多。通常情况下,尽管雷电流的峰值很高,但由于持续时间很短,只能产生局部瞬时高温使雷击点处局部较小体积的金属发生熔化。对于大体积的金属,雷电流产生的热效应的熔化能力是相当有限的[9]。遭到雷击的架空明线,若线径较细有可能断线[10]。而避雷针在经受雷击之后针的表面仅留下小的坑点,整个避雷针并无大碍。

在雷击点,所有雷电流集中在很小的区域,产生瞬变热点,则有可能发生热击穿,即热能穿透物体一定距离后到达物体的内表面,是否发生热击穿取决于被击中物体表面材料的厚度和雷电流的峰值持续时间。对于金属表面来说,燃弧电压 V 几乎总是不变的,由燃弧电压产生的燃弧热与雷电流所传输的电荷成正比。

雷电的机械效应所产生的破坏作用主要表现为两种形式:一是雷电流注入树木或建筑构件时在它们内部产生的内压力;二是雷电流的冲击波效应。在雷暴云对地放电时,这两种效应亦能对地面被击物体造成严重危害。雷击产生的内压力及其危害在被击物体内部产生内压力是雷电流机械效应破坏作用的一种表现形式。由于雷电流幅值很高,且作用时间又很短,在雷击于树木或建筑构建时,在它们的内部将瞬时产生大量热量。在短时间内热量来不及散发出去,以致使这些内部的水分被大量蒸发成水蒸汽,并迅速膨胀,产生巨大的内压力。这种内压力是一种爆炸力,能够使被击树木劈裂和使建筑构件崩塌。

雷电的热效应和机械效应造成的灾祸非常严重,不容轻视。许多新技术设备受损,特别是微电子技术的产品,如大规模和超大规模集成电路接口和模块的损坏,归根到底,仍是雷电电流的热效应所致。

6.2.1.5　高电压效应及危害

20 世纪之后电力和电信事业的迅猛发展,架空导线的大范围布设,使雷电电流产生的高压的成灾概率极大地增长。雷电流直接导致电气设备的损坏、人身事故,这种高压产生的电火花可能造成可燃性气体的爆炸起火,使灾祸面迅速扩大。避雷针的安装设置不妥是造成这些事故原因之一。因此现代防雷工作中特别重视这一物理效应,不容许对它有丝毫的疏忽大意。

危害防治之一为接触电压和跨步电压。接触电压是指雷电电流沿大树、金属架空物、避雷针、引下线流入地时,由欧姆定律可知,都会在流经途径产生电位降,因此这些物体的各部位相对于大地均有瞬时高电压,其值决定于雷电电流和这些部位与大地之间的电阻。当人的手或身体任何部位与它们接触时,身体的接触点与站在地面上的双脚之间的高电压,即接触电压。

跨步电压在雷电电流流入地下时,产生电位降,雷电电流入地点的电位最高(如果雷电流是正的),远处雷电流几乎为零,即工程上所谓的零电位。人站在接地短路回路上所承受的电压称为跨步电压。当跨步电压达到 40～50 V 时,将使人有触电危险,特别是跨步电压会使人摔倒进而加大人体的触电电压,甚至会使人发生触电死亡。

雷电防护中不容忽略的另一方面是"反击"现象和闪络放电。各种电器都要接安全地线和电子、仪器、计算机等的接信号地线,与防雷地线常靠近埋设,因此电流在防雷地线上的高电压就可能对其他地线"反击"而导通,设备地线反而成为电压很高的高压端,与电源之间的电势相对关系反转,两者间的高电压足以击穿各种电子元器件。这种"反击"不仅损坏电器和电子设备,也会使各种室内金属管线带上高电压而造成人身事故。因此还会产生的闪络、电火花或电弧现象,导致火灾。

6.2.1.6　静电效应和电磁场效应及危害

随着云层积聚的电荷越来越多,大气电场场强也越来越高。这时下垫面不在屏蔽保护内的金属线路或设备会因大气电场的作用而积聚与云层底部电荷相反的电荷,云层与下垫面形成一个大的电容。当云层中的电荷随着云际闪或云地闪的发生而被中和后,下垫面积聚的电荷失去吸引从而散流泄放。

一般低压架空线路为 100 kV,电信线路可达 40～60 kV,而静电感应产生的过电压可达 300～400 kV。由静电感应产生的瞬态过电压超过线路或设备的耐压水平时,电气灾害就会发生。灾害发生的现象可能是电气火灾、线路短路熔断、设备报废等[11]。

强大的雷电产生静电场变化、磁场变化和电磁辐射,严重干扰无线电通信和各种设备的正常工作,是无线电噪声的重要来源,在一定范围内造成许多微电子设备的损坏,引起火灾,这已是 20 世纪 80 年代之后雷电灾害的极重要的原因。但是另一方面,雷电产生的电磁场效应又是进行雷电探测的重要信息,由此可获知雷电电流、雷电电荷、雷电电矩以及云中电荷分布等各种雷电电学参量。此外,根据远距离闪电辐射的电场、磁场波形的观测,还可进行实用价值较大的雷电定位、监测和预警工作。

6.2.1.7　对人体的生理效应及危害

雷电危害中,最主要的一种是通过雷电对人体的生理效应造成的人身伤害。雷击的第一个生理效应是心脏停止供血。当人遭到雷击的一瞬间,强大的电流迅速通过人体,由于正常人的左右两个心室的肌肉是同时收缩和同时舒张以产生规律性的压力造成血液循环,电流通过心肌时破坏了这种协调性,各心室独立动作不再做有规律的收缩(即心脏跳动),而做软弱的不规则颤动(纤维性颤动)。出现这种生理效应时,可导致心跳停止,血液停止循环,肺功能衰竭和脑组织的缺氧,约 4 min 即可导致死亡。在 Bridges(布里奇斯)等[12]关于电击效应的专题报告中指出,心室颤动感应这种心律失调是电击死亡的重要机制之一,并且指出在 60 Hz 的电源频率下(雷电电流属于这种),如果一个人每只手握住一个通有电流的电极,当电流超过 0.01 A 时,则不能挣脱掉握着的电极;当电流在 0.04～0.06 A 之间时,由于胸部肌肉延长收缩时间可能产生窒息;60 Hz 波的半周期,可以粗略近似成雷电脉冲,当峰值电流接近 1 A 时,在成年人身上将大约百分之一的可能性产生心室震颤。所以,脉冲宽度为 0.01 s 的 1 A 的脉冲电流可能接近致人死亡的电流阈值。Dalziel(达尔齐尔)和 Lee(李)[13~15]研究了动力电流和脉冲电流对人体和动物的一般效应,研究指出电阻为 700 Ω 对于人体来说,产生肌纤维颤动的能量阈值约为 350 J,与峰值几安培,持续时间 0.01 s 的脉冲电流相一致。电击的第二个生理效应是使呼吸停止。造成呼吸停止又可分为两种情况:当电流通过胸部使肌肉收缩,阻碍呼吸运动,持续时间不过 0.1 ms,人能够很快恢复呼吸;另外一种情况是,当电流通过脑下部的呼吸中枢使其受损,可使脑物质凝结,硬脑膜上、下面血肿,心室血肿出血及呼吸中枢瘫痪,对生命最具威胁性。此外,雷击产生的高温弧光可导致人体不同程度的皮肤灼伤和碳化,形成树枝状纹理,皮肤剥脱出血,也可造成耳鼓和内脏的破裂等。

造成人身危害的雷电电流还与触电时间,电流性质,电流路径等因素有关。根据国际电工委员会(IEC)提出的科研新成果,我国规定在触电时间不超过 1 s 时,人体触电后最大的摆脱电流即安全电流为 30 mA(50 Hz 交流),这个安全电流值也称为 30 mA · s。研究表明:如果人体电流不超过 30 mA 时,对人身机体无损伤,不致引起心室纤维颤动和器质损伤。如达到 50 mA,对人就有致命危险;达到 100 mA 时,一般要致人死命[16]。

6.2.2　雷电主要的灾害类型

雷电具有随机性、局域性、分散性、突发性、瞬时性及三维性等鲜明的特点,一方面使得对它的了解有了难度,另一方面也较难引起全社会的关注。因为雷害对某一点而言概率极低,所以常常被人们忽略。雷害分为直击雷危害和间接雷危害。

6.2.2.1　直击雷危害

直击雷危害,是指带电云层与对建筑物、大地或防雷装置的某一点发生的迅猛放电现象,雷电直接击中建筑物、架空线,如电力线,电话线等设备,并经设备入地的雷击过电压、过电压流,伴随而产生的电效应、热效应、电磁感应和机械力等一系列的破坏作用。

直击雷具有过电压高、电流大的特点,其破坏性极大。主要破坏力在于电流特性而不在于放电产生的高电位。在直击雷放电过程中,电压峰值通常可达几万伏甚至几百万伏,电流峰值可达几十千安乃至几百千安,之所以破坏性很强,主要原因是雷暴云所蕴藏的能量在极短的时间(其持续时间通常只有几微秒到几百微秒)内释放出来,从瞬间功率来讲,是巨大的。在雷电流流过的通道上,物理水分受热雷电击中人体、建筑物或设备时,强大的雷电流转变成热能,雷击放电的电量大约为 25~100 C。

据估算,雷击点的发热量大约 500~2000 J,该能量可以熔化 50~200 mm³ 的钢材,因此雷电流的高温热效应将灼伤人体,引起建筑物燃烧,使设备部件熔化。在雷电流流过的通道上,物体水分受热汽化而剧烈膨胀,产生强大的冲击性机械力,该机械力可以达到(5~6)×10³ N,因而可使人体组织、建筑物结构、设备部件等断裂破碎,从而导致人员伤亡、建筑物破坏,以及设备毁坏等。

每年地球上若发生 31 亿次闪电,其中直击雷点 1/5~1/6。直击雷放电电流可达 200 kA以上,并有 1 MV 以上的高电压。雷云放电大多具有重复放电的性质,一次雷电的全部时间一般不超过 500 ms,大约 50% 的直击雷每次雷击有 3~4 个冲击波,最多能出现几十个冲击波。

6.2.2.2　间接雷危害

所谓间接雷害主要是直接雷辐射脉冲的电磁场效应和通过导体传导的雷电流,如以雷电波侵入、雷电反击等形式侵入建筑物内,导致建筑物、设备损坏或人身伤亡的电击现象。雷电感应是由于雷电流的强大电场和磁场变化产生的静电感应和电磁感应造成的。它能造成金属部件之间产生火花放电,引起建筑物内的爆炸、危险物品爆炸或易燃物品燃烧。虽然间接雷电的能量源远小于直接雷害,但它可以波及雷电源区外几千米甚至更远,所以间接雷害的范围远大于直接雷害。

感应雷也称雷电感应或感应过电压,分为静电感应雷及电磁感应雷,也可造成危害。由于带电积云接近地面上的一切物体,尤其是导体,由于静电感应,都聚集起大量的雷电极性相反的束缚电荷,在雷云对地或对另一雷云闪击放电后,云中的电荷就变成了自由电荷,从而产生出很高的静电电压(感应电压)其过电压幅值可达到几万伏到几十万伏,这种过电压往往会造成建筑物内的导线,接地不良的金属物导体和大型的金属设备放电而引起电火花,从而引起火灾、爆炸、危及人身安全或对供电系统造成危害。

电磁感应是由于雷电闪击时,由于雷电流的变化率大而在雷电流的通道附近就形成了一个很强静电场变化、磁场变化和电磁辐射,对建筑物内的电子设备及无线电通信造成严重干扰、破坏,又或者使周围的金属构件产生感应电流,从而产生大量的热而引起火灾。另外,当架空线遭受直击雷或产生感应雷,高电位便会沿着导线电源线以及信号侵入变电站或建筑物内,这种雷电波侵入也会对电气设备造成危害或使建筑物内的金属设备放电,引起破坏作用。

6.2.3　地闪物理过程及危害

地闪放电过程可以分为预击穿过程、梯级先导、回击、直窜先导、继后回击、回击间的过程等子放电过程。图 6.2 分别给出了利用 Boys 相机拍摄到的一次始于云内的负地闪过程和正地闪过程,这两张照片最早都来源于 Berger(伯杰)和 Vogelsanger(费格)[17]。照片中开始的短亮线条或光带是由先导过程的向下传播而产生的,而后面的连续长亮线条或光带是由回击产生的。

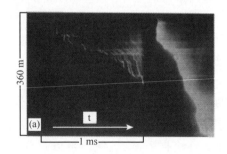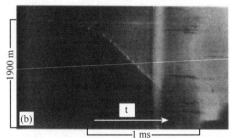

图 6.2　始于云内的地闪过程照片[17]

(a)负地闪;(b)正地闪

为了更好地揭示闪电结构,Uman(乌曼)等[18]做出了地闪的结构模式,把旋转式照相机观测到的地闪结构和普通相机观测到的闪电图像做对比。从旋转式相机(即条纹相机)观测到的结构模式图也可看出,一次地闪放电过程中包括了梯级先导、首次回击、直窜先导、继后回击等过程。6.2.3 节将根据观测事实和理论分析,对发生频率最高的下行负地闪过程进行讨论,描述各不同放电阶段的详细特征,为雷电防护工作的展开奠定基础。

6.2.3.1　预击穿过程

Clarence(克拉伦斯)等[19]指出,地闪首次最早利用单站地面电场变化的观测将负地闪分为初始击穿过程、中间阶段以及先导和回击过程等几部分,但随后的地面电场变化观测发现符合这种分类的只是负地闪中的一部分,特别还发现有些负地闪梯级先导前具有较长时间的电场变化过程[19]。曹冬杰、郄秀书等[20]利用快天线雷电电场变化仪观测到的一次典型负地闪首次回击及其之前放电过程的地面电场变化的波形,波形结构见图 6.3a,并指出地闪首次回击前电场波形的三个阶段:预击穿、中间阶段和梯级先导,预击穿脉冲序列随时间展开,见

图 6.3b。

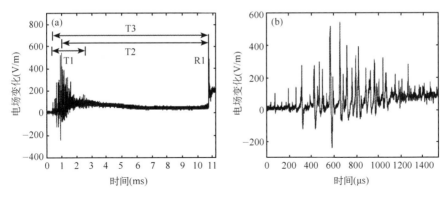

图 6.3 大兴安岭地区的一次发生距离约为 15.5 km 的负地闪电场变化[20]
(a)首次回击前的电场变化;(b)预击穿脉冲序列的时间展开

目前认为预击穿过程的产生与雷暴云内的局地强电场有关,是云中部负电荷区与下部正电荷区之间的一种云内放电过程,起始于云中部负电荷区,向下发展传输,进入正电荷区后闪电通道在云下部正电荷区水平发展,其放电特征与反极性云闪放电一致。预击穿过程电场波形通常由一系列脉冲宽度为微秒量级的双极性脉冲或单极性脉冲组成。通过地面电场变化的测量和反演以及对闪电击穿过程产生的 VHF 电磁辐射的定位等观测手段,发现负地闪的预击穿过程持续时间分布在一个很大的范围内,如 Clarence 等的观测发现,负地闪的首次回击之前的电场变化持续时间可达 200 ms,有 50%超过 30 ms,10%超过 120 ms[19]。负地闪首次回击前持续时间较长的预击穿过程是否与雷暴云下部正电荷区的存在有关? 张义军、孟青等[21]分析了 2000 年 7 月 10 日发生在雷暴的同一区域,相隔约10 min两次负地闪的观测结果,发现两次闪电特征的主要差异是首次回击之前的预击穿过程发展传输的不同,这可能主要是由于在 4~5 km 高度上存在的正电荷区所致。在闪电发生时,闪电直接由云中负电荷区激发并传输,没有在云下部正电荷区水平扩展,所以预击穿过程持续时间很短。

6.2.3.2 先导过程

Schonland(舍恩兰德)等[22]首先分析了两个向下发展的梯级先导通道在地面产生不同接地点的闪电,它们到达地面的时间差为 73 ms;Kasemi[23,24]认为,闪电可以等效为环境电场中的一个导体,从而提出了先导双向发展,整体不荷电的概念。这一概念在很长时间内并没有引起人们的重视,直到 20 世纪 80 年代,NASA 一架装备有仪器的飞机在雷暴中飞行时被闪电击中,这一概念才第一次被证实。Mazur[25]利用双向先导的静电模式对观测到的闪电过程进行讨论。Guo 等[26]曾利用时间分辨率为 1ms 的光电观测系统对佛罗里达地区发生的首次回击具有双接地点的闪电进行了研究,并推测它是由同一个梯级先导引发的两个接地分支所引起的,但其光学传感器不能给出分支通道的图像,且记录时间仅为 200 ms,不能够完整地记录闪电的放电过程。Schonland 由雷电发展的光学图片、VHF/UHF 干涉仪和时间差法的定位结果发现,负地闪首次回击前的梯级先导过程通常具有较多的分支,它们中的某些分支会在很短的时间内一次到达地面,形成多接地点闪击,在回击地面电场变化上呈现出相隔时间很短的多个峰值[27]。表 6.2 给出了部分作者对多接地点闪电比例统计结果。

表 6.2　多接地点闪电比例统计结果[27]

作者	总闪击数	单接地点闪电(%)	多接地点闪电(%)
Valine 和 Krider	386 次	65	35
Kong 等(2009)	59 次	84.7	(15.3)

在一次回击过程中具有多个接地点的闪电仅从电场变化不好确定,闪电的光学图像则可以直观地给出闪电通道的形状,并判断闪电分支的接地情况。孔祥贞,郄秀书[28]等对广东和青海地区利用时间分辨率为 1 ms 的高速数字化摄像系统和快、慢地面电场变化测量仪得到多接地点闪电的光学图像和电场变化,据此对梯级先导的传播特征、电场特征及回击过程作了分析。由于观测地点处于山区,闪电发生的位置正好位于多树木和草丛的山坡上,这些特殊的地形、地貌等条件使地面自然尖端在雷暴条件下会发生较强的电晕放电,并向空中释放大量的电晕离子,从而使得在云与地面之间可能会存在多个类似口袋电荷(Pocket Charge)的电荷区,放电通道倾向于向电荷密度相对较大的区域发展,从而造成了这种山区特有的多分叉放电通道。同时由于地面尖端的存在,又使得上行流光易于发生,造成了这种多接地放电现象,MGPF 的梯级先导、回击或连续电流的部分光学图像(见图 6.4)。

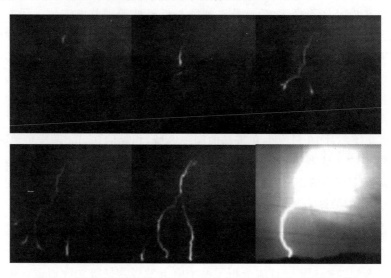

图 6.4　MGPF 的梯级先导、回击或连续电流的部分光学图像[27]

从图 6.4 中也可以看出闪电放电通道通常不是直线,而是曲曲折折的,它沿着电导率较强的带电微粒聚集的路径伸展,选择阻力较小的路径前进。这种闪电的多分支现象与云、地间的空间电荷分布有关。

对大量的雷害事故的统计资料和实验研究证明,雷击的地点和建筑物遭受雷击的部位是有一定的规律的,这些规律称为雷击的选择性,对 1954—1984 年调查我国的雷击事故统计表解释了雷击的选择性。

表 6.3　1954—1984 年我国的雷击事故统计表[28]

发生概率统计(%)	雷击事故发生区
23.5	靠近河、湖、沼和潮湿地地区
15	靠近大树、杉篙、旗杆的地方

续表

发生概率统计(%)	雷击事故发生区
10	靠近烟囱、收音机天线、电视机天线处
10	稻田和导电性良好的土壤交接地带
5	球雷事故

从该表中可见,由于水的电导率较高,物体若被雨水淋湿等于穿上一层导电外衣,因此,在雷雨时,淋雨的树木、墙壁等千万不要靠近,池塘、河岸、水稻田、低洼潮湿的地方都极易落雷。

通常雷击受到以下几个因素的影响:与地质构造有关,即与土壤的电阻率有关;与地面上的设施情况有关;地形和地物条件;建筑物结构及其所属构建条件。总之,雷电通道多分支现象、较短的时间内产生不同接地点、雷击的选择性,对地面建筑物等产生更高概率的损害,增加了雷电防护的难度。

6.2.3.3　连接过程

当下行梯级先导和上行连接先导在某一高度处相遇,这个阶段称为连接过程。对闪电先导与地物的连接过程的研究是地闪放电研究工作中人们认识最少、相关文献也最少的方面之一。通过光学观测可以认识连接过程。Berger 等[29,30]拍摄到的一张闪电放电照片如图 6.5 所示,下行先导在距离地面 40 m、距离左侧塔顶 40 m 的位置处停止发展,下行先导尖端的位置如图中 A 点所示。由于亮度不够,图中并不能看到上行先导,但是可以推测出从塔顶到 A 点之间存在上行连接先导。这一上行连接先导在图中 B 点处产生分叉,其右面的分枝与下行先导连接。Orville(奥维尔)等[31]从自然闪电的照片中发现,在回击前出现了没有完全接地的下行先导,他们由此推测出

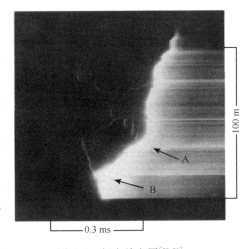

图 6.5　闪电放电图[29,30]

上行连接先导的存在。师伟等[32]基于先导放电物理机制建立了导线表面稳定上行先导起始仿真模型,并利用模拟电荷法计算分析了导线周围电场分布特征,提出了一种上行先导起始的新判据。Wang 等[33]从人工触发闪电的观测中,得到了由下行先导引发的上行连接先导的直接光学证据。Idone[34]从自然闪电的照片中推断出上行连接先导的长度在 20～30 m 的范围内。Idone 从人工触发闪电的照片中估计出上行连接先导的长度在 10～20 m 的范围内。由于连接过程与闪电的物理机制的联系以及连接过程在输电线防雷设计中的重要性,对连接过程的研究不仅是目前理论研究者的重要任务,也是电力线雷击研究的重要内容。在对连接过程的研究中,闪击距离是一个重要的参量。国内外的不同研究者对闪击距离给出的定义有所不同,这与人们对连接过程的认识还缺乏全面深入了解有关。国外针对闪击距离的定义主要有三种不同的观点:(1)闪击距离为先导尖端距离地面的高度[35],在这一高度下最终的空气间隙正好达到临界的击穿强度,如图 6.6 所示,假设此时正好达到临界击穿场强,则图中 l_1 代表的就是闪击距离。(2)闪击距离为产生上行连接先导时下行先导尖端的高度[36],如图 6.6 所示,

假设此时左边建筑的避雷针上产生上行连接先导,在这一瞬间下行先导的高度即 l_1 代表的就是闪击距离。(3)闪击距离是正当可以确定击中点而且从将被击中的物体开始发出连续先导的那一瞬间在将被击中的物体和下行先导的尖端之间的距离,如图 6.6 所示,假设此时左边建筑的避雷针上产生上行连接先导,在这一瞬间下行先导与避雷针之间的距离即图中的 l_2 代表的就是闪击距离。国内对闪击距离的定义也有不同的观点:王道洪等[37]指出,闪击距离指连接先导从被雷击物体上激发出来的瞬间被雷击物体和下行先导之间的距离,这与上面的第三种观点相同;虞昊[38]定义闪击距离是当梯级先导的电位超过最大间隙的耐击穿性能时跃过的最大长度,此长度与第一次主放电的幅值有关;陈渭民[39]将闪击距离定义为先导向下运动的顶端与闪击目标间的距离,就是与目标物

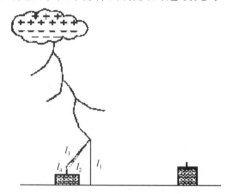

图 6.6　闪击距离示意图[31]

直接连的距离,通常这一点已确定。闪电连接过程中最后一跳所连接的两点之间的距离。如图 6.6 所示,左边建筑的避雷针上产生了上行先导,图中用 l_4 表示,此时下行先导与避雷针上产生的上行先导之间的电场超过了击穿电场,则下行先导头部与上行先导头部之间的距离即 l_3 代表的就是最后一跳的距离。闪击距离的计算大都假定了先导电荷密度的分布,最早假定先导电荷沿先导通道均匀分布,随后通过观测推测先导电荷呈指数分布,后来又提出了采用击穿电场强度阈值计算闪击距离的方法,并在回击电流峰值与先导电荷成正比的假定下,将闪击距离与回击电流值联系起来。但由于探测手段的限制,几乎没有对闪击距离和回击电流峰值同步观测的统计资料。目前对闪击距离得到的结论有:随着地面海拔高度的升高,闪击距离明显增大[40]。对于超过 1000 m 的闪电通道,闪击距离受闪电通道长度的影响很小。光学观测给出的闪击距离一般在十到几百米的范围,典型的闪击距离为 50～100 m[41]。99% 的闪击距离超过 20 m,91% 超过 45 m,84% 超过 60 m[42]。

任晓毓等[43]从先导发展的物理过程考虑,建立了一个闪电先导的二维模式,模式既考虑了先导每一步的发展,又考虑了上行先导的产生,揭示了建筑几何尺寸对连接过程的影响。研究结果表明:从下行先导行进至离地大约 150 m 高度起,建筑的拐角和避雷针等多处开始产生上行先导,下行先导与避雷针尖端发生连接;最后一跳之前,下行先导转向并不明显;最后一跳下行先导向着避雷针产生的上行先导偏转一定角度;从模拟雷击避雷针和建筑物拐角的模拟图 6.7 可看出,拐角也具有一定的吸引半径,避雷针和拐角之间存在竞争关系。在雷

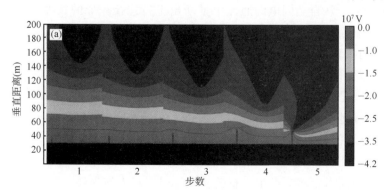

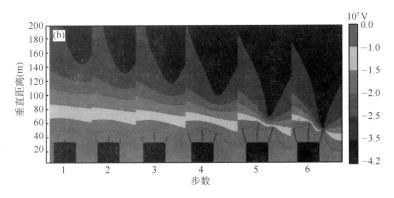

图 6.7　雷击避雷针和建筑物拐角的模拟图[44]

电防护设计中需要考虑拐角等复杂结构的尖端对闪电的吸引作用,简单地采用理想情况(如地面孤立高耸尖端)下避雷针的吸引半径等参数进行复杂建筑物的防雷是存在问题和隐患的。综合不同的建筑物尺寸、不同的避雷针高度、不同的避雷针位置和不同的下行先导电位对连接过程的影响,模拟结果如表 6.4 所示。从表中可以看出不同情况下避雷针的保护设计中需要考虑建筑和避雷针等参数对连接过程的影响。

表 6.4　不同情况的模拟结果对照表[44]

建筑宽度(m)	建筑高度(m)	避雷针高度(m)	避雷针位置	下行先导电位(MV)	吸引半径(m)
无限宽	30	5	中间位置	−40	73.8
40	30	5	中间位置	−40	30.9
60	30	5	中间位置	−40	30.3
40	60	5	中间位置	−40	28.6
40	30	2.5	中间位置	−40	22.7
40	30	5	偏右位置	−40	32.1
40	30	5	中间位置	−30	33.6

6.2.3.4　回击过程

闪电的回击是云与大地间的最重要的放电过程,此时出现强的电磁场突变,发出最强的光和最强的电流。由于回击过程是先导接地后形成强烈的回击放电过程,发生在已经电离的先导通道中,所以其发展速度很快。当回击以接近光速沿先导通道向上发展时产生瞬变电磁辐射脉冲,而决定回击电磁辐射强度的最重要的参量是回击电流和回击速度等,回击电流的波形特征参数也是雷电防护设计的重要依据。

雷电地闪回击电流是雷电的一个重要特征参数,其测量数据的积累对于雷电防护技术的提高具有重要意义。目前国内外的雷电研究人员通过矮塔、高塔直接观测,人工引雷观测和电场电流关系反演的方法对地闪回击电流进行了大量的观测研究,并取得了丰富的观测资料。观测表明,负地闪首次回击电流平均为 30 kA,继后回击电流平均 12 kA。正地闪回击电流平均为 35 kA,有时甚至可达几百千安。不同地区地闪回击电流平均值略有不同。Lyons(里昂,1996)利用一百多个雷电定位数据,发现 62 个负地闪和 12 个正地闪的峰值超过 400 kA,最大的负地闪峰值为 957 kA 和 580 kA。

高达上千安的回击电流,产生强烈热效应、光辐射效应、冲击波效应,造成严重危害,给雷电防护工作带来巨大困难。其中地闪回击电流以脉冲回击电流最强,其危害最大。回击电流特征不仅与地闪的类型和闪击类型有关,还与地形和土壤电导率等地理条件,以及不同类型的气象条件等因子有关。一般而言,回击电流具有单峰形式的脉冲电流波形,电流波形的前沿十分陡峭,而尾部变化较为缓慢。

由于自然雷电发生发展的随机性,对雷电流的直接测量是不容易的,有些雷电流数据是通过雷电定位系统反演得到的。利用高塔直接测量的自然雷电首次回击电流峰值不超过150 kA[45-48],而利用雷电定位系统反演的首次回击雷电流的强度最大到 $500\sim600$ kA。Cooray(库雷)等[48]认为地闪回击电流峰值的大小与雷暴云和大地之间的环境电场大小有关,二者满足 $I_p=kE^{0.967}$,其中 I_p 和 E 分别为回击电流峰值和环境电场大小,k 为系数。不过,由于地面附近高大树木、尖端和建筑顶端电晕放电的屏蔽作用,减弱了陆地表面的环境电场,实际发生的地闪回击电流峰值可能比估算值小。通过估算,我们可以了解雷暴云和大地之间的环境电场,准确获取雷电流大小以及波形对于采取正确的雷电防护措施、保护人民生命财产是非常重要的。

6.2.3.5 闪击间的过程

对负地闪而言,其回击数通常不止一个,一次典型的负地闪过程通常包含 $3\sim5$ 次回击,时间间隔为几十毫秒。在多回击地闪的两个回击之间,会发生连续电流、M 分量和 K 变化等,这些物理过程统称为闪击间的过程,也是地闪的重要放电过程。

(1)连续电流

负地闪中的回击沿先导通道从地面到云中的传播一般在几十微秒内完成。在回击过程停止后(即脉冲电流停止),回击通道内仍可能存在约几百安培,甚至高达 1 kA 量级的连续电流,其连续时间一般为几十到几百毫秒不等,可引起缓慢而大幅度的地面电场变化,且整个雷电通道持续发光,这个过程被称为连续电流过程。Hagenguth(哈根古特)等[49]首次在帝国大厦的雷电测量中发现了连续电流这一电流分量。连续电流分为两类:一类是长连续电流,持续时间超过 40 ms;另一类是短连续电路,持续时间小于 40 ms。Rakov(拉科夫)和 Uman(乌曼)等[50]发现连续电流可以发生在任何一次回击之后,单闪击地闪和多闪击地闪发生长连续电流过程的概率分别为 6% 和 49%。1.4% 的首次回击之后跟随长连续电流,3%~15% 的继后回击之后有连续电流。不过,随着地域的不同,连续电流的发生概率和持续时间有很大的不同。Shindo(进藤)和 Uman[51]统计表明,连续电流平均值估计为 100 A 左右,变化范围 $30\sim200$ A,转移电荷 $10\sim20$ C,这个参数已被用在国际电工委员会(IEC)雷电防护技术。在 IEC参数中,采用的标准连续电流波形是恒定的。光辐射强度和电流脉冲之间有较好的相关性,但是光辐射强度不能完全代表连续电流的变化。

连续电流持续时间的长短在一定程度上决定了对地释放的电荷量,一次回击一般仅释放几库仑的电流,而连续电流可释放几十库仑甚至更大的电荷量。在负地闪中的连续电流的重要特征是:多数闪电包含有一个短过程和长过程;大约 50% 的闪电包含有一长过程连续电流分量,并且这些闪电输送到达地面的电荷是没有长过程连续电流的两倍。在实际中,闪电连续电流对目标物闪击的效应是潜在的严重的加热危害,如长过程的连续电流使飞机表面金属燃烧出洞和引起森林火灾,金属构筑物的过热损伤或高架输电线的损坏等。

（2）M 分量

M 分量，有时也称 M 变化，是叠加在地闪连续电流上的脉冲过程，伴随着放电通道突然增亮以及电场突变。地闪向地面的电荷转移过程可分为三类：先导、回击过程和连续电流过程和 M 分量过程[52]，统计得到了人工引雷的 M 分量电流幅值为 $100\sim200$ A，上升时间 $300\sim500$ μs，转移电荷量为 $0.1\sim0.2$ C。有些 M 分量的电流峰值可达千安培范围，与回击电流峰值相比是小的。三分之一的 M 分量输送的电荷比与负的随后闪击相关的最小电大。相比回击电流的热效应，M 分量热效应相对要小一些。

蒋如斌，郄秀书等[53]分析了由人工触发闪电实验得到的 6 次强烈 M 分量特征，其峰值电流范围为 $3.8—7.0$ kA，平均为 5.5 kA；电流波形 $10\%\sim90\%$ 峰值的上升时间为 $12\sim72$ μs，平均为 42 μs。这些 M 分量的峰值电流和 $10\%\sim90\%$ 峰值电流上升时间同步记录的电流波形和近距离电场波形均呈现类似于 V 形的准对称性，电场波形先于电流波形发生变化，电流峰值也滞后于电场峰值。由高速摄像资料和电流测量资料判断，所分析的 M 分量在发生之前，闪电通道存在弱的连续电流，其通道的导电性优于先导—回击过程发生之前，电流和电场的同步波形特征表明，M 分量是起始于由上向下发展的过程，该过程在接地后一定时间内仍继续发展增强。在 M 分量的下行过程接地后，将发生反射过程，下行过程和反射过程的相互作用可能是随高度而变化的。这几次 M 分量的观测事实，一方面与 Rakov[52]的双波理论对 M 分量基本物理过程的解释相符合，另一方面，与其理论中的理想假定也存在一定出入。由于我们设置的高速摄像系统的拍摄速度较低，167 s 时间分辨率的摄像资料难以体现更为细节的通道亮度变化信息，而电流测量系统的背景噪声则使得较小的电流难以分辨，这些导致了我们对一些物理过程的分析难以实现更精确的量化。所以，虽然本文得到了关于几次特殊 M 分量物理过程的一些结论，但要进一步完善 M 分量的物理机制或建立更合理的物理模型并加以验证，仍需要积累更多的由不同观测手段获取的高时间分辨率高精度资料以便做更深入的研究，为雷电的防护工作提供依据！

（3）J 过程和 K 过程

在两次回击之间，J 过程或连接过程发生于云内，时间尺度约为几十毫秒两级，变化范围为 $43\sim200$ ms，发展速度的典型值为 2×10^5 m/s，变化范围 $(1-30)\times10^5$ m/s，J 变化可以是正的或负的，通常比由于连续电流产生的电场要小，与连续电流产生的电场不同，它不与闪电通道相联系。K 过程也发生于闪击间歇期间，时间尺度约为 $2\sim20$ ms，表现为与 J 过程相联且叠加于整个电场之上。云闪和地闪中有与 K 变化相联的强烈的微波辐射，在 $400\sim1000$ MHz，表现为强的"爆炸"现象。有时 K 变化也表现为有规则的脉冲爆炸。

6.2.4　雷电灾害相关因素分析

具有大电流、高电压、强电磁辐射特征的雷电对人类社会的威胁性在日益加大。依据自然灾害系统原理[54~56]，雷电灾情是由孕灾环境、致灾因子、承灾体之间相互作用形成的。雷电灾害的自然孕灾环境就是雷暴天气、气候和地理背景等；自然致灾因子就是闪电；承灾体一般划分为人类、财产和自然资源。这三种因素在不同时空条件下，对灾情形成的作用会发生改变。对自然致灾因子来说，观测发现当今全球每一秒钟平均发生 46 次闪电[57]，而我国平均每一分钟发生 77 次闪电[58]。对承灾体来说，由于人口从农村到城市迁移以及防雷和医疗急救的进步,英国在一个半世纪里雷灾人员伤亡数有明显的下降趋势,峰值从 19 世纪 70 年代的 23 人下降到 20 世纪 90 年代的 3 人[59]。美国用 1900—1991 年的雷灾统计资料,在考虑人口权重后雷灾人员死伤率在逐渐下降,其指数下降的趋势与美国人口从农村向城市迁移的变化趋势是相类似的,而且雷击伤亡人数的变化有 20 年或 30 年的波动变化,这种波动变化与雷暴日、地面平均气温的波动变化类似,可以看到雷击伤亡人数具有气候学波动,这说明了孕灾环境的影响。

中国作为一个多自然灾害的国家,与其地理位置有着不可分割的关系。雷电灾害在中国最为严重的是广东省偏南的地区,东莞、深圳、惠州一带的雷电自然灾害已经达世界之最,这与大气层位置比较偏低有关。在夏季 5—8 月之间,东莞雷电带来的经济亏损占当季的 GDP 比例接近 6%,东莞都会发生多起雷电伤人事件,成为全世界雷击人事件最频繁,最多的地区,在中国乃至世界的雷电受灾重区之一。

马明,吕伟涛等[59]利用 1997—2006 年全国雷电灾害数据库和星载闪电探测数据的基础上,分析研究了雷电灾害及相关因素的特征,包括雷电灾情、孕灾环境、致灾因子、承灾体及其相互作用。研究指出,雷灾事故数、雷灾人员伤亡数与我国不同地区的致灾因子(闪电活动)、承灾体(人口和经济发展现况)成正相关,雷电灾情不同类型与承灾体类型(城乡人口比例、经济发展现况)有密切关系。表 6.5 考察了雷电灾情与各种因素的相关程度,表 6.5 的数值是两者的相关系数,通过表 6.5 可以研究我国各地区雷灾相关因素的关系。

表 6.5 我国各地区雷电灾情与雷灾有关参数的相关系数[60]

雷灾项目	平均闪电密度	常住人口	城镇人口数	乡村人口数	乡村/总人口	土地面积	人口密度	GDP总量	年人均GDP量
事故数	0.58y	0.50y	0.54y	0.41y	0.16n	−0.71n	−0.08n	0.44y	−0.11n
伤亡数	0.59y	0.53y	0.73y	0.48y	−0.08n	−0.18n	−0.03n	0.64y	0.10n
伤亡率[1]	0.30n	−0.29n	−0.28n	−0.25n	0.25n	0.15n	−0.22n	−0.26n	−0.21n
伤亡率[2]	0.71y	0.04n	0.27n	−0.09n	−0.47y	−0.41y	0.65y	0.35n	0.57y
伤亡损失/人员	0.32n	0.23n	0.40y	0.10n	−0.54y	−0.33n	0.33n	0.45y	0.52y

注:伤亡率[1]:伤亡率(人口权重);伤亡率[2]:伤亡率(面积权重)。y 表示在置信度 95% 下的线性相关,n 表示无明显相关。

对于雷灾事故数而言,雷灾事件多发生在我国东部沿海地区和南部地区,在我国西部地区相对较少发生,可见雷灾事故发生频次与中国不同地区的致灾因子(闪电活动)、承灾体(人口数和经济发展现况)成正相关。

对于雷灾造成人员伤亡数而言,可见雷灾人员伤亡数与中国不同地区的闪电活动、人口数和经济发展现况成正相关。

对于考虑人口权重的伤亡率而言,人口基数少的地区,像海南省、西藏自治区、青海省成为高伤亡率地区。表 6.5 中,伤亡率(人口权重)与各种参数之间没有明显的相关,说明影响人口权重的伤亡数的因素比较复杂,如青藏高原地区当地的平均闪电密度较低,但闪电活动分布不均匀,有些地方年雷暴日超过 80 天,局地的雷暴活动还是很频繁,但每次雷暴产生的闪电频次较少,造成平均闪电密度较低。

对于考虑面积权重的伤亡率而言,面积小的上海市、海南省、北京市成为高伤亡率地区。表 6.5,伤亡率(面积权重)与闪电密度、人口密度、人均 GDP 成正相关,而与乡村人口比例和地区面积成负相关,因为我国西部地区,地广人稀且农民比例高,造成该地区低的伤亡率(面积权重)对应高的乡村人口比例和地区面积。

从雷灾财产损失事故/雷灾伤亡事故的比值可以发现,几大直辖市该比值很高。表 6.5 中该比值与城镇人口、GDP 总量、人均 GDP 量成正相关,说明城市地区、经济发达的地区,财产损失雷灾相对较多,该比值高;该比值与乡村人口比例成负相关,说明农民比例高的地区,雷灾伤亡事故相对较多,该比值低;这说明了雷电灾情的不同类型与承灾体类型有密切关系。

在不同的孕灾环境下造成雷电伤害人员的方式特征不同,雷击死亡人数在农田最多,而受伤人数在建构筑物内最多,如表 6.6 所示:

表 6.6　不同雷击环境的人员死伤分布[60]

雷击环境	事件数百分比(%)	死亡人员数百分比(%)	受伤人员数百分比(%)	死伤人员总数百分比(%)	死伤人员数/事件数比	受伤人员/死亡人员比	雷击伤亡主要原因
农田	31.65	31.84	14.66	23.92	1.49	0.39	多直接雷击
水域	10.15	10.59	6.09	8.51	1.66	0.49	多直接雷击
开阔地	13.45	12.79	9.92	11.47	1.68	0.66	多直接雷击
树下	7.89	9.81	8.96	9.42	2.36	0.78	多旁侧闪击
山地	5.79	6.41	5.96	6.20	2.36	0.78	多跨步电压
有线连接	5.20	3.84	4.96	4.36	1.66	1.11	多接触电压
厂矿仓库	2.74	3.47	4.62	4.00	2.88	1.14	多火灾爆炸
建构筑物	23.13	21.25	44.83	32.13	2.74	1.81	多种

百分之八十的雷灾伤亡人员事故只涉及 1～2 人的生命安全,其中 1 人遭受雷击的占总事件的百分之六十一;重大雷灾伤亡事件直接与承灾体的脆弱性有关。

6.3　雷电防护的主要方法

6.3.1　建筑物的防雷分类及防护

建筑物根据其重要性、使用性质、发生雷电事故的可能性和后果,按防雷要求分为三类[61],即,第一类为防雷建筑物,第二类为防雷建筑物,第三类为防雷建筑物,而这三类防雷建筑物的划分依据则是对危险环境的区划。

6.3.1.1　危险环境的划分

(1)爆炸性气体环境

爆炸性气体环境应根据爆炸性气体混合物出现的频繁程度和持续事件,按下列规定进行区分:0 区:连续出现或长期出现爆炸性气体混合物的环境;1 区:在正常运行时可能出现爆炸性气体混合物的环境;2 区:在正常运行(正常运行时指正常的开车、运输、停车,易燃物质产品的装卸,密闭容器盖的开闭,安全阀、排放阀以及所有工厂设备都在其设计参数范围内工作的状态)时不可能出现爆炸性气体混合物的环境,或即使出现也仅是短时存在的爆炸性气体混合物的环境。

爆炸危险区域的划分应按释放源级别和通风条件确定,并应符合下列规定:0区:存在连续释放源的区域;1区:存在第一级释放源的区域;2区:存在第二级释放源的区域。

其次按照通风条件调整区域划分:当通风良好时应降低爆炸危险区域等级,当通风不良时应提高爆炸危险区域等级。

(2)爆炸性粉尘环境

爆炸性粉尘环境危险区域应根据爆炸性粉尘混合物出现的频繁程度和持续时间,按下列规定进行分区。10区:连续出现或长期出现爆炸性粉尘环境;11区有时会将积留下的粉尘扬起而仍然出现爆炸性粉尘混合物的环境。为爆炸性粉尘环境服务的排风机室,应该与被排风区域的爆炸危险区域等级相同。

(3)火灾危险环境

火灾危险区域划分应根据火灾事故发生的可能性和后果,以及危险程度及物质状态的不同而进行划分。21区:具有闪点高于环境温度的可燃液体,在数量和配置上能引起火灾危险的环境。22区:具有悬浮状、堆积状的可燃粉尘或可燃纤维,虽不可能形成爆炸混合物,但在数量和配置上可能引起火灾危险的环境。23区:具有固体状可燃物质,在数量和配置上能够引起火灾危险的环境。

6.3.1.2 第一类防雷建筑物

遇下列情况之一时,应划为第一类防雷建筑物:

凡制造、使用或贮存炸药、火药、起爆药、火工品等大量爆炸物质的建筑物,因电火花而引起爆炸、会造成巨大破坏和人身伤亡者;

具有0区或1区爆炸危险环境的建筑物;

具有1区爆炸危险环境的建筑物,因电火花而引起爆炸,会造成巨大破坏和人身伤亡者。

6.3.1.3 第二类防雷建筑物

遇下列情况之一,应划为第二类防雷建筑物:

国家级重点文物保护的建筑物;

国家级的会堂、办公建筑物、大型展览和博览建筑物、大型火车站、国宾馆、国家级档案馆、大型城市的重要给水水泵房等特别重要的建筑物;

国家级计算中心、国际通讯枢纽等对国民经济有重要意义且装有大量电子设备的建筑物;

制造、使用或贮存爆炸物质的建筑物,且电火花不易引起爆炸或不致造成巨大破坏和人身伤亡者;

具有1区爆炸危险环境的建筑物,且电火花不易引起爆炸或不致造成巨大破坏和人身伤亡者;

具有2区或11区爆炸危险环境的建筑物;

工业企业内有爆炸危险的露天钢质封闭气罐;

预计雷击次数大于0.06次/a的部、省级办公建筑物及其他重要或人员密集的公共建筑物;

预计雷击次数大于0.3次/a的住宅、办公楼等一般性民用建筑物。

6.3.1.4 第三类防雷建筑物

遇下列情况之一时,应划为第三类防雷建筑物:

省级重点文物保护的建筑物及省级档案馆；

预计雷击次数大于或等于 0.012 次/a，且小于或等于 0.06 次/a 的部、省级办公建筑物及其他重要或人员密集的公共建筑物；

预计雷击次数大于或等于 0.06 次/a，且小于或等于 0.3 次/a 的住宅、办公楼等一般性民用建筑物；

预计雷击次数大于或等于 0.06 次/a 的一般性工业建筑物；

根据雷击后对工业生产的影响及产生的后果，并结合当地气象、地形、地质及周围环境等因素，确定需要防雷的 21 区、22 区、23 区火灾危险环境；

在平均雷暴日大于 15 d/a 的地区，高度在 15 m 及以上的烟囱、水塔等孤立的高耸建筑物；在平均雷暴日小于或等于 15 d/a 的地区，高度在 20 m 及以上的烟囱、水塔等孤立的高耸建筑物。

6.3.2　防雷接闪装置

建筑物外部防雷就是防直击雷、雷电侧击、雷电反击等内容。其中防直击雷采取的措施是引导雷暴云对避雷装置放电，使雷电迅速流入大地，从而保护建筑物免受雷击。直击雷的避雷装置主要有避雷针、避雷带、避雷网、避雷线等。对建筑物顶易受雷击部位，应装避雷针、避雷带、避雷网进行直击雷防护。由位于屋顶和其他较高部位上的接闪器、接地装置系统、连接接闪器和接地装置的导体（引下）系统构成了建筑物外部防雷系统。其中，沿屋脊、屋檐敷设的金属导体（避雷带）或网格状导体（避雷网），或高出屋面竖立的金属棒以及金属屋面和金属构件等，统称为接闪装置或接闪器，用于拦截雷电闪击；连接接闪装置与接地装置的金属导体称为防雷引下线（简称引下线），用于将雷电流从接闪器传导至接地装置。为将接闪器雷电流扩散到大地中而埋设在土壤中的金属导体（接地极）和连接线总称为接地装置；而接地装置接地体是接地装置的一部分，直接与大地有电气接触并将雷电流散流入大地。只要正确的安装建筑物的外部防护系统，其基本部分便能保证雷电放电电流在接闪器和接地装置之间流通，而不造成任何破坏和危险。

6.3.2.1　接闪器

（1）避雷针

避雷针，又称富兰克林避雷针，是最早、最基本的防雷接闪装置。作为目前世界上公认的最成熟的防直击雷的主动接闪装置，分为接闪器、引下线和接地体三部分。接闪器直接承受雷电，其作用就是在一定范围内出现的闪电能量按照人们设计的通道泄放到大地中去，把一定保护范围的闪电放电捕获到，纳入预先设计的对地泄放的合理途径之中。普通避雷针有针、带（线）、网 3 种形式，国际上统称为常规避雷针；其他各种避雷针均为异型避雷针，异型避雷针大致有球头避雷针、限流避雷针、脉冲避雷针、放射避雷针等。图 6.8 为常见的避雷针、避雷带。

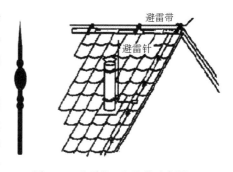

图 6.8　避雷针、避雷带示意图

避雷针被广泛地安装运用。理论上任何良好接地的金属物体都可以作为接闪器，随着经济、建筑美学的发展，人们对接闪器的外形提出了要求，希望能与漂亮的现代建筑协调，出现了一些形状各异、五彩缤纷的接闪器，如避雷线、避雷带、避雷网。在外观上与建筑物的设计风格、造型以及耐用年数相协调，使之与建筑物本身达到和谐统一。例如，20 世纪初在电力系统应用到输电线路上时创造了避雷线，即一根或者两根架设在输电线上方的钢线，具有简单有效的特点，成为在房屋建筑上广泛推广的接闪器。而避雷带可以与楼房顶的装饰结合起来，与房屋的外形较好地配合，达到美观防雷效果，同时它的保护范围大而有效，特别是对大面积的建筑，是避雷针无法比的。

避雷网作为接闪器，是最好的防雷接闪装置，几乎国内外新建大楼的首选避雷装置，可以在被保护的建筑物上方单独制作金属网架设，也可利用建筑物本身屋顶上的混凝土楼板构件内的钢筋网。这种设计的最大优点是能充分利用现代大楼建筑物本身的结构，把避雷装置于建筑物本身完美结合起来，实现了麦克斯韦所倡议的法拉第笼防雷理想，既有最佳的防雷效果，又经济、牢固、持久、美观，称这一整体避雷装置为笼式避雷网。国内典型建筑"鸟巢"，见图6.9 所示，外表平滑，没有普通大型建筑上突起的避雷针，实际上，它的整个"钢筋铁骨"构成了理想的"笼式避雷网"。设计师将"鸟巢"的金属屋面、钢结构中的钢构件以及钢筋混凝土中的钢筋，通过焊接方式进行有效连接，自身形成了一个巨大的避雷网，而"鸟巢"的钢结构就成了一个巨大的接收闪电的装置，能把闪电迅速导入地下。为了防止雷击对人体的伤害，场馆内人能触摸到的部位，如钢结构上，都做了特殊处理，抵消了雷电对人的影响；同时，"鸟巢"内几乎所有的设备都与避雷网做了可靠连接，保证雷电来临的瞬间，能顺利将巨大电流导入地下，保证了场馆自身、仪器设备和人身安全。

图 6.9　避雷网结构建筑

（2）接闪器防护原理

避雷线、避雷带、避雷网都是在避雷针的基础上发展起来的，是避雷针的变形，与其接闪原理一致。传统接闪器并没有消除雷击，只是将雷电流引向自身，这样会带来地电位升高、侧击、雷电流电磁干扰等问题。

当雷暴云的先导通道开始向下伸展时，先导通道到达某一离地高度，空间电场就受到地面上一些高耸的导电物体的畸变影响，在这些物体的顶部聚集起许多异号电荷形成局部强场区，向上发展迎面先导。避雷针的功能就是把雷电电流引导入大地。马宏达[61]指出,避雷针把闪电从保护物上方引向自己并且安全地通过自己泄入大地的过程中,避雷针的引雷性能和泄流性能是至关重要的,并且研究表明,雷击避雷针和地的放电强度与雷电极的极性有关:当雷的极性为正时,雷对避雷针的放电强度高于雷对地;当雷的极性为负时,雷对避雷针的放电强度略低于雷对地。

富兰克林从尖端放电的原理出发,尖形的避雷针最好。20 世纪初,原子物理学取得巨大的成就,使人类对雷电的了解大大加深,认识到大气离子的产生及其运动规律决定了雷电的种种特性及其发生、发展。避雷针之所以能接闪造成落地雷,与针端周围的电场分布和迎面先导的形成分不开,现代的电磁学理论已能较好地计算金属的表面形状与周围电场分布的关系。可以把尖端金属表面用各种长短轴比的椭球面来表征,以曲率半径大小表示尖端的尖和钝,由于避雷针的引入使电力线分布畸变,而大大增强了电场强度,又引入电场增强因子这个量来描述。避雷针或其他地面尖端发生迎面先导,是由于尖端附近的电场增强,达到空气的击穿场强,并引起雪崩导电现象。Moore(摩尔)[62]用不同的方法对避雷针的性能进行实验研究,认为钝的针体的畸变电场随距离的衰减较之尖的针体为弱。因此使得空气雪崩导电的范围增大,对迎面先导的发展更有利。

6.3.2.2　接闪器的保护范围

避雷针的引雷(拦截)效率,即避雷针的保护范围,指被保护物体在此空间范围内不致遭受雷击。由于雷电的路径受很多偶然因素的影响,要保证被保护物绝对不受直接雷击是不现实的,因此保护范围是按照 99.9% 的保护概率(即屏蔽失效率或绕击率为 0.1%)而定的,这是根据在实验室中进行的雷电冲击电压放电的模拟实验结果求出的,并经过多年实际运行经验的校核[63]。而对于不同的标准,在避雷针保护范围内允许被保护物遭受雷击的概率不同,所规定的避雷针保护范围也不同。要计算出避雷针的保护范围,首先必须分析讨论影响避雷针保护范围的主要因素。

避雷针的引雷(拦截)效率,与雷电极性、雷电通道及空间电荷分布、先导头部电位、放电定位高度、避雷针数量和高度、被保护物高度、相互之间位置以及当时的大气条件和地理条件等因素有关。一般说来,地理条件影响先导阶段的电场分布涉及主放电的发展;大气条件的影响是空气湿度和温度愈高,避雷针保护效果愈小;雷电流幅值(即放电定位高度)愈大,避雷针引雷(拦截)范围愈大,即保护范围愈大[64]。于上述各种影响避雷针防雷效应的主要因素无法定量,使得精确确定避雷针保护范围称为世界上的一个技术难题,其保护范围只相对于被保护物在此空间内遭受雷击的概率而言,避雷的保护范围不能"绝对化",要保证被保护物体绝对不受直接雷击是不现实的。

目前已有很多计算避雷针不同保护范围绕击率的方法,如电气几何击距法(EGM)、修正EGM 的先导传播模型法(LPM)、滚球法、抛球法等,但至今用这些方法计算的避雷针不同保护范围的绕击率都仍为定性,而无法定量[65]。

滚球法计算接闪器保护范围:

在先导放电阶段,梯级先导前端逐渐接近地面,一旦接触到地面物体或者地面提前先导便会发生闪击。把梯级先导前端到地面的距离称为击距或闪击距离,电气几何学根据雷电的这一特性,将先导前端假定为球体的球心,闪击距离为球体的半径,即滚球半径。

　　滚球法是想象空中有一个半径为 h_r 的球体(第一类、第二类、第三类防雷建筑物滚球半径 h_r 分别为 30 m,45 m 和 60 m),沿需要防直击雷的部位滚动,当球体表面触及接闪器(包括被利用为接闪器的金属物),或只触及接闪器和地面(包括与大地接触并能承受雷击的金属物),而不触及需要保护的部位时,则该部分就得到接闪器的保护。当避雷针位于建筑物顶部时,建筑物顶部的接地金属物、其他接闪器(如女儿墙上的避雷带)都应看作地面。

　　滚球法原理:假设在第二类防雷建筑物周围有一个半径为 45 m 的滚动着的球,该球的保护范围是一个半径为 45 m 的滚动着球不能挤进去的空间,当球体与地面相切或与雷电防护接闪器接触时,两接触点之间的所有空间以及球体下面的空间都属于保护区的范围。当选择球体与两个或多个接闪器相接触时,也能形成一个保护区域,而且该区域还包括球体下面,接闪器之间的空间,如图 6.10 所示。用滚动球体原理决定保护区域时,必须考虑球体的所有可能的位置。

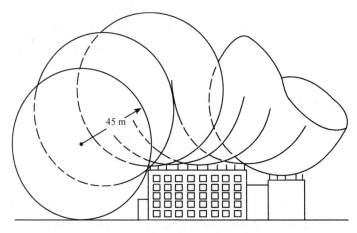

图 6.10　滚球法保护范围示意图[61]

　　对于高度超出地面或某一较低的接闪器以上 45 m 的结构,当滚动着的球体与结构的某一垂直表面接触,并与较低的接闪器接触或地面相接触时,保护区域应考虑为球体下面,接触点之间的空间。该保护区域还局限于较低接闪器水平平面以上的空间,除非还有别的办法使其扩大(例如使滚动球体与地面相切)。

　　被保护区域是这样一个空间,避雷针吸引雷电直接闪击来防止在该空间中遭受直接雷电的闪击。一个假设半径为 45 m 的球体滚越建筑物的整体,凡球体所能够接触到的部位,均能遭到雷击,球体不能接触到的部位,则认为已由建筑物其他部位给予保护。

　　接闪器保护范围是以滚球法为基础,优点是:首先,除独立避雷针、避雷线受相应的滚球半径限制其高度外,凡安装在建筑物上的避雷针、避雷线(带),不管建筑物高度如何,都可采用滚球法来确定保护范围。例如,首先在屋顶四周敷设一避雷带,然后在屋顶中部根据其形状任意组合避雷针、避雷带,取相应的滚球半径的一个球体,在屋顶滚动,只要球体只接触到避雷针或避雷带,而没有接触到要保护的部分,就达目的,这是以前的避雷针、线的保护范围方法无法比拟的优点;其次,可以根据不同类别选用不同滚球半径,区别对待,比以前只有一种保护范围合理;再次,对避雷针、避雷线(带)采用同一种保护范围(即同一种滚球半径),这给设计工作带来种种方便,使两种形式任意组合成为可能。

6.3.2.3　避雷针安装高度及保护范围计算

（1）单支避雷针保护范围

如图 6.11，当避雷针的高度 $h \leqslant h_r$（滚球半径）时：距地面 h_r 处作一平行于地面的平行线；以针尖为圆心，h_r 为半径作弧线交于平行线 A、B 两点；以 A、B 两点为圆心，以 h_r 为半径作弧线，该弧线与针尖相交并与地面相切。从此弧线起到地面止，就是保护范围。保护范围是一个对称的曲面椎体。

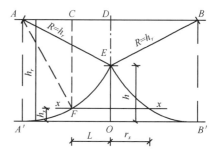

图 6.11　单支避雷针的保护范围[66]

计算单支避雷针保护范围：

1）距地面 h_r 处作一平行于地面的平行线；

2）以针尖 E 为圆心，h_r 为半径，作弧线交于平行线的 A、B 两点；

3）以 A、B 两点为圆心，h_r 为半径作弧线，该弧线与针尖 E 相交并与地面相切于 A'、B' 两点；

4）上述弧线至地面所包含的区域即是避雷针的保护范围，是一个对称的锥体。

按照上面的要求，根据该简图可知：

$$\sqrt{h_r{}^2 - (h_r - h_x)^2} = AC \tag{6.2}$$

$$\sqrt{h_r{}^2 - (h_r - h)^2} = AD \tag{6.3}$$

$$r_x = AD - AC = \sqrt{h_r{}^2 - h_r{}^2 + 2h_r h - h^2} - \sqrt{h_r{}^2 - h_r{}^2 + 2h_r h_x - h_x{}^2} \tag{6.4}$$

根据以上推导，单支避雷针的保护范围的计算式确定如下：

$$r_x = \sqrt{h(2h_r - h)} - \sqrt{h_x(2h_r - h_x)} \tag{6.5}$$

$$r_0 = \sqrt{h(2h_r - h)} \tag{6.6}$$

式中 r_x 避雷针在高度 h 平面的保护半径；h_r 滚球半径；h_x 被保护物的高度（m）；r_0 避雷针在地面上的保护半径。

（2）双支等高避雷针的保护范围

双支避雷针之间的保护范围是按照两个滚球在地面从两侧滚向避雷针，并与其接触后两球体的相交线而得出的。保护范围立体图 6.12：

1）双支等高避雷针外侧作图方法同单支独立避雷针，点 G_3、G_4 位于两支避雷针在地面保护线的交点，四边形 EG_3HG_4 是避雷针外侧保护范围与内侧保护范围的相贯线，见图 6.12 所示。

2）双支等高避雷针内侧保护范围的上边线 EG_2H 是以点 G_0 为圆心、以 G_0E（或 G_0H）长为半径的圆弧。

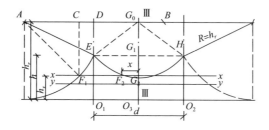

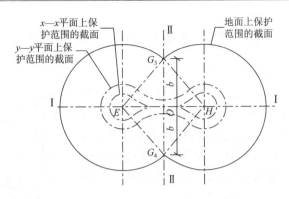

图 6.12　双支避雷针的保护范围[67]

6.3.2.4　各类防雷建筑物的防雷措施

（1）第一类防雷建筑物

第一类防雷建筑物的接闪器采用独立装设避雷针或架空避雷线（网）。

独立避雷针是指不借助其他建筑物、构筑物等，而专门组架设杆塔（如铁塔），并安装接闪器，如在空旷田野中的大型变配电站四周架设的避雷针就属于独立避雷针。对于炸药库等一类防雷建筑物，防雷保护必须采用设置独立避雷针，多数情况下设置1～2支避雷针就能完全保护。

第一类防雷建筑物防直击雷的措施应符合下列要求：

应装设独立避雷针或架空避雷线（网），使被保护的建筑物及风帽、放散管等突出屋面的物体均处于接闪器的保护范围内。架空避雷网的网格尺寸不应大于5 m×5 m或6 m×4 m。

排放爆炸危险气体、蒸气或粉尘的放散管、呼吸阀、排风管等的管口外的以下空间应处于接闪器的保护范围内，当有管帽时应按表6.7确定；当无管帽时，应为管口上方半径5 m的半球体，接闪器与雷闪的接触点应设在上述空间之外。

表 6.7　有管帽的管口外处于接闪器保护范围内的空间

装置内与周围的空气压力差（kPa）	排放物的比重	管帽以上的垂直高度（m）	距管口处的水平距（m）
<5	重于空气	12	—
5～25	重于空气	2.5	5
≤25	轻于空气	2.5	5
>25	重或轻于空气	55	—

独立避雷针的杆塔、架空避雷线的端部和架空避雷网的各支柱处应至少设一根引下线。对用金属制成或有焊接、绑扎连接钢筋网的杆塔、支柱，宜利用其作为引下线。独立避雷针和架空避雷线（网）的支柱及其接地装置至被保护建筑物及与其有联系的管道、电缆等金属物之间的距离，如图示：

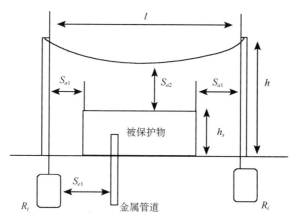

图 6.13　独立避雷针和架空避雷线(网)的支柱及其接地装置至被保
护建筑物及与其有联系的管道、电缆等金属物之间的距离[67]

独立避雷针和架空避雷(网)的支柱及其接地装置至被保护建筑物及与其有联系的管道、电缆等金属物之间架设距离应符合下列表的要求,但不得小于 3 m。地上部分满足规范表 6.8:

表 6.8　防雷装置与建筑物的安装距离的规范表

安装条件	安装距离规范
$h_x < 5R_i$	$S_{a1} \geqslant 0.4(R_i + 0.1h_x)$
$h_x \geqslant 5R_i$	$S_{a1} \geqslant 0.1(R_i + h_x)$

地上部分应满足 $S_{el} \geqslant 0.4R_i$。

架空避雷线至屋面和各种突出屋面的风帽、放散管等物体之间:

表 6.9　防雷装置与建筑物的安装距离的规范表

安装条件	安装距离规范
$(h + l/2) < 5R_i$	$S_{a2} \geqslant 0.2R_i + 0.03(h + l/2)$
$(h + l/2) \geqslant 5R_i$	$S_{a2} \geqslant 0.05R_i + 0.06(h + l/2)$

空避雷网至屋面和各种突出屋面的风帽、放散管等物体之间:

表 6.10　防雷装置与建筑物的安装距离的规范表

安装条件	安装距离规范
$(h + l_1) < 5R_i$	$S_{a2} \geqslant 1/n[0.4R_i + 0.06(h + l_1)]$
$(h + l_1) \geqslant 5R_i$	$S_{a2} \geqslant 1/n[0.1R_i + 0.12(h + l_1)]$

注表中:S_{a1}—空气中距离(m);S_{el}—地中距离(m);R_i—独立避雷针或架空避雷线(网)支柱处接地装置的冲击接地电阻(Ω);h_x—被保护物或计算点的高度(m)。S_{a2}—避雷线(网)至被保护物的空气中距离(m);h—避雷线(网)的支柱高度(m);l—避雷线的水平长度(m)。l_1—从避雷网中间最低点沿导体至最近支柱的距离(m);n—从避雷网中间最低点沿导体至最近支柱并有同一距离 l_1 的个数。

独立避雷针、架空避雷线或架空避雷网应有独立的接地装置,每一引下线的冲击接地电阻不宜大于 10 Ω。在土壤电阻率高的地区,可适当增大冲击接地电阻。

（2）第二类防雷建筑物

第二类防雷建筑物防直击雷的措施，宜采用装设在建筑物上的避雷网（带）或避雷针或由其混合组成的接闪器。避雷网（带）应按 GB50057—2010 规范中规定的沿屋角、屋脊、屋檐和檐角等易受雷击的部位敷设，并应在整个屋面组成不大于 10 m×10 m 或 12 m×8 m 的网格。所有避雷针应采用避雷带相互连接。

突出屋面的放散管、风管、烟囱等物体，应按下列方式保护：

排放无爆炸危险气体、蒸气或粉尘的放散管、烟囱，1 区、11 区和 2 区爆炸危险环境的自然通风管，装有阻火器的排放爆炸危险气体、蒸气或粉尘的放散管、呼吸阀、排风管，本规范所规定的管、阀及煤气放散管等，其防雷保护应符合下列要求：

金属物体可不装接闪器，但应和屋面防雷装置相连；

在屋面接闪器保护范围之外的非金属物体应装接闪器，并和屋面防雷装置相连。

引下线不应少于两根，并应沿建筑物四周均匀或对称布置，其间距不应大于 18 m。当仅利用建筑物四周的钢柱或柱子钢筋作为引下线时，可按跨度设引下线，但引下线的平均间距不应大于 18 m。

每根引下线的冲击接地电阻不应大于 10 Ω。防直击雷接地宜和防雷电感应、电气设备、信息系统等接地共用同一接地装置，并宜与埋地金属管道相连；当不共用、不相连时，两者间在地中的距离应符合下列表达式的要求，但不应小于 2 m：

$$S_{e2} \geqslant 0.3k_cR_i \tag{6.7}$$

式中 S_{e2}，地中距离（m）；k_c，分流系数。

在共用接地装置与埋地金属管道相连的情况下，接地装置宜围绕建筑物敷设成环形接地体。

（3）第三类防雷建筑物

第三类防雷建筑物防直击雷的措施，宜采用装设在建筑物上的避雷网（带）或避雷针或由这两种混合组成的接闪器。

避雷网（带）应按规范 GB50057—2010 的规定沿屋角、屋脊、屋檐和檐角等易受雷击的部位敷设。并应在整个屋面组成不大于 20 m×20 m 或 24 m×16 m 的网格。平屋面的建筑物，当其宽度不大于 20 m 时，可仅沿网边敷设一圈避雷带。

每根引下线的冲击接地电阻不宜大于 30 Ω，但对规范 GB50057—2010 所规定的建筑物则不宜大于 10 Ω。其接地装置宜与电气设备等接地装置共用。防雷的接地装置宜与埋地金属管道相连。当不共用、不相连时，两者间在地中的距离不应小于 2 m。在共用接地装置与埋地金属管道相连的情况下，接地装置宜围绕建筑物敷设成环形接地体。

建筑物宜利用钢筋混凝土屋面板、梁、柱和基础的钢筋作为接闪器、引下线和接地装置，还应符合下列的规定：

1）利用基础内钢筋网作为接地体时，在周围地面以下距地面不小于 0.5 m，每根引下线所连接的钢筋表面积总和应符合下列表达式的要求：

$$S \geqslant 1.89kc^2 \tag{6.8}$$

式中 S，钢筋表面积总和（m²）。

2）当在建筑物周边的无钢筋的闭合条形混凝土基础内敷设人工基础接地体时，接地体的规格尺寸不应小于表 6.11 的规定。

表 6.11　第三类防雷建筑物环形人工基础接地体的规格尺寸

闭合条形基础的周长（m）	扁钢（mm）	圆钢根数直径（mm）
≥ 60	1×	φ10
≥ 40 至＜60	4×202×	φ8
＜40	钢材表面积总和 ≥ 1.89 m²	

注：①当长度相同、截面面相同时，宜优先选用扁钢；②采用多根圆钢时，其敷设净距不小于直径的 2 倍；③利用闭合条形基础内的钢筋作接地体时可按本表校验。除主筋外，可计入箍筋的表面积。

当土壤电阻率 ρ 小于或等于 300 Ω·m 时，在防雷的接地装置同其他接地装置和进出建筑物的管道相连的情况下，防雷的接地装置可不计及接地电阻值，其接地体应符合规定的条件下并且钢筋表面积总和改为大于或等于 0.37 m²，突出屋面的物体的保护方式应符合以下要求：

砖烟囱、钢筋混凝土烟囱，宜在烟囱上装设避雷针或避雷环保护。多支避雷针应连接在闭合环上。当非金属烟囱无法采用单支或双支避雷针保护时，应在烟囱口装设环形避雷带，并应对称布置三支高出烟囱口不低于 0.5 m 的避雷针。钢筋混凝土烟囱的钢筋应在其顶部和底部与引下线和贯通连接的金属爬梯相连。

利用钢筋作为引下线和接地装置，可不另设专用引下线。高度不超过 40 m 的烟囱，可只设一根引下线，超过 40 m 时应设两根引下线。可利用螺栓连接或焊接的一座金属爬梯作为两根引下线用。

6.3.3　防雷接地装置

电力设备、杆塔或过电压保护装置用接地线与接地体连接，称为接地。电气设备在运行中，如发生接地短路，则短路电流通过接地体向地中流散。实验证明：在离开单根接地体或接地板 20 m 以外的地方，该处的电位近乎等于零，称作电气上的"地"。接地就是让已经纳入防雷系统的闪电能量泄放入大地，主要目的是为了保障生命安全。

6.3.3.1　接地的类型

（1）工作接地

为了满足电力系统或电气设备的运行要求，而将电气设备的某部分和大地之间做好的电气连接，称为工作接地。如图 6.14 中的中性点直接接地的电力系统中，变压器中性点接地或发电机中性点接地均为工作接地。

（2）保护接地

为了防止电气设备的绝缘损坏，将其金属外壳对地电压限制在安全电压内，避免造成人身电击事故，将电气设备的外露可接近导体部分接地，称为保护接地，如：①电机、变压器、照明器具、手持式或移动式用电器具和其他电器的金属底座和外壳；②电气设备的传动装置；③配电、控制和保护用的盘的框架；④交直流电力电缆的构架、接线盒和终端盒的金属外壳、电缆的金属护层和穿线的钢管；⑤室内外配电装置的金属构架或钢筋混凝土构架的钢筋及靠近带电部分的金属遮拦和金属门；⑥架空线路的金属杆塔或钢筋混凝土杆塔的钢筋以及杆塔上的架空地线、装在杆塔上的设备的外壳及支架;⑦变(配)电所各种电气设备的底座或支架;⑧民用电器的金属外壳。

保护接地的形式有两种:一种是设备的外露可导部分经各自的接地保护线分别直接接地;另一种是设备的外露可导电部分经公共的保护线接地。高压电力设备的金属外壳、钢筋混凝土杆和金属杆塔,由于绝缘损坏有可能带电,为了防止这种电压及人身安全,把电气设备不带电的金属部分与接地体之间作良好的金属连接称为保护接地。电力设备金属外壳等与零线连接则称为保护接零,简称接零。

(3)重复接地

低压配电系统的 TN-C 系统,是用工作零线兼作接零保护线,可以称作保护中性线。为防止因中性线故障而失去接地保护作用,造成电击危险和损坏设备,对中性线进行重复接地。TN-C 系统中的重复接地点为:①架空线路的终端及线路中适当点;②四芯电缆的中性线;③电缆或架空线路在建筑物或车间的进线处;④大型车间内的中性线宜实行环形布置,并实行多点重复接地。

在电力系统中,根据电力系统中性点运行方式有:中性点接地系统、中性点不接地系统和中性点经消弧线圈或高阻接地系统。工作接地是在正常和故障情况下为了保证电器设备可靠地运行,将电力系统中某一点接地,如电力系统中的变压器或发电机的中性点直接接地、经电阻接地和经消弧线圈接地,见图 6.14 所示:

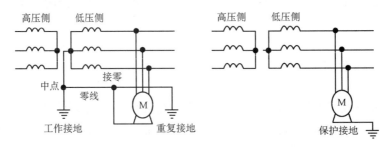

图 6.14　工作接地、保护接地和重复接地[68]

为防止用电设备金属外壳因故障带电,造成接触电器的人员发生触电事故保证,电气设备正常运行,可采用的方法之一是将用电设备的金属外壳与大地或电力系统的零线做电气连接,分别为接地保护或接零保护。把电气设备不带电的金属部分与接地体之间做良好的金属连接叫做保护接地。电力设备金属外壳等与零线连接则成为保护接零,简称接零。接地保护与接零保护统称保护接地,这两种保护的不同点主要表现在三个方面:一是保护原理不同。接地保护的基本原理是限制流经触电人体对地的泄漏电流,使其不超过某一安全范围;接零保护的原理是借助接零线路,使设备在绝缘损坏后碰壳形成单相金属性短路时,利用短路电流促使线路上的保护装置迅速动作。二是适用范围不同。根据负荷分布、负荷密度和负荷性质等相关因素;三是线路结构不同。接地保护系统只有相线和中性线,三相动力负荷可以不需要中性线,只要确保设备良好接地就行了,系统中的中性线除电源中性点接地外,不得再有接地连接;接零保护系统要求无论什么情况,都必须确保保护中性线的存在,必要时还可以将保护中性线与接零保护线分开架设,同时系统中的保护中性线必须具有多处重复接地[68]。

6.3.3.2　接地装置

如图 6.15a,与大地直接接触的金属物体称为接地体或接地极,连接地体与设备接地部分的导线称为接地线。接地体与接地线组成的装置称为接地装置。

当电气设备发生故障时,如图 6.15b 所示,有故障的电流经接地体成半球形向大地流散,接地装置的流散电阻称为接地电阻,如图 6.15 所示。

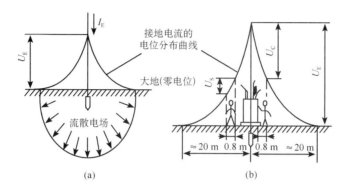

图 6.15　接地装置和接地电阻示意图

(a)接地电流和对地电压;(b)接触电压和跨步电压[61]

6.3.3.3　接地电阻

接地体和自然接地体的对地电阻和接地线电阻的总和,称为接地装置的接地电阻,包括:接地线的电阻和接地极的自身电阻;接地极的表面与其所接触土壤之间的接触电阻;电极周围的土壤所具有的电阻值。值得说明的是,接地电阻的主要部分是包围电极的大地电阻。接地电阻的数值等于接地装置对地电压与通过接地体流入地中电流的比值。通过接地体流入地中工频电流求得的电阻称为工频接地电阻;通过接地体流入地中冲击电流求得的接地电阻称为冲击接地电阻。

各种接地极的接地电阻:

(1)接地棒(水平埋设)

1)一根接地棒时,接地电阻按如下公式计算公式:

$$R = \frac{\rho}{2\pi l}\left(\ln \frac{l^2}{2at}\right) \tag{6.9}$$

式中:R 为一根接地棒的接地电阻(Ω);t 为埋设深度(cm);l 为接地棒的埋入长度(cm);a 为接地棒的半径(cm);ρ 为大地自然电阻率($\Omega \cdot$ m);

2)多根接地棒时,接地电阻按如下公式计算公式:

$$R_n = k\frac{1}{\sum\limits_{n=1}^{n}\frac{1}{R}} \tag{6.10}$$

式中:R_n 为多根接地棒的接地电阻(Ω);k 为综合系数,见综合系数表 6.13;n 为埋设接地棒根数。

表 6.13　综合系数 k 值

深度	间距(m)					
(m)	0	0.5	1	2	3	4
0.61	2.00	1.20	1.11	1.05	1.03	1.01
1.52	2.06	1.35	1.20	1.15	1.10	1.05
3.05	2.04	1.36	1.25	1.17	1.12	1.07

(2)埋地电线

埋地电线的接地电阻按如下公式计算公式：

$$R = \frac{\rho}{2\pi L}\left[\ln\frac{2l}{a} + \ln\frac{l}{t} - 2\right] \qquad (6.11)$$

式中：R 为埋设地线的接地电阻(Ω)；L 等于 $1/2$(m)；t 为埋入深度(m)；l 为埋设地线长(m)；a 为埋设地线半径；ρ 为大地自然电阻率(Ω·m)。

(3)接地网

适用于大的接地电流，且有敷设场地的一种接地装置，接地网的接地电阻按如下公式计算：

$$R = \rho\left(\frac{1}{4r} + \frac{1}{L}\right) \qquad (6.12)$$

式中：R 为网状地线的接地电阻(Ω)；r 为等效半径(m)；L 为接地网全长(m)；ρ 为大地自然电阻率(Ω·m)。

(4)接地板

接地板的接地电阻按如下公式计算：

$$R = \frac{\rho}{2\pi t}\ln\frac{r+t}{r} \qquad (6.13)$$

式中：R 为接地板的接地电阻(Ω)；D 为埋地深度(m)；ρ 为大地自然电阻率(Ω·m)；r 为等效半径(m)。

(5)圆环状水平地线

1)潜埋环形水平地线

$$R = \frac{\rho}{\pi^2 D}\ln\frac{4D}{r} \qquad (6.14)$$

式中：R 为环形水平地线的接地电阻(Ω)；D 为环形平面直径(m)；r 为水平地线材料半径(m)，ρ 为大地自然电阻率(Ω·m)。

2)底面下埋深为的环形水平地线

$$R = \frac{\rho}{2\pi^2 D}\ln\frac{8D^2}{rd} \qquad (6.15)$$

式中：R 为环形水平地线的接地电阻(Ω)；D 为环形水平地线平面直径(m)；r 为水平地线材料半径(m)；d 为水平地线埋深(m)，ρ 为大地自然电阻率(Ω·m)。

3)深埋环形水平地线

$$R = \frac{\rho}{2\pi^2 D}\ln\frac{4D}{r} \qquad (6.16)$$

式中：R 为环形水平地线的接地电阻(Ω)；D 为环形水平地线平面直径(m)；r 为水平地线材料

半径(m)，ρ 为大地自然电阻率$(\Omega \cdot m)$。

6.3.3.4　降低接地电阻的措施

　　良好的接地才能有效地降低引下线上的电压，避免发生反击。过去有些规范要求电子设备单独接地，目的是防止电网中杂散电流或暂态电流干扰设备的正常工作。接地是防雷系统中最基础的环节，如果接地不好，所有防雷措施的防雷效果都不能发挥出来。防雷接地是防雷设施安装验收规范中最基本的安全要求。为了达到更好的接地防雷效果，我国防雷企业还研制出非金属的接地模块，以克服接地金属材料的腐蚀难题。为了降低接地电阻而采用化学制品阻剂已颇为流行。

　　接地电阻主要受土壤电阻率和地极与土壤接触电阻有关，在构成地网时与形状和地极数量也有关系，降阻剂和各种接地极无非是改善地极与土壤的接触电阻或接触面积。杨永龙等研究表明降低接地电阻，主要是通过降低接地体的接触电阻和散流电阻；增加接地体所围面积对接地电阻的减少有利，应充分考虑复合接地体形状和接地网内屏蔽效应对接地电阻的影响；接地体周围的土质、埋设深度和季节变化都影响土壤电阻率。接地极沿接地体网边缘设置，网内接地极要稀疏布设；接地极的长度一般不相等，常用接地体埋设深度在 $1.5 \sim 3.5$ m 之间，北方地区在冻土层以下。可采用性能稳定的降阻剂和在接地体周围更换土壤电阻率低的土质，要使接地电阻达到要求的同时减少成本。

6.3.4　其他系统防雷

6.3.4.1　电力系统防雷

　　发电厂和变电所广泛使用独立避雷针。变电架构上的避雷针（110 kV 及以上电压变电所）和烟囱、水塔上的避雷针可防护直击雷。大中型变电所常需安装 $8 \sim 10$ 支高 30 m 左右的避雷针群。装于发电厂烟囱上的避雷针可用来保护发电厂，其高度可达 120 m，直击雷防护的可靠性可达安全运行 $1000 \sim 1300$ 年的耐雷指标（MTBF）。有些变电所是用避雷线来保护。为防护由输电线传入的雷电侵入波，可采用氧化锌避雷器或阀型避雷器。

　　防护由输电线传入的雷电侵入波时，对其保护性能及通流能量等要求甚高，还需严格做到全伏秒特性与被保护的变压器等相配合，避雷器的尺寸亦甚庞大，如 500 kV 变电所的避雷器高达 5 m 以上。110、220 kV 变电所对侵入波的防护，其平均无故障时间 MTBF 运行值分别可达 80 年和 200 年，$330 \sim 500$ kV 级的目标值均为 $300 \sim 500$ 年。继电保护和控制回路多用电缆的金属屏蔽层，并在两端接地，或将绝缘电线、塑料电缆穿入铁管，将两端接地，以防护感应雷和侵入波。对发电机的雷电侵入波防护，则采用旋转电机专用避雷器，并配以由 $50 \sim 100$ m 长的金属屏蔽电缆（电缆埋入地中且在两端和中间设置多点接地）和电缆首端的避雷器及其前方的避雷针或避雷线保护段（作为第一道防线）组成进线保护段。这一保护系统能确保发电机的 MTBF 达 $100 \sim 300$ 年。若采用防雷线圈（不用电缆）和避雷器的保护方式，MTBF 超过 600 年。输电线路用避雷线保护。110 kV、220 kV、$330 \sim 500$ kV 线路分别可达到平均事故 0.2 次/(100 km・a)、0.17 次/(100 km・a)和 0.1 次/(100 km・a)。

为使避雷针、避雷线的布置处于屏蔽雷闪的最佳位置和获得较好的计算方法,并将保护失效率——绕击率,即每 1000 次雷击,绕过保护装置而击于被保护物上的次数,限制到最低限度,自 1925—1926 年美国人 Peek 在实验室用"人工雷"首次对避雷针模型进行试验以来,一直在进行研究。中国在避雷针设计、计算上较为先进,实际绕击率已达到 0.5%。各国为研究超高压、特高压输电的长间隙和绝缘子串的雷电冲击特性、变电设备的冲击特性,先后制出高达 3600 kV、4800 kV、6000 kV、甚至 10000 kV 的冲击电压发生器,用以进行大量的试验研究工作。

6.3.4.2　通信系统防雷

通信明线一般不设直击雷保护,只在个别重要电杆上装设高出杆顶 0.5 m 或略长一点的钢棒(一般为 4 mm 直径),并用引下线接地。对地下通信电缆,为防止雷击,根据国际电信电报咨询委员会(CCITT)的建议采取下列保护措施。对重要的电缆(如同轴电缆)如表中所示:

表 6.14　对重要电缆的雷电防护措施

土壤电阻率(Ω·m)	防护措施
$\rho \leqslant 100$	不专设保护
$100 < \rho \leqslant 1000$	在电缆上方埋设 1 根屏蔽(排流)线,埋深约为电缆埋深的 1/2
$1001 < \rho \leqslant 3000$	设 2 根屏蔽线,或采用铠装电缆
$\rho > 3000$	将电缆敷设在铁管中

对较次要的电缆:若 $\rho \leqslant 1000$ Ω,不设屏蔽线;$\rho > 1000$ Ω,且位于雷电频繁地区,设 1～2 根屏蔽线。

6.3.4.3　微波通信站等系统的防雷

微波通信站、卫星地面站、雷达站、广播台、电视台等的防雷采用基本相同的措施。主要分下面几个方面:

天线防雷:宜设直击雷保护,避雷针可固定在天线架上,对天线保护角 45°,避雷针应避免对天线方位角内电波的屏蔽影响。若布置上有困难时可采用玻璃钢支柱,在其上敷设截面积为 25 mm² 的铜绞线作为接闪器的引下线。接地电阻一般不超过 5 Ω,在土壤电阻率较低的有条件地区,不宜超过 1 Ω。接地体应围绕塔基做成闭合环形,以减小接触电压和跨步电压。

机房防雷:波导管或同轴电缆的金属外皮,至少应在上、下两端与塔身金属结构连接,并在引进机房处与接地网连接。机房若未在天线避雷针的保护范围之内,应另设直击雷防护。可在房顶四周敷设闭合的避雷带,它可兼作均压带之用。沿机房的四角敷设引下线,并兼作均匀带,在地下与围绕机房四周敷设的水平闭合接地带连接。当机房较大时,需增加引下线,使两相邻引下线间的距离不超过 18 m。在机房内,围绕机房四周,在地上设接地母线。此母线在四角与机房外的接地带连接,连接点间的距离不大于 18 m。房内各种电缆的金属外皮,金属外壳和不带电的金属部分、各种金属管道、金属门框、金属进风道、走线架、滤波器架等,以及保护接地、工作接地,均应以最短距离与环形接地母线连接。机房内的电力线、通信线均应有金属外皮或屏蔽层,或敷设在钢管内并将外皮两端接地。这样,设备和导线即处在一个法拉第笼内。电力线、通信线均应在机房内装设放电器。在微波站,机房的接地网与微波塔接地网之间,至少应敷设两根接地均压带,以均衡电位。

台站供电设备防雷:变压器的高压、低压侧均应装设阀型避雷器。

6.3.5　非建筑物防雷

6.3.5.1　人身防雷的触电急救原则与方法

雷电危害人体的形式主要有直接雷击、接触雷击、旁侧闪络和跨步电压四种。那么当有人遭雷击后如何抢救呢? 雷电急救的要点是动作迅速,救护得法。人触电后,会出现神经麻痹、呼吸中断、心脏停止跳动等现象,呈现昏迷不醒的状态,呈"假死"现象。大量的雷击抢救实践证明,在雷击使人致死这一现象中,有一部分遭到雷击后呈现死亡状态的人并未真正死亡,而在 10 min 左右便可能真正死亡,故及时采取正确的抢救措施,往往可以"死而复生"。通常利用呼吸复苏和心脏复苏的方法进行急救。

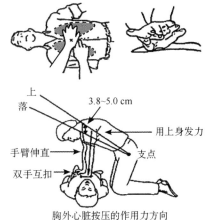

图 6.16　确定按压部位的方法及手掌手跟与胸部按压示意图

呼吸复苏方法常用有两种:口对口人工呼吸和人工加压呼吸;口对口人工呼吸法的操作原则:口对口人工呼吸,使患者头部后仰,用手捏住患者的鼻孔,向患者口中吹气,吹毕使其胸廓及肺部自行回缩,然后松开捏鼻的手;如此有规律地、均匀地反复进行,保持每分钟 16~20 次,直到胸廓开始活动。如果伤员的口腔紧闭不能撬开时,也可以用口对鼻吹气法,用一手捂住伤员的口对鼻吹气。

心脏复苏的方法:在现场抢救中可应用心前区叩击方法和胸外心脏挤压方法;当发现心脏开始停止跳动时,立即用拳头叩击心前区(拳击的力量不要太猛),连续叩击 3~5 次,然后观察心脏是否起搏,如果心脏起跳,则表示成功;如果心脏不起跳,应该改用胸外心脏挤压的方法;通过按压胸骨下端而间接地压迫心脏,使血流建立有效的循环。具体的操作方法如下:患者仰卧于硬板床或地板上,操作者在患者一侧或骑跨在患者身上,面对患者头部用一手掌的根部置于患者胸骨下段,另一手掌交叉置于手背上,双手用冲击式、有节律地向背脊方向垂直下压,压下约 3~5 cm,每分钟冲击 10 多次。挤压时不要用力过猛,防止肋骨骨折。胸外心脏挤压要作较长时间,不应轻易放弃。注意不要按错位置(不是胸骨的中上部,也不是剑突出处)。在进行胸外心脏挤压时,必须密切配合进行口对口的人工呼吸。

有时需要两个方法交替运用。在按压的同时,要随时观察伤员情况,如能摸到脉搏,瞳孔缩小,面有红润,说明按摩已有效,即可停止。通常在做胸外心脏按压的同时,进行口对口的人工呼吸,保证氧气供给,一般每吹气 1 次,挤压胸骨 3~4 次。

6.3.5.2　人身防雷常识

室内防雷的相关常识,相关示意图见图 6.17。

(1)留在室内,应关好门窗,关闭门窗,阻隔空气运动途径,阻止球雷入室;

（2）不宜使用无防雷措施或防雷措施不足的电视、音响、水龙头等；

（3）切勿接触天线、水管、铁丝网、金属门窗、建筑物外墙，远离电线等带电设备或其他类似金属装置，见图 6.17；

（4）减少使用电话、手提电话、电脑等；

（5）切勿处理开口容器盛载的易燃物品；

（6）不宜使用喷淋冲凉；建筑物发生雷击现象时，雷电流有可能沿着水流导致淋浴者遭雷击伤亡；

（7）不要触摸水管、管道煤气管等金属管道；这些金属导体若接地不良，雷电流有可能从这些导体通过空气向人体放电。

图 6.17　室内人身防雷示意图

室外防雷的相关常识，以下事项应该特别注意，如图 6.18 所示。

（1）站在楼顶极易招惹雷击，不能停留在建筑物的楼（屋）面上。

（2）不宜靠近建筑物的外墙以及电气设备；应停留在离电力线以及跟它们相连接的电气设备 1 m 以远的地方；

（3）不宜进入棚屋、岗亭等低矮建（构）筑物，由于这些低矮的建筑物一般没有防雷设施，且大都处在旷野中，遭受雷击的概率特别高；当暴风雨即将来临，而又处在开阔地带、山坡、河边时，可选择一些高大物体或架空电力线保护的区域，但所处的位置应距电线杆或高大物体 2 m 以上；

（4）不宜躲在大树底下；如果万不得已需要在大树底下停留，则必须与树身和枝桠保持 2 m 以上的距离，并且尽可能下蹲并把双脚靠拢；

（5）不宜在旷野高打雨伞等物体；在近雷暴天气条件下，不仅高打雨伞容易遭雷击，就是高举羽毛球拍、高尔夫球棍、铁锹、锄头等物体都会带来雷击的危险；

（6）不宜在水面或水陆交界处作业。在水面及水陆交界处作业遭雷击而导致伤亡的人数占总伤亡人数的 35%。水的导电率比较高，较地面其他物体更容易吸引雷电，另一方面，水陆

交界处是土壤电阻与水的电阻交汇处,易形成一个电阻率变化较大的界面闪电;

(7)不宜开摩托车,骑自行车,在汽车里比较安全;

(8)不宜进行户外球类运动。在雷暴天气下,不仅足球活动不宜进行,其他户外运动也切不可掉以轻心。

快躲进山洞里

图 6.18　室外人身防雷和禁忌

复习与思考

(1)直接雷防护目的是什么? 按现代防雷技术要求,直击雷防护采用哪些措施?

(2)防范直击雷常用的接闪器有哪些?

(3)什么是避雷针、避雷线、避雷网?

(4)什么是雷电反击? 防雷电反击主要有哪些措施?

(5)什么是接地装置? 接地装置敷设有哪些要求?

(6)接地体的连接有哪些要求?

(7)对独立避雷针的接地装置的设置位置有什么要求?

(8)某公司在地面上有两台高 2.35 m 的天线,相距 3.6 m,为了保护这两台天线,在其中间装一支避雷针,问此避雷针的高度为多高?

参考文献

[1] Fishman G I, Bhat P N. Mallozzi R, *et al*., Discovery of intense gamma-ray flashes of atmospheric origin, *Science*, 1994, **264**; 1313-1316, doi; 10. 1126. *Science*. **264**. 5163. 1316.

[2] Tarasova L V, Khudyakova L N. X rays from pulsed discharges in air. *Sov. Phys. Tech. Phys, Engl.*

Transl. ,1970,**14**:1148-1150.

[3] Parks G K, Mauk B, Spiger B, et al. X-ray enhancements detected during thunderstorm and lightning activity. *Geophys. Res. Lett.* ,1981. **8**:1176-1179.

[4] Fishmah G I, Bhat P N, Mallozzi R, et al. , Discovery of intense gamma-ray flashes of atmosphericorigqin. *Science*, 1994,**264**:1313-1316,doi:10. 1126/science. 264. 5163:1313.

[5] Brunetti M,Cecchini S,Galli M,et al. Gamma-ray bursts of atmospheric origin in the MV energy range. *Geophys. Res. Lett.* ,2000. **27**:1599-1602.

[6] 郄秀书,谢屹然.闪电的光辐射分布特征.高原气象. 2004,**24**:476-480.

[7] 李国庆,康天翼.闪电冲击波对云滴运动及碰并的影响.气象学报,1982,(4):475-482.

[8] 陈加清,周璧华,贺宏兵.雷电的损伤效应.安全与电磁兼容,2004,(6):44-48.

[9] 虞昊,臧庚媛,张勋文,关象石.现代防雷技术基础.北京,清华大学出版社,1995.

[10] 高攸纲.电磁兼容总论.北京:北京邮电大学出版社,2001.

[11] 刘俊.雷电灾害的类型及其致灾机理浅析.安全,2011,05:5-8.

[12] Bridges J E, Ford G L, Sherman I A, Vainberg M. (eds). *Electric Shock Safety Criteria*:*Proc.* 1,*t Int. Symp. Electric Shock Safety*. London:Pergamon Press. 1985.

[13] Dalziel C F. A study of the hazards of impulse currents. *Power Apparatus Syst.* 1953. **72**:1032-1040.

[14] Dalziel C F. Effects of electric shock on man. *Trans. IRE Med. Electronics*,1956. PGME-5,44-62.

[15] Dalziel C F,Lee W R. Reevaluation of lethal electric currents. *IEEE Trans. Ind. Gen. Appl.* 1968. IGA-4, 467-467&676-677.

[16] 梅卫群.江燕如.建筑物防雷工程与设计.北京:气象出版社.2008.

[17] Bergerk,Vogelsanger E. Photographische Blizuntersuchungen der Jahre 1955—1966 aufdem Monte san Salvatore. *Bull Schweiz Elekcrotech* , Ver,1966,**57**:599-620.

[18] Uman M A,Mclain D K,Fisher R J,et al. ,1973. Electric field intensity of the lightning return stroke. *J. Geophys. Res.* ,**78**:3523-3529.

[19] Clarence N D,Malan D J. Preliminary discharge processes in lightning flashes to ground. *Quart. J. Roy. Meteor. Soc.* ,1957. **83**:161-172.

[20] 曹冬杰,郄秀书,杨静,王俊芳,王东方.闪电初始放电阶段亚微秒电场变化波形特征[J].大气科学, 2011,(4):645-656.

[21] 张义军,孟青,吕伟涛,马明,郑栋,Paul R. Krehbiel.云下部正电荷区与负地闪预击穿过程.气象学报, 2008(2):274-282.

[22] Schonl and B F J. Progressive lightning. *IV Proc. R. Soc. London Ser.* A,1938,**164**:132-150.

[23] Kasemir H W. A contribution to the electrostatic theory of a lightning discharge. *J. Geophys. Res.* , 1960,**65**:1873-1878.

[24] Kasemir H W. Static discharge and triggered lightning. In *Proceedings of 8th International Aerospace and Ground Conference on Lightning and Static Electricity*. 1983,**24**:1-24.

[25] Mazur V, Ruhnke L H. Common physical processes in natural and artificially triggered lightning. *J. Geophys. Res.* ,1993,**98**:12913-12930.

[26] Guo C,Krider E P. 1982. The optical and radiation field signatures produced by lightning return strokes. *J. GeoPhys. Res.* ,**87**:8913-8922.

[27] Schonland B F J. The lightning discharge. *Hand. Phys.* ,1956. **22**:576-628.

[28] 孔祥贞,郄秀书,张广庶,张彤.多接地点闪电的梯级先导与回击过程的研究[J].中国电机工程学报, 2005,**22**:145-150.

[29] Berger K,Vogelsanger,E. Photographische Blitzuntersuchungen der Jahre 1955-1965. aufdem Monte San

Salvatore，*Bull Sohwelz Elektrotech*，*Vec*，**57**：599-620.

[30] Berger K. The Earth Flash. *Lightning*. 1977. 119-190.

[31] Orville R E，Idone V P. Lightning leader characteristics in the Thunderstorm Research International Program. *J. Geophys. Res.* 1982. **87**：11177-11192.

[32] 师伟，李庆民. 基于先导放电理论的雷击土行先导起始研究. 中国电机工程学报，2014，**15**：2470-2477.

[33] Wang D，Rakov V A，Uman M A，Takagi N，Watanabe T，Crawford D E，Rambo K J，Schnetzer G H，Fisher R J，Kawasaki Z-I. Attachment process in rocket-triggered lightning strokes. *J. Geophys. Res.* 1999. **104**：2143-2150.

[34] Idone，V. P. . Length bounds for connecting discharges in triggered lightning. *J. Geophys. Res.* 1990. **95**：20409-20416.

[35] Vladimir A. Rakov，Martin A. Uman. *Lightning：Physics and Effects*. Cambridge University Press. 2003. 592-596.

[36] Christian Bouquegneau 著. 丁海芳译. 雷电现象与防护. 中国防雷信息网. 2004.

[37] 王道洪，郄秀书，郭昌明. 雷电与人工引雷. 上海交通大学出版社. 2000. 第一版：110-112.

[38] 虞昊. 现代防雷技术基础. 北京：清华大学出版社. 2005. 第二版.

[39] 陈渭民. 雷电学原理. 北京：气象出版社. 2003. 第一版：165-166.

[40] 苟学强，张义军. 区域海拔高度对云地雷闪闪击距离影响的数值研究. 中国电机工程学报. 2004. 24(2)：88-91.

[41] Alessandro F D. The use of "Field Intensification Factors" in calculations for lightning protection of structures. *J. Electrostatics*. 2003. **58**：17-43.

[42] Uman M A，Rakov V A. A critical review of non conventional approaches to lightning protection. American Meteorological Society.

[43] 任晓毓，张义军，吕伟涛，陶善昌. 闪电先导随机模式的建立与应用. 应用气象学报，2011，**02**：194-202.

[44] Berger，Anderson R P，Kroninger H. 1975. Parameters of lightning flashes. *Electra*，**80**：223-237.

[45] Takami and Okabe S. Observational results of lightning current on transmission tower. *IEEE TransPower Deliv*，2007. **22**(1)：547-556.

[46] Visacro S，Soares Jr，Schroeder A，*et al*. Statistical analysis of lightning current parameters：measurements at Morro do Cachimbo Station. *J. Geophys. Res.*，2004. 109(D01105)，doi：1 0. 1029/2003/003662.

[47] Thottappillil R，Rakov V A，Uman M A. K and M changes in close lightning. *J. Geophys. Res.*，1990. **95**：18631-18640.

[48] Cooray V，Rakov V. On the upper and lower limits of peak current of first return strokes in negative lightning flashes. *Atmos. Res.*，2012. **117**：12-17.

[49] Hagenguth J H，Anderson J G. Lightning to the Empire Building，Part I. *AIEE*，1952. **71**：641-649.

[50] RakovV A，Uman M A. Thottappillil R. Review of lightning properties from electric field and TV obersevations. *J. Geophys.*，1994. **99**：11745-10750.

[51] Shindo T，Uman M A. Continuing current in negative cloud-to-ground lightning. *J. Geophys. Res.*，1989. **94**：5189-5198.

[52] Rakov V A. A review of the interaction of lightning with tall objects. *Recent Res. Devel. Geophysics*，2003. **5**：57-71.

[53] 蒋如斌，郄秀书，王彩霞等. 峰值电流达几千安量级的雷电 M 分量放电特征及机理探讨. 物理学报，2011. **60**(7)：079201-1-079201-7.

[54] Shi Peijun. Study on theory of disaster research and its practice. *Journal of Nanjing University（Natural Sciences），Special of Natural Disaster Research*，1991：37-41.

[55] Shi Peijun. Theory and practice of disaster study. *Journal of Natural Disaster*, 1996, **5**(4):6-17.

[56] Shi Peijun, Zou Ming, Li Baojun, *et al*. Regional safety construction and risk management system—The actuality and trend of the study of disaster and risk based on theworld congress on risk. *Advances in Earth Science*, 2005, **20**(2):173-179.

[57] Christian H J, Blakeslee R J, Boccippio D J, *et al*. Global frequency and distribution of lightning as observed from space by the Optical Transient Detector. *Journal of Geophysical Research*, 2003, **108**(D1):4005-4019.

[58] Ma Ming, Tao Shanchang, Zhu Baoyou, *et al*. Climatological distribution of lightning density observed by satellites in China and its circumjacent regions. *Science in China*, 2005, **48**(D2):219-229.

[59] 马明,吕伟涛,张义军,孟青. 我国雷电灾害及相关因素分析. 地球科学进展,2008,(8):856-865.

[60] 梅伟群,江燕如. 建筑防雷工程与设计. 北京:气象出版社,2008.

[61] 马宏达. 各种避雷针的结构及其防雷性能. 电网技术,2000,**12**:53-57.

[62] Moore C. B.. Lightning rod improvement studies. *Advances in Earth Science*, 2005, **20**(2):173-179.

[63] 李景禄等. 现代防雷技术. 北京:气象出版社. 2008.

[64] 刘蜀岷. 避雷针保护范围不能"绝对化". 高电压技术,2005,(7):82-83.

[65] 黄绍新. 避雷针的维护与检修. 建筑工人,1995,(7):24-25.

[66] 王建华,赵丽新,范振明. 避雷针安装高度及保护范围设计计算. 山西建筑,2010,**30**:183-184.

[67] 梅卫群. 江燕如. 建筑物防雷工程与设计. 北京:气象出版社,2008.

[68] 赵明华. 浅谈供电系统的工作接地、接地保护与接零保护. 煤矿现代化,2009,(6):91-93.